高等职业教育智能制造类产教融合新形态教材

变频器与伺服驱动技术

主 编 孙丽君
参 编 闫 涛 席 艳 王 选 吕 智

机械工业出版社

本书以西门子 G120C 变频器及台达 ASD-B2 系列伺服驱动器为例，系统介绍了变频器、伺服驱动器和步进驱动器的结构、工作原理及操作步骤，并结合实际工程案例对基于 PLC 的变频调速系统、伺服和步进驱动系统的电路设计、运行调试进行了讲授。

本书以"基于工作过程的课程开发理念"为指导，校企合作共同编写。以企业真实的工程案例为载体，精心设计教学内容，全书分为 8 个项目，下设 30 个工作任务，学习任务由易到难、层层递进，让学生在学中做、在做中学，实现了理论与实践的紧密结合。

本书可作为高等职业院校电气自动化技术、机电一体化技术和智能控制技术等相关专业的教材，也可作为从事机电产品设计安装调试的工程技术人员的参考用书。

本书配有微课视频，可扫描书中二维码直接观看，还配有授课电子课件、习题参考答案等资源，需要的教师可登录机械工业出版社教育服务网（www.cmpedu.com）免费注册后下载，或联系编辑索取（微信：13261377872，电话：010-88379739）。

图书在版编目（CIP）数据

变频器与伺服驱动技术 / 孙丽君主编. -- 北京：机械工业出版社，2025.7. --（高等职业教育智能制造类产教融合新形态教材）. -- ISBN 978-7-111-78559-0

Ⅰ.TN773；TM383.4

中国国家版本馆 CIP 数据核字第 2025VY8741 号

机械工业出版社（北京市百万庄大街 22 号　邮政编码 100037）
策划编辑：曹帅鹏　　　　　　　　　责任编辑：曹帅鹏　王　荣
责任校对：刘　雪　杨　霞　景　飞　封面设计：张　静
责任印制：张　博
北京建宏印刷有限公司印刷
2025 年 7 月第 1 版第 1 次印刷
184mm×260mm・13 印张・313 千字
标准书号：ISBN 978-7-111-78559-0
定价：55.00 元

电话服务　　　　　　　　　　　　网络服务
客服电话：010-88361066　　　　　机　工　官　网：www.cmpbook.com
　　　　　010-88379833　　　　　机　工　官　博：weibo.com/cmp1952
　　　　　010-68326294　　　　　金　书　网：www.golden-book.com
封底无防伪标均为盗版　　　　　　机工教育服务网：www.cmpedu.com

前　言

本书根据高等职业教育特点，秉承"以理论知识够用为度，以就业为导向，以双证书培养为目标"的高等职业教育理念，校企合作共同编写，开发"岗、课、赛、证"融通的产教融合新形态教材，以技能训练为主线、以相关知识为支撑，注重理论与实践的统一。教材侧重介绍变频器和交流伺服驱动器的实际操作和应用，亦强调知识的渐进性和系统性，同时将爱国、创新、规范等思政元素通过学思融合案例贯穿到教学内容之中，培养德智体美劳全面发展的社会主义建设者和接班人。本教材主要特色如下：

1. 校企合作，工学结合

与西门子自动化工程有限公司（上海）合作，根据运动控制技术领域和职业岗位（群）的任职要求，结合企业的真实项目案例，改革课程体系和教学内容，设计了8个项目、30个工作任务，大部分工作任务都来自企业技术人员提供的工程案例，以工作任务为主线，创设工作情景，从运动控制方案制定，到系统接线、参数设置、PLC程序设计，同时也将新技术、新规范、新标准融入教材，将知识学习、职业能力训练和综合素质培养贯穿于教学全过程。

2. 以学生为中心，遵循"岗、课、赛、证"融合的育人理念

本书依据机电一体化技术专业人才培养方案和课程标准，针对智能制造领域对运动控制技术的岗位需求，将"数控设备维护与维修"1+X职业技能等级证书标准及机电一体化技能大赛项目融入课程教学，对接典型工作岗位，对标行业标准，实现"岗、课、赛、证"深度融合，提升综合育人水平。

3. 贯彻课程思政教育理念，提高学生思想道德素养

党的二十大报告指出，"育人的根本在于立德。全面贯彻党的教育方针，落实立德树人根本任务，培养德智体美劳全面发展的社会主义建设者和接班人。"推进课程教学与思政教育相融合，将思想政治教育贯穿于教材之中，将价值塑造、知识传授、能力培养融为一体。在传授课程知识、培养专业技能的同时，引导学生将所学到的知识和技能转化为内在的德行和素养，注重将学生个人发展与社会发展、国家发展结合起来，激发学生为国家学习、为民族学习的热情和动力。

本书由烟台职业学院孙丽君任主编，烟台职业学院闫涛、席艳、王选、西门子自动化工程有限公司（上海）吕智参与本书的编写。具体编写分工如下：孙丽君编写项目2～项目4，闫涛编写项目6和项目8，席艳编写项目7，王选编写项目1，吕智编写项目5。

本书在编写过程中参考了很多同类型书籍，也参阅了西门子变频器、台达伺服驱动器等设备的使用手册，西门子自动化工程有限公司（上海）为本书项目和任务的选取提出了宝贵意见，也提供了很好的工程案例。在此对所有为本书的编写提供帮助的校企专家们表示衷心的感谢。由于编者水平有限，书中难免有不妥之处，恳请各位读者批评指正。

编　者

二维码资源索引

序号	名称	页码	序号	名称	页码
1	三相交流异步电动机结构动画	2	16	G120C 变频器端子控制电动机点动运行	75
2	三相交流异步电动机工作原理	4	17	直接选择法输出多段速	79
3	变频调速系统工作过程动画演示	5	18	二进制编码法输出多段速	80
4	变频器的分类	8	19	变频器的跳跃区间设置	85
5	变频器的频率参数与设置	12	20	G120C 变频器宏功能	92
6	交－直－交变频器工作原理	23	21	龙门刨床工作台变频调速系统设计	100
7	交－交变频器工作原理	34	22	工变频切换控制系统设计	105
8	通用变频器原理框图与接线端子	38	23	变频调速系统控制电路组成	124
9	G120C 变频器外部结构	43	24	伺服电动机结构动画	136
10	G120C 变频器内部电路及接线端子	47	25	伺服电动机工作原理	138
11	BOP-2 面板的菜单与显示	53	26	伺服电动机工作过程	155
12	G120C 变频器参数及其设置	57	27	步进电动机结构动画	183
13	G120C 变频器快速调试	61	28	步进电动机工作原理	184
14	G120C 变频器手动控制电动机运行	66	29	步进驱动器的结构和工作原理	186
15	G120C 变频器模拟量调速	69	30	步进电动机的运动控制	189

目 录

前言

二维码资源索引

项目 1　初识变频器 1
任务 1.1　三相交流异步电动机认知 1
1.1.1　电气传动系统 1
1.1.2　三相交流异步电动机的结构 2
1.1.3　三相交流异步电动机的工作原理 3
1.1.4　三相交流异步电动机的调速 4
任务 1.2　变频器的发展与分类认知 6
1.2.1　变频器的发展 6
1.2.2　变频器的分类 8
1.2.3　变频器的功能 11
1.2.4　变频器的应用 20
任务 1.3　变频器工作原理认知 23
1.3.1　变频器主电路的结构及工作原理 23
1.3.2　通用变频器的控制电路 34
任务 1.4　通用变频器原理框图与接线端子认知 37
1.4.1　变频器的原理框图 37
1.4.2　变频器的接线端子 38

项目 2　西门子 G120C 变频器基本设置 43
任务 2.1　G120C 变频器的结构及各部分功能认知 43
2.1.1　G120C 变频器的结构 43
2.1.2　G120C 变频器的操作面板 49
任务 2.2　基本操作面板 BOP-2 的菜单设置 52
2.2.1　监控菜单 MONITOR 53
2.2.2　控制菜单 CONTROL 54
2.2.3　参数菜单 PARAMS 55
2.2.4　设置菜单 SETUP 55
2.2.5　附加菜单 EXTRAS 55
2.2.6　故障与诊断菜单 DIAGNOS 56

任务 2.3 G120C 变频器的参数设置	57
2.3.1 参数类型及格式	57
2.3.2 访问和设置参数	58
任务 2.4 G120C 变频器快速调试	60
2.4.1 参数复位	61
2.4.2 快速调试	61

项目 3 G120C 变频器的转速给定与运行 — 65

任务 3.1 G120C 变频器面板控制电动机运行	65
3.1.1 面板控制电动机起停	66
3.1.2 面板控制电动机反转	66
3.1.3 面板控制点动运行	67
任务 3.2 G120C 变频器模拟量调速	68
3.2.1 模拟量输入功能	69
3.2.2 数字输入端的状态参数	70
3.2.3 相关功能参数介绍	71
任务 3.3 G120C 变频器端子控制电动机点动运行	75
3.3.1 点动运行参数	75
3.3.2 加减速时间参数	76
任务 3.4 G120C 变频器多段速控制	78
3.4.1 直接选择法输出固定转速	79
3.4.2 二进制编码法输出固定转速	80
任务 3.5 G120C 变频器的跳跃转速设置	85
3.5.1 设置跳跃转速的意义	85
3.5.2 跳跃区间的设置	85
任务 3.6 G120C 变频器瞬时停电再起动	88
3.6.1 变频器突然断电对内部电路的影响	89
3.6.2 瞬时停电再起动功能设置	89
任务 3.7 G120C 变频器的宏程序参数设置	91
3.7.1 宏程序 P0015 预设值 1	92
3.7.2 宏程序 P0015 预设值 2	92
3.7.3 宏程序 P0015 预设值 3	93
3.7.4 宏程序 P0015 预设值 12	93
3.7.5 宏程序 P0015 预设值 17	93

项目 4 基于 PLC 的变频调速系统装调 — 96

任务 4.1 PLC-变频器联机实现电动机正反转控制	96
4.1.1 PLC 的外部接线	96
4.1.2 设计思路	97
任务 4.2 龙门刨床工作台变频调速控制系统装调	100

| 任务 4.3 | 基于 PLC 的工变频切换控制系统装调 | 104 |

项目 5　变频器工程案例 … 109

任务 5.1　恒压供水变频调速系统的实现 … 109
- 5.1.1　恒压供水的意义 … 109
- 5.1.2　恒压供水原理 … 110
- 5.1.3　PID 控制系统的构成 … 111
- 5.1.4　变频器闭环 PID 控制功能 … 112

任务 5.2　料车卷扬变频调速系统的实现 … 114
- 5.2.1　系统概述 … 115
- 5.2.2　变频器及主要设备的选择 … 115
- 5.2.3　变频调速系统工作原理 … 116

项目 6　变频器的选择与安装 … 120

任务 6.1　变频调速系统主要器件的选择 … 120
- 6.1.1　变频器类型的选择 … 120
- 6.1.2　变频器容量的选择 … 121
- 6.1.3　调速系统中其他外围器件的选择 … 124

任务 6.2　变频器的储存与安装 … 128
- 6.2.1　变频器的储存 … 128
- 6.2.2　变频器的安装 … 129

任务 6.3　变频器的维护 … 131
- 6.3.1　日常维护与检查 … 131
- 6.3.2　定期检查 … 132

项目 7　交流伺服驱动系统的装调 … 133

任务 7.1　初识交流伺服控制系统 … 133
- 7.1.1　伺服控制系统的分类 … 133
- 7.1.2　伺服控制系统的发展 … 134
- 7.1.3　交流伺服控制系统结构 … 136
- 7.1.4　交流伺服系统的控制方式 … 138

任务 7.2　ASD-B2 伺服驱动器寸动控制 … 140
- 7.2.1　设备型号 … 140
- 7.2.2　伺服驱动器外部结构 … 141
- 7.2.3　伺服驱动器内部结构 … 150
- 7.2.4　伺服驱动器的面板操作 … 152
- 7.2.5　伺服驱动器的安装与接线 … 154

任务 7.3　交流伺服驱动器位置控制 … 157
- 7.3.1　位置模式指令 … 158
- 7.3.2　位置模式控制架构 … 160

  7.3.3 电子齿轮比 160
  7.3.4 位置回路增益调整 161
 任务 7.4 交流伺服驱动器速度控制 169
  7.4.1 速度指令 170
  7.4.2 速度模式控制架构 171
 任务 7.5 交流伺服驱动器混合模式控制 175
  7.5.1 速度 / 位置混合模式 176
  7.5.2 速度 / 扭矩混合模式 176
  7.5.3 扭矩 / 位置混合模式 176

项目 8 步进电动机驱动系统的装调 182
 任务 8.1 认识步进驱动系统 182
  8.1.1 步进电动机 183
  8.1.2 步进驱动器 185
 任务 8.2 步进电动机正反转控制 189
  8.2.1 步科 3S57Q-04079 型步进电动机 189
  8.2.2 步科 3M458 型步进驱动器 190

附录 变频器常见故障信息 195

参考文献 200

项目 1　初识变频器

变频器是将固定频率的交流电变为频率连续可调的交流电的装置。变频器的问世，对电气传动领域具有十分重要的意义。交流电动机变频调速技术具有节能、改善生产流程、提高产品质量和易于实现自动控制等优势，是国际公认的最有发展前途的调速方式。

任务 1.1　三相交流异步电动机认知

本次任务是了解三相交流异步电动机的结构，对电动机工作原理和调速进行认知，为引出变频器奠定基础。

- □ 了解电气传动系统的分类及组成。
- □ 了解三相交流异步电动机的结构。
- □ 掌握三相交流异步电动机的工作原理。
- □ 能够对三相交流异步电动机进行调速控制。
- □ 树立安全责任意识，规范操作。

知识准备

1.1.1　电气传动系统

1. 电气传动系统分类

用各种原动机带动生产机械的工作机构运转，完成一定生产任务的过程称为传动，又称为拖动、驱动。用电动机作为原动机的传动称为电气传动。电气传动技术是指用电动机把电能转换成机械能，带动各种类型的生产机械、交通车辆以及生活中需要运动物品的技术。电气传动系统的性能关系到合理地使用电动机以节约电能和合理地控制机械的运转状态（如位置、速度、加速度等），实现电能和机械能的转换，从而达到优质、高产、低耗的目的。电气传动系统可分为不调速系统和调速系统两大类。随着电力电子技术的发展，不调速系统越来越多地改用调速系统，以节约电能、改善产品质量、提高生产率。调速系统又可分为直流调速系统和交流调速系统两大类。

（1）直流调速系统

众所周知，直流调速系统具有优良的静、动态指标，在很长的一段历史时期内，调速传动领域基本上被直流电动机调速系统所垄断。直流电动机虽有调速性能好的优势，但也有一些固有的难以克服的缺点，如机械式换向带来的弊端，使其事故率高，无法在大容量和高转速的调速领域中应用。

（2）交流调速系统

交流电动机是交流调速系统产生的基础。交流电动机的优点是其容量、电压、电流和转速的上限不像直流电动机那样受限制，且结构简单、造价低廉、坚固耐用、容易维护。因此，长期以来人们一直努力研究交流电动机的调速问题。20世纪80年代以来，随着电力半导体器件、计算机技术的发展，交流电动机的速度控制产生了一场深刻的革命。以各种电力半导体器件构成的交流调压调速系统、变频调速系统逐渐取代了直流电动机调速系统。

2. 电气传动系统组成

电气传动系统通常由电源、控制装置、电动机、传动机构和生产设备等部分组成。电气传动系统结构如图1-1所示。

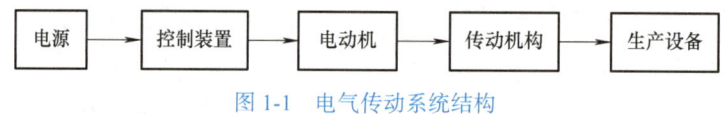

图1-1 电气传动系统结构

1.1.2 三相交流异步电动机的结构

三相交流异步电动机主要由不动的定子和转动的转子两大部分组成。小型低压笼型三相交流异步电动机的结构如图1-2所示。

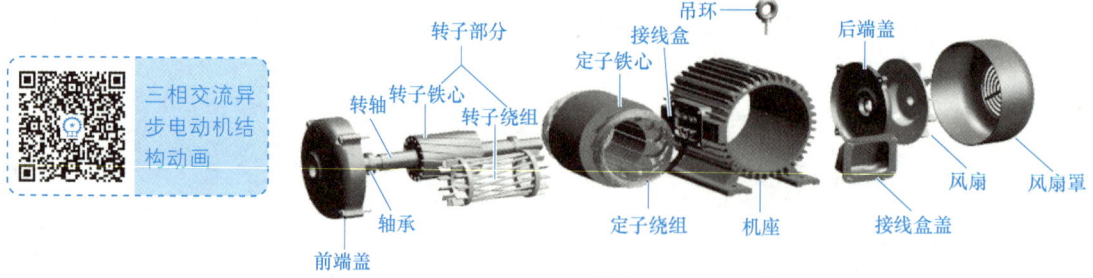

图1-2 小型低压笼型三相交流异步电动机结构

1. 定子

定子部分包括定子铁心、定子绕组、机座。定子绕组是定子中的电路部分，三相定子绕组对称地安放在定子铁心上（空间互成120°电角度），其作用是产生旋转磁场。定子铁心是磁路部分，由硅钢片叠压而成。采用硅钢片的作用是为了减少磁路中的铁损耗。机座是电机的支撑部件，一般由铸铁铸成。它主要用来固定定子铁心，也是磁路的一部分，另外也起通风和散热的作用。定子的结构如图1-3所示。

2. 转子

转子部分由转子铁心和转子绕组组成，另外还包括转轴和转子支架等。转子铁心也由硅钢片叠压而成，是组成磁路的一部分。根据转子的结构不同，异步电动机转子又分为绕线式和笼型两种。

（1）绕线式转子

具有绕线式转子的异步电动机称为绕线式异步电动机。绕线式转子绕组的特点是可以通过集电环和电刷在转子回路中串入附加电阻，用以改善异步电动机的起动性能和调速性能。绕线式异步电动机转子结构示意图如图1-4所示。

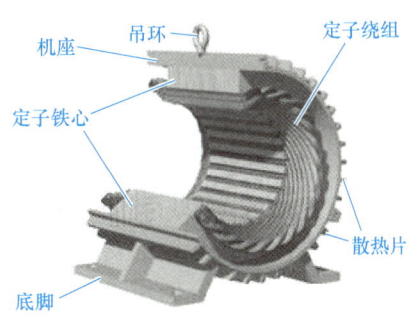

图1-3 三相交流异步电动机定子结构

图1-4 绕线式转子结构示意图

（2）笼型转子

具有笼型转子的异步电动机称为笼型异步电动机，它的定子与绕线式异步电动机相同。同绕线式异步电动机相比，笼型异步电动机的转子结构简单，转子铁心上有开槽，各槽内装有一根导体。铁心两端各有一个端环，所有导体都接到这两个端环上。如果去掉铁心，转子绕组的形状像一个鼠笼。笼型异步电动机转子结构如图1-5所示。

图1-5 笼型异步电动机转子结构

笼型三相交流异步电动机因为价格低廉、制造简单、维护方便，全封闭形式适合各种应用场合，得到了最广泛的应用。本任务主要研究笼型三相交流异步电动机的调速。

1.1.3 三相交流异步电动机的工作原理

对称的三相定子绕组通入对称三相交流电，会在电动机的气隙中形成一个旋转的磁场,如图 1-6 所示。这个磁场的转速 n_1 又称为同步转速,它与电网的频率 f 及电动机的磁极对数 p 的关系为

$$n_1 = \frac{60f}{p}$$

旋转磁场的转向与三相绕组的排列以及三相电流的相序有关,图中 U、V、W 相以顺时针方向排列,当定子绕组中通入 U、V、W 相序的三相电流时,定子旋转磁场为顺时针转向。由于转子是静止的,转子与旋转磁场之间有相对运动,转子导体因切割定子磁场而产生感应电动势,因转子绕组自身闭合,转子绕组内便有电流流过。转子电流方向可由"右手定则"确定。载有电流的转子绕组在定子旋转磁场作用下,将产生电磁力 F,其方向由"左手定则"确定。电磁力对转轴形成一个电磁转矩,其作用方向与旋转磁场方向一致,驱动转子顺着旋转磁场的方向旋转。

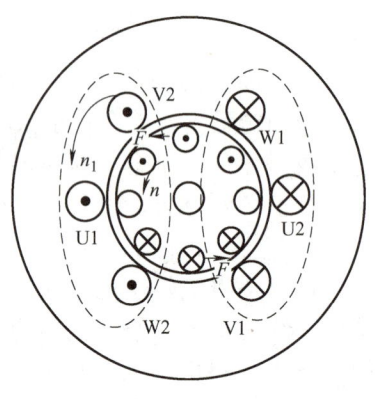

图 1-6 三相交流异步电动机工作原理

综上分析可知,三相交流异步电动机的基本工作原理是:
1)三相对称绕组中通入三相对称电流,产生圆形旋转磁场。
2)转子导体切割旋转磁场产生感应电动势和电流。
3)转子载流导体在磁场中受到电磁力的作用,从而形成电磁转矩,驱使电动机转子转动。

异步电动机的旋转方向始终与旋转磁场的方向一致,而旋转磁场的方向又取决于异步电动机的三相电流相序,因此三相异步电动机的转向与电流的相序有关。要改变转向,只要改变电流的相序即可,即任意对调电动机的两根电源线,便可使电动机反转。

异步电动机的转子转速 n 恒小于旋转磁场转速 n_1,因为只有这样,转子绕组才能产生电磁转矩,使电动机旋转。如果 $n=n_1$,转子绕组与定子磁场之间便无相对运动,则转子绕组中无感应电动势和感应电流产生,可见 $n<n_1$ 是异步电动机工作的必要条件。由于电动机转速 n 与旋转磁场转速 n_1 不同步,故称为异步电动机。又因为异步电动机转子电流是通过电磁感应作用产生的,所以又称为感应电动机。

1.1.4 三相交流异步电动机的调速

同步转速 n_1 与转子转速 n 之差和同步转速 n_1 的比值称为转差率,用字母 s 表示。即

$$s=(n_1-n)/n_1$$

转差率 s 是异步电动机的一个基本物理量,它能够反映异步电动机的各种运行情况。异步电动机负载越大,转速就越慢,其转差率就越大;反之,负载越小转速就越快,其转差率就越小。故转差率直接反映了转子转速的快慢或电动机负载的大小。异步电动机的转速可以表示为

$$n = \frac{60f(1-s)}{p}$$

式中　　s ——转差率；
　　　　f ——定子频率（即电源频率 Hz）；
　　　　p ——磁极对数。

从上式可知，要调节异步电动机的转速应从 p、s、f 三个因素入手，因此，异步电动机的调速方式可分为3种，即变极调速、变转差率调速和变频调速。

1. 变极调速

笼型异步电动机可通过改变电动机绕组的接线方式，使电动机从一种极对数变为另一种极对数，从而实现异步电动机的有级调速。变极调速所需设备简单，价格低廉，工作也比较可靠。变极调速电动机的关键在于绕组设计，以最少的抽头和接线达到最好的电动机技术性能指标。

变极调速缺点：属于有级调速，调速级数很少。只适用于特制的笼型异步电动机，这种电动机结构相对复杂，成本较高。

2. 变转差率调速

对于绕线式转子异步电动机，可通过调节串联在绕组中的电阻值（调阻调速）、在转子电路中引入附加的转差电压（串级调速）、调整电动机定子电压（调压调速）以及采用电磁转差离合器（电磁离合器调速）改变气隙磁场等方法实现变转差率，从而对电动机进行调速，特别是晶闸管低同步串级调速系统，由于其技术难度小，性能比较完善，因而获得了较为广泛的应用，其在异步电动机技术中仍占有重要的地位。

变转差率调速缺点：随着转差率 s 的增大，电动机的机械特性会变软，电动机效率降低。

3. 变频调速

变频调速是通过改变定子绕组供电频率来改变同步转速，在调速过程中从高速到低速都可以保持有限的转差率，因而具有高效率、宽范围和高精度的调速性能。

在诸多交流调速中，变频调速的性能最好，变频调速电气传动调速范围大，静态稳定性好，运行效率高，调速范围广。

任务实施

变频调速系统工作过程动画演示

认知变频器软起动、软停止功能。
1）分析电动机的全压起动过程，有何缺点？
2）分析电动机的软起动、软停止过程。
3）说明电梯是如何保证乘客乘坐的舒适度。

电梯是人们日常生活中常用的工具，电梯的每一次运行过程如下：有人进入电梯按下选层按钮，电梯开始运行，进入加速过程。加速过程分为3个阶段，开始缓慢加速，然后线性加速，最后继续缓慢加速，进入匀速运行。快到达乘客选择的目标楼层时，进入减速过程。减速过程同样分为3个阶段，开始缓慢减速，然后线性减速，最后缓慢减速至停止。

考虑到电梯乘坐的舒适度这个性能指标，要求电梯起动和停止过程必须按照特定的要求进行设定，也就是电动机必须能够实现软起动和软停止，这就要求电梯的驱动电动机速度能够连续地调节，这时变频器作为电动机的驱动装置，就可以实现电梯起动和停止过程的特定要求。

任务拓展

了解目前市场上常用的变频器品牌有哪些。

思考与练习

填空题

1. 三相交流异步电动机的结构主要包括_____和_____两部分。
2. 三相交流异步电动机的调速方法有_____、_____和_____3种。
3. 三相交流异步电动机定子绕组通电后产生_____磁场。
4. 三相交流异步电动机电动状态运行时转速总是_____旋转磁场的转速。
5. 三相交流异步电动机改变转向的方法是_____。

任务 1.2　变频器的发展与分类认知

任务描述

本次任务是了解变频器的发展和分类，熟悉变频器的各种功能及应用。

学习目标

- □ 了解变频器的发展历程。
- □ 了解变频器的应用。
- □ 掌握变频器的分类。
- □ 熟悉变频器的常用功能及应用。
- □ 厚植爱国情怀和民族自豪感，树立"强国有我"的责任感和使命感。

知识准备

1.2.1　变频器的发展

1. 变频器的发展历程

变频器技术随着计算机技术、电力电子技术、微电子技术和自动控制理论的发展而不断发展，其应用越来越普及。

变频器的主电路都采用电力电子器件作为开关器件，因此，电力电子器件是变频器发展的基础。

第一代以晶闸管为代表的电力电子器件出现于20世纪50年代。晶闸管是电流型开关器件，只能通过门极控制其导通而不能控制其关断，故又称为半控器件。又因为它的开关频率低，所以由晶闸管组成的变频器工作频率低，应用范围很小。

第二代电力电子器件以电力晶体管（GTR）和门极关断（GTO）晶闸管为代表，在20世纪60年代发展起来。它们属于电流型自关断的全控型器件，可方便地实现变频、逆变和斩波，其开关频率仍然不高，只有1～5kHz。尽管已经出现了脉宽调制（PWM）技术，但因载波频率和最小脉宽都受到限制，难以得到较为理想的正弦脉宽调制波形，因而使电动机在变频调速时产生刺耳的噪声，限制了变频器的推广使用。

第三代电力电子器件于20世纪70年代出现，以电力MOS场效应晶体管（MOSFET）和绝缘栅双极型晶体管（IGBT）为代表，并发展成为电压型自关断全控型器件，具有在任意时刻用基极（栅极、门极）信号控制导通和关断的功能。它的开关频率有了显著的提高，采用PWM调制的逆变器谐波噪声降低，大幅提高了交流调速系统的性能。

第四代电力电子器件以出现于20世纪80年代末的智能功率集成电路（PIC）和20世纪90年代的智能功率模块（IPM）为代表，它们实现了开关频率的高速化、低导通电压的高性能化及功率集成电路的大规模化，有过电流、短路、过电压、欠电压和过热等多种保护功能，还可以实现再生制动。简单的外部控制电路，使变频器的体积、重量和连线大为减少，而功能和可靠性大为提高。

目前，随着电力电子技术的不断发展，集成门极换流晶闸管（IGCT）、静电感应晶闸管（SITH）、注入增强栅极晶体管（IEGT）、MOS控制晶闸管（MCT）等新型电力电子器件层出不穷，交流调速系统性能不断提高，应用更加广泛。

2. 变频器的发展趋势

经过几十年的发展，电力电子技术已经成为一门多学科的融合技术，其发展方向是：高电压大容量化、高频化、组件模块化、小型化、智能化和低成本化。随着IT技术的飞速发展和控制理论的不断创新，为变频器的发展创造了条件。变频器的发展趋势呈现以下特点。

（1）数控化

采用新型计算机控制，例如日本富士公司生产的30kW以上的变频器，采用两个16位CPU，一个用于转矩计算，一个用于数据处理，实现了转矩限定、转差补偿控制、自动加减速控制及故障自诊断等。对于22kW以下的变频器采用一个32位数字信号处理器（DSP），提高了计算、检测和响应的速度，扩充并加强了其处理功能。

（2）高频化

为适应纺织和精密机械等许多领域的高速要求，变频器的频率已由过去低于120Hz发展到400Hz，目前已提高到600～1000Hz，甚至3kHz以上。

（3）网络智能化

智能化的变频器安装到系统后，不必进行过多的功能设定，就可以方便地操作使用，有明显的工作状态显示，而且能够实现故障诊断与排除，甚至可进行部件自动转换。利用互联网可以进行遥控监视，实现多台变频器按工艺流程联动，形成最优化的变频器综合管理控制系统。

（4）高集成化

通过提高集成片技术及采用表面贴片技术，使变频器的容量体积比得到进一步提高，增加了产品的可靠性，并大幅减小了体积。

（5）专门化

根据某一类负载的特性，有针对性地制造专门化的变频器，不但有利于对电动机进行经济有效的控制，而且可以降低制造成本。现在已制造出电梯控制专用变频器、起重机械专用变频器、风机和水泵专用变频器、空调专用变频器、张力控制专用变频器等。

（6）一体化

变频器将相关的功能部件，如PID（比例积分微分）调节器、PLC（可编程控制器）和通信单元等有选择地集成到内部组成一体化机，不仅使功能增强，且减少了外部电路的连接。现在已有变频器和电动机的一体化组合机问世，从而使整个系统体积更小，控制更方便。

总之，变频器技术的发展趋势是朝着智能、高度集成化、功能健全、操作方便、安全可靠、低成本和小型化的方向发展。

1.2.2　变频器的分类

变频器的分类

变频器的分类有多种方式，可以根据工作原理、直流电路的滤波方式、电压的调制方式、变频器的控制方式、输入电源相数和用途等进行分类。

1. 按工作原理分类

变频器内部电路分为两大部分，一是完成电能转换的主电路，二是处理信息的收集、变换和传输的控制电路。根据其主电路工作原理的不同，变频器可以分为交-直-交变频器和交-交变频器两类。目前应用较多的是交-直-交变频器。

（1）交-直-交变频器

交-直-交变频器是把恒定电压、恒定频率的交流电经过整流转换为直流电，再将直流电经过逆变转换为电压和频率均可调的交流电。图1-7给出了交-直-交变频器主电路的构成环节。

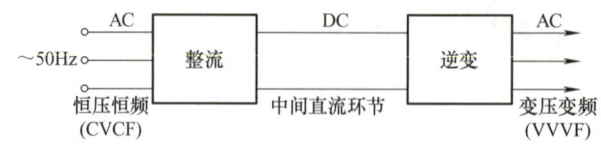

图1-7　交-直-交变频器主电路的构成环节

（2）交-交变频器

交-交变频器是直接把恒压恒频（CVCF）的交流电源转换为变压变频（VVVF）的交流电源，又称为直接变频器。

2. 按直流电路滤波方式分类

按照直流电路的滤波方式不同,交－直－交变频器分成电压型变频器和电流型变频器两大类。

（1）电压型变频器

在交－直－交电压型变频器中,中间直流环节的滤波元件为电容。当采用大电容滤波时,直流电压波形比较平直,相当于一个理想情况下的内阻抗为零的恒压源,逆变电路输出的电压为矩形波或阶梯波。如图1-8a所示。

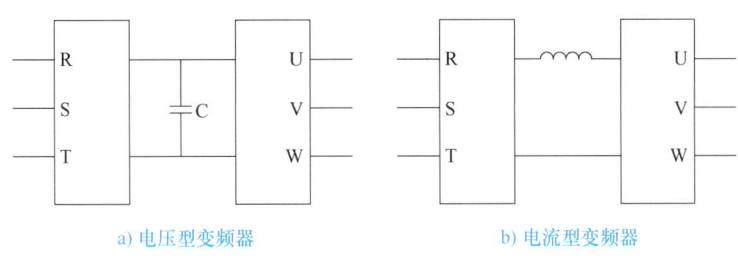

a) 电压型变频器　　　　　　　　b) 电流型变频器

图1-8　交－直－交变频器

（2）电流型变频器

当交－直－交变频器的中间直流环节采用大电感滤波时,由于大电感的滤波作用,使直流回路中的电流波形趋于平稳,对负载来说基本上是一个恒流源,电动机的电流波形为矩形波或阶梯波,电压波形接近于正弦波。如图1-8b所示。

3. 按电压的调制方式分类

根据调压方式的不同,交－直－交变频器又可分为脉幅调制和脉宽调制两种。

（1）脉幅调制（PAM）

一种改变电压源的电压幅值或电流源的电流幅值来控制输出的方式。在逆变环节只控制频率,整流环节只控制电压或电流。采用PAM调压时,变频器的输出电压波形如图1-9所示。

（2）脉宽调制（PWM）

通过改变输出脉冲的占空比来控制输出电压的大小。目前,使用最多的是占空比按正弦规律变化的正弦波脉宽调制方式,即SPWM方式,如图1-10所示。

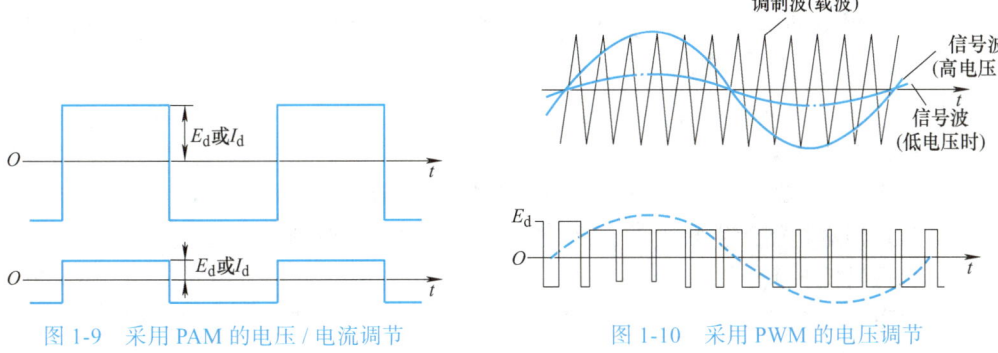

图1-9　采用PAM的电压/电流调节　　　　图1-10　采用PWM的电压调节

4. 按变频器的控制方式分类

（1）压频比（U/f）控制变频器

U/f 控制即压频比控制，它的基本特点是对变频器输出的电压和频率同时进行控制，通过保持 U/f 恒定使电动机获得所需的转矩特性。这种控制方法成本低，多用于精度要求不高的通用变频器。

根据三相异步电动机的电磁特性可知，感应电动势 E_1 和定子绕组外加电压 U_1 的关系为

$$E_1 = 4.44 K_1 N_1 f_1 \Phi_m$$

$$U_1 = I_1(R_1 + jX_1) + E_1$$

$$U_1 \approx E_1 \propto f_1 \Phi_m$$

式中　E_1——定子绕组的感应电动势；

K_1——定子绕组的结构系数，$K_1 < 1$；

N_1——定子每相绕组的匝数；

f_1——定子绕组感应电动势的频率，即电源的频率；

Φ_m——主磁通；

I_1——定子绕组电流；

R_1——定子绕组的电阻；

jX_1——定子绕组的漏电抗。

在进行电动机调速时，通常要考虑的一个重要因素是希望保持电动机中每极磁通量为额定值，并保持不变。如果磁通太弱就等于没有充分利用电动机的铁心，是一种浪费；如果过分增大磁通，又会使铁心饱和，过大的励磁电流会使绕组过热而损坏电动机。由公式 $U_1 \approx E_1 \propto f_1 \Phi_m$ 可知，若 U_1 没有变化，则 E_1 也可认为基本不变。如果这时从额定频率 f_N 向下调节频率，必将使 Φ_m 增加，即 $f_1 \downarrow \to \Phi_m \uparrow$。由于额定工作时电动机的磁通已接近饱和，$\Phi_m$ 增加将会使电动机的铁心出现深度饱和，这将使励磁电流急剧升高，导致定子电流和定子铁心损耗急剧增加，使电动机工作不正常。可见，在变频调速时单纯调节频率是行不通的。为了达到下调频率时，磁通 Φ_m 不变，必须保持

$$\frac{E_1}{f_1} = 常数，即 \frac{U_1}{f_1} = 常数$$

（2）转差频率控制变频器（SF）

变频器通过电动机、速度传感器构成速度反馈闭环调速系统。变频器的输出频率由电动机的实际转速与转差频率之和来设定，从而在达到调速控制的同时也使输出转矩得到控制。

（3）矢量控制（VC）

矢量控制的基本思想就是将异步电动机的定子电流分解为产生磁场的电流分量（励磁电流）和与其相垂直的产生转矩的直流分量，并分别加以控制。

（4）直接转矩控制

直接转矩控制系统是继矢量控制之后发展起来的另一种高性能的交流变频调速系统，

是直接在定子坐标系下分析交流电动机模型来控制电动机的磁链和转矩。

5. 按输入电源相数分类

按输入电流的相数不同分为三相变频器和单相变频器。

（1）三相变频器

变频器的输入侧和输出侧都是三相交流电，绝大多数变频器属于此类。

（2）单相变频器

变频器的输入侧为单相交流电，输出侧是三相交流电。家用电器里的变频器均属此类，单相变频器通常容量较小。

6. 按用途分类

（1）通用变频器

简易型通用变频器是一种以节能为主要目的而简化了一些系统功能的变频器。它主要应用于水泵、风扇、鼓风机等对系统调速性能要求不高的场合，并具有体积小、价格低等优势。

高性能通用变频器在设计过程中充分考虑了在变频器应用中可能出现的各种需要，并为满足这些需要在系统软件和硬件方面都做了相应的准备。

（2）专用变频器

专用变频器包括高性能专用变频器、高频变频器和高压变频器几种。高性能专用变频器主要是采用矢量控制方式，20世纪90年代后期直接转矩控制方式开始实用化。高性能专用变频器往往是为了满足特定产业的需要，使变频器能发挥出最佳性价比而设计生产的。例如在冶金行业，要求针对可逆轧机的高速性设计；在数控机床主轴驱动专用变频器中，为了便于和数控装置配合，要求缩小体积做成整体化结构；其他如电梯、地铁车辆等均要满足其特殊要求。在超精密机械加工中常要用高速电动机，为了满足其驱动的需要，出现了采用PAM控制的高频变频器，其输出主频可达3kHz，驱动两极异步电动机时的最高转速为180000r/min。高压变频器一般是大容量的变频器，最大功率可达到5000kW，电压等级为3kV、6kV、10kV。

1.2.3 变频器的功能

变频器的功能很多，适合多种类型负载。要使变频器正常运行且充分发挥变频器的性能，就必须对变频器的常用功能及参数进行设置。

1. 频率控制功能

（1）设定频率

设定频率是用户根据生产工艺的需求所设定的变频器的输出频率，也称为给定频率。变频器给定频率的设定方式有很多种，可以通过变频器操作面板上的按键或者电位器旋钮设置，也可以利用外部端子输入模拟量设定，还可通过网络通信进行设定。

（2）基本频率

基本频率也叫基准频率，只有在 U/f 模式下才设定，通常用 f_b 表示，一般为电动机的额定频率 f_N。基本电压是指输出频率到达基本频率时变频器的输出电压，基本电压通常取电动机的额定电压 U_N。基本电压和基本频率的关系如图1-11所示。

（3）上限频率和下限频率

上限频率和下限频率是指变频器输出的最高、最低频率，常用 f_H 和 f_L 来表示。根据拖动系统所带的负载不同，有时要对电动机的最高、最低转速给予限制，以保证拖动系统的安全和产品的质量，另外，由操作面板的误操作及外部指令信号的误动作引起的频率过高和过低，设置上限频率和下限频率可起到保护作用。常用的方法就是给变频器的上限频率和下限频率赋值。一般的变频器均可通过参数来预置其上限频率 f_H 和下限频率 f_L，当变频器的给定频率高于上限频率 f_H 或者是低于下限频率 f_L 时，变频器的输出频率将被限制在 f_H 或 f_L，如图1-12所示。

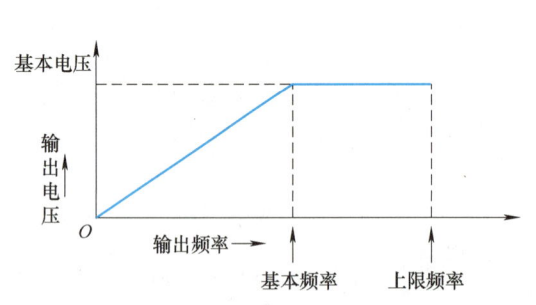

图1-11 基本电压和基本频率的关系　　图1-12 上限频率和下限频率设置

变频器的频率参数与设置

例如：预置 f_H=60Hz，f_L=10Hz。

若给定频率为50Hz或20Hz，则输出频率与给定频率一致；若给定频率为70Hz或5Hz，则输出频率被限制在60Hz或10Hz。

（4）跳跃频率

跳跃频率也叫回避频率，是指不允许变频器连续输出的频率，常用 f_J 表示。由于生产机械运转时的振动是和转速有关系的，当电动机调到某一转速（变频器输出某一频率）时，机械振动的频率和它的固有频率一致时就会发生谐振，此时对机械设备的损害是非常大的。为了避免机械谐振的发生，应当让拖动系统跳过谐振所对应的转速，所以变频器的输出频率就要跳过谐振转速所对应的频率。

变频器在预置跳跃频率时通常采用预置一个跳跃区间，区间的下限是 f_{J1}、上限是 f_{J2}，如果给定频率处于 f_{J1} 和 f_{J2} 之间，则变频器的输出频率将被限制在 f_{J1} 或 f_{J2} 上。

为方便用户使用，大部分的变频器都提供了多个跳跃区间。例如西门子MM4系列变频器最多可设置4个跳跃区间，跳跃区间如图1-13所示。

（5）点动频率

点动频率是指变频器在点动时的给定频率。生产机械在调试以及每次新的加工过程开始前常需进行点动，以观察整个拖动系统各部分的运转是否良好。为防止意外，大多数点动运转的频率都较低。如果每次点动前都需将给定频率修改成点动频率是很麻烦的，所以一般的变频器都提供了预置点动频率的功能。如果预置了点动频率，则每次点动时，只需要将变频的运行模式切换至点动运行模式即可，不必再改动给定频率了。

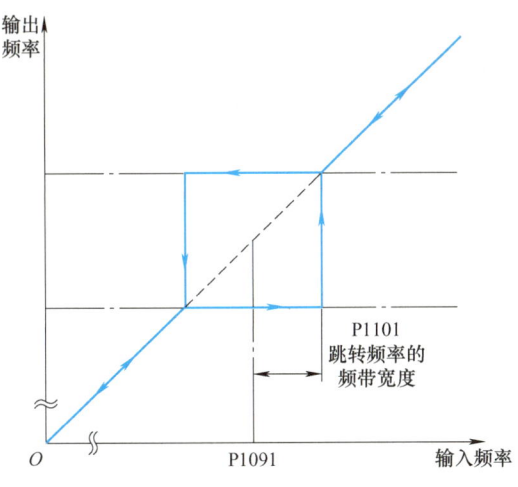

图 1-13 变频器的跳跃区间

(6) 载波频率 (PWM 频率)

PWM 变频器的输出电压是一系列脉冲,脉冲的宽度和间隔均不相等,其大小取决于调制波(基波)和载波(三角波)的交点。载波频率越高,一个周期内脉冲的个数越多,也就是说脉冲的频率越高,电流波形的平滑性就越好,但是对其他设备的干扰也越大。载波频率如果预置不合适,还会引起电动机铁心的振动而发出噪声,因此一般的变频器都提供了 PWM 频率调整的功能,使用户在一定的范围内可以调节该频率,从而使得系统的噪声最小,波形平滑性最好,同时干扰也最小。

(7) 起动频率

起动频率是指电动机开始起动时的频率,常用 f_S 表示,这个频率可以从 0 开始,但是对于惯性较大或是摩擦转矩较大的负载,需加大起动转矩,可使起动频率加大至 f_S,此时起动电流也较大。一般的变频器都可以预置起动频率,一旦预置该频率,变频器对小于起动频率的运行频率将不予理睬。

给定起动频率的原则是:在起动电流不超过允许值的前提下,拖动系统能够顺利起动。

(8) 直流制动起始频率

在减速的过程中,当频率降至很低时,电动机的制动转矩也随之减小。对于惯性较大的拖动系统,由于制动转矩不足,常在低速时出现停不住的爬行现象。针对这种情况,当频率降到一定程度时,向电动机绕组中通入直流电,以使电动机迅速停止,这种方法叫直流制动。

设定直流制动功能时主要考虑 3 个参数:

直流制动电压 U_{DB}:施加于定子绕组上的直流电压,其大小决定了制动转矩的大小。拖动系统惯性越大,U_{DB} 的设定值也应该越大。

直流制动时间 t_{DB}:是向定子绕组内通入直流电流的时间。

直流制动的起始频率 f_{DB}:当变频器的工作频率下降至 f_{DB} 时,通入直流电,如果对制动时间没有要求,f_{DB} 可尽量设定得小一些。

（9）多档转速频率

由于工艺上的要求，很多生产机械在不同的阶段需要在不同的转速下运行。为方便这种负载，大多数变频器均提供了多档频率控制功能，也叫固定频率输出功能。它是通过几个开关的通、断组合来选择不同的运行频率。常见的形式是用 3 个输入端来选择 7～8 档频率。

在变频器的控制端子中设置有 3 个开关 X1、X2、X3，用其开关状态的组合来选择各档频率。一共可选择 7 个频率档，见表 1-1。

表 1-1　X1、X2、X3 状态组合与转速频率档次

频率	0	f_{X1}	f_{X2}	f_{X3}	f_{X4}	f_{X5}	f_{X6}	f_{X7}
X1 状态	0	0	0	0	1	1	1	1
X2 状态	0	0	1	1	0	0	1	1
X3 状态	0	1	0	1	0	1	0	1

西门子 MM4 系列变频器通过参数 P1001～P1007 设定多档转速频率。

2. 变频器的运行功能

变频器起动和制动时，若频率变化得过快，可能会造成加速中的过电流故障或减速中的过电压故障；反之，若频率变化得过慢，便延长了系统的过渡过程，对一些频繁起动的机械来说，会降低生产效率。因此，在工艺允许的条件下，从保护设备的目的出发，合理设置变频器加减速过程参数，可以使设备平滑起停，从而实现高效节能运行。

（1）加速时间

变频起动时，起动频率可以很低，加速时间可以自行给定，这样就能有效地解决起动电流大和机械冲击的问题。各种变频器都提供了在一定范围内可任意给定加速时间的功能，而且不同的变频器对加速时间的定义也不尽相同。有的变频器加速时间是指输出频率从 0Hz 上升至基本频率 f_b 所需要的时间，如三菱 FR-A540 变频器；还有的变频器定义输出频率从 0Hz 上升至最大频率 f_H 所需的时间，如西门子变频器。用户可根据拖动系统的情况自行给定一个加速时间。加速时间越长，起动电流就越小，起动也越平缓，但却延长了拖动系统的过渡过程，对于某些频繁起动的机械来说，将会降低生产效率。因此给定加速时间的基本原则是在电动机的起动电流不超过允许值的前提下，尽量地缩短加速时间。由于影响加速过程的因素是拖动系统的惯性（数值上用飞轮力矩 GD^2 来表示），故系统的惯性越大，加速难度就越大，加速时间也应该长一些。但在具体的操作过程中，由于计算非常复杂，可以将加速时间先设置得长一些，观察起动电流的大小，然后再慢慢缩短加速时间。

（2）加速模式

不同的生产机械对加速过程的要求是不同的。根据各种负载的不同要求，变频器给出了各种不同的加速曲线（模式）供用户选择。常见的曲线形式有线性方式、S 形方式和半 S 形方式等，如图 1-14 所示。

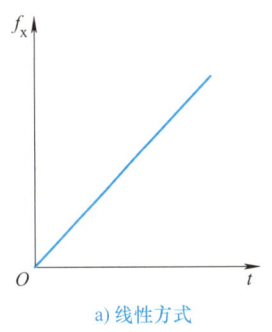 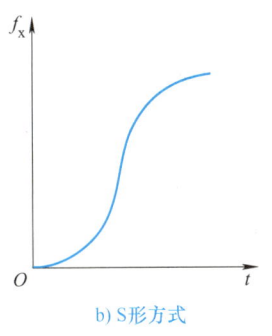 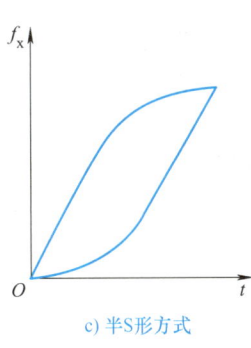

a）线性方式　　　　　　　b）S形方式　　　　　　　c）半S形方式

图1-14　变频器的加速曲线

1）线性方式。在加速过程中，频率与时间呈线性关系，如图1-14a所示，如果没有什么特殊要求，一般的负载大都选用线性方式。

2）S形方式。此方式初始阶段加速较缓慢，中间阶段为线性加速，尾段加速逐渐减为零，如图1-14b所示。这种曲线适用于传送带、电梯等对起动有特殊要求的负载。这类负载往往满载起动，传送带上的物体静摩擦力较小，刚起动时加速较慢，以防止输送带上的物体滑倒，到尾段加速减慢也是这个原因。

3）半S形方式。加速时一半为S形方式，另一半为线性方式，如图1-14c所示。对于风机和泵类负载，低速时负载较轻，加速过程可以快一些。随着转速的升高，其阻转矩迅速增加，加速过程应适当减慢。反映在图上，就是加速的前半段为线性方式，后半段为S形方式。而对于一些惯性较大的负载，加速初期加速过程较慢，到加速的后期可适当加快其加速过程。反映在图上，就是加速的前半段为S形方式，后半段为线性方式。

（3）减速时间

变频调速时，减速是通过逐步降低给定频率来实现的。在频率下降的过程中，电动机将处于再生制动状态。如果拖动系统的惯性较大，频率下降又很快，电动机将处于强烈的再生制动状态，从而产生过电流和过电压，使变频器跳闸。为避免上述情况的发生，可以在减速时间和减速方式上进行合理的选择。

和加速时间的定义类似，有的变频器减速时间是指输出频率从基本频率f_b减至0Hz所需的时间，也有一些变频器减速时间定义为从最高频率f_H减到0Hz所需要的时间。减速时间的给定方法同加速时间一样，其值的大小主要考虑系统的惯性。惯性越大，减速时间就越长。一般情况下，加、减速选择同样的时间。

（4）减速模式

减速模式设置与加速模式相似，也要根据负载情况而定，减速曲线也有线性和S形、半S形等几种方式。

（5）停车方式

变频调速系统中可以设置不同的停车方式。

1）自由停车。停车时间长短取决于拖动系统的惯性，又叫作惯性停车。

2）减速停车。即按预置的减速时间和减速模式来减速停车。

3. 变频器的优化特性功能

（1）节能功能

当异步电动机以某一固定转速 n 拖动一固定负载 T_L 时，其定子电压 U_x 与定子电流 I_1 之间有一定的函数关系，如图 1-15 所示。

在曲线①中可清楚看到存在着一个定子电流 I_1 为最小的工作点 A，在这一点电动机取的电功率为最小，也就是最节能的运行点。

当异步电动机所带的负载发生变化，由 T_L 变化至 T_L' 时，电动机转速稳定在 n'，此时的 $I_1=f(U_x)$ 曲线变成曲线②，同样也存在着一个最佳节能的工作点 B。

对于风机、水泵等二次方律负载在稳定运行时，其负载转矩及转速都基本不变，如果能使其工作在最佳的节能点，就可以达到最佳的节能效果。

很多变频器都提供了自动节能功能，变频器可自动搜寻最佳工作点，以达到节能的目的。需要说明的是，节能运行功能只在 U/f 控制时起作用，如果变频器选择了矢量控制，则该功能将被自动取消，因为在所有的控制功能中，矢量控制的优先级最高。

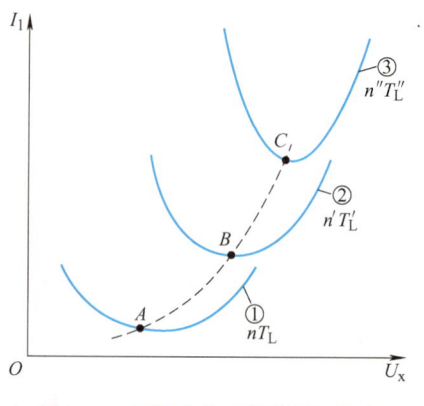

图 1-15 不同负载时的最佳工作点

（2）PID 控制功能

PID 就是比例（P）、积分（I）、微分（D）控制，属于闭环控制。反馈信号取自拖动系统的输出端，当输出值偏离所要求的给定值时，反馈信号成比例地变化。在输入端，给定信号与反馈信号相比较，存在一个偏差值，该偏差值经过 PID 调节，变频器通过改变其输出频率，迅速、准确地消除拖动系统的偏差，恢复到给定值，振荡和误差都比较小，使输出值与给定值之间能够自动调节以达到被控对象的相对稳定。通过变频器实现 PID 控制有两种情况，一是变频器内置的 PID 控制功能，给定信号通过变频器的端子输入，反馈信号也反馈至变频器的控制端，在变频器内部进行 PID 调节以改变输出频率；二是外部的 PID 调节器将给定量与反馈量进行比较后输出给变频器，加到控制端作为控制信号。现在，大多数变频器都已经配置了 PID 控制功能。PID 控制系统的构成如图 1-16 所示。

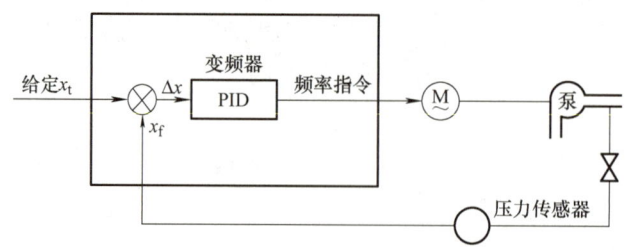

图 1-16 PID 控制系统示意图

这是通过 PID 调节的恒压供水系统，供水系统的实际压力由压力传感器转换成电量（电压或电流），反馈到 PID 调节器的输入端（即 x_f），PID 的调节功能有以下几种。

1) 比较与判断功能。首先为 PID 调节器给定一个电信号 x_t，该给定电信号对应着系统的给定压力 p_p，当压力传感器将供水系统的实际压力 p_x 转变成电信号（即 x_f），送回 PID 调节器的输入端时，调节器首先将它与压力给定电信号 x_t 相比较，得到的偏差信号为 Δx，如图 1-17a 所示，即

$$\Delta x = x_t - x_f$$

$\Delta x > 0$：给定值 > 供水压力，在这种情况下，水泵应升速。Δx 越大，水泵的升速幅度越大。

$\Delta x < 0$：给定值 < 供水压力，在这种情况下，水泵应降速。$|\Delta x|$ 越大，水泵的降速幅度越大。

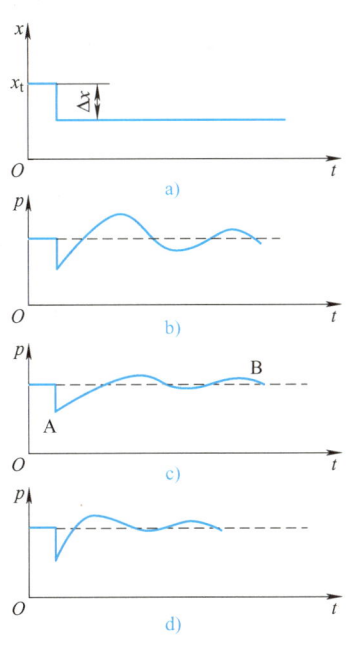

如果 Δx 的值很小，则反应就可能不够灵敏。另外，不管控制系统的动态响应多么好也不可能完全消除静差。这里的静差是指 Δx 的值不可能完全降到 0，而始终有一个很小的静差存在，从而使控制系统出现了误差。为了增大控制的灵敏度，引入了 P 功能。

2) P（比例）功能。P 功能就是将 Δx 的值按比例进行放大，这样尽管 Δx 的值很小，但是经放大后再来调整水泵的转速也会比较准确、迅速。放大后，Δx 的值大大增加，静差 s 在 Δx 中占的比例也相对减少，从而使控制的灵敏度增大，误差减小。

图 1-17 PID 功能调节波形

那么 P 值的大小对控制系统有何影响？如果 P 值设定过大，Δx 的值变得很大，供水系统的实际压力 p_x 调整到给定值 p_p 的速度必定很快。但由于拖动系统的惯性原因，很容易发生 $p_x > p_p$ 的情况，将这种现象称为超调。于是控制又必须反方向调节，这样就会使系统的实际压力在给定值（恒压值）p_p 附近来回振荡，如图 1-17b 所示。

分析产生振荡现象的原因，主要是加、减速过程都太快的缘故。为了缓解因 P 功能给定过大而引起的超调振荡，可以引入 I 功能。

3) I（积分）功能。I 功能就是对偏差信号 Δx 取积分后再输出，其作用是延长加速和减速的时间，以缓解因 P（比例）功能设置过大而引起的超调。P 功能与 I 功能结合，就是 PI 功能，图 1-17c 就是经 PI 调节后供水系统实际压力 p_x 的变化波形。从图中看，尽管增加 I 功能后使得超调减少，避免了供水系统的压力振荡，但是也延长了供水压力重新回到给定值 p_p 的时间。为了克服上述缺陷，又增加了 D 功能。

4) D（微分）功能。D 功能就是对偏差信号 Δx 取微分后再输出。也就是说当供水压力 p_x 刚开始下降时，dp_x/dt 最大，此时 Δx 的变化率最大，D 输出也就最大，水泵的转速会突然增大一下。随着水泵转速的逐渐升高，供水压力会逐渐恢复，dp_x/dt 会逐渐减小，D 输出也会迅速衰减，供水系统又呈现 PI 调节。图 1-17d 即为 PID 调节后，供水压力 p_x 的变化情况。

可以看到，经 PID 调节后的供水压力，既保证了系统的动态响应速度，又避免了在调节过程中的振荡，因此 PID 调节功能在恒压供水系统中得到了广泛的应用。

(3) 自动电压调整功能

自动电压调整功能，很多变频器根据其英文缩写也称为 AVR 功能。变频器的输出电压会随着输入电压的变化而变化，如果输入电压下降，则会引起变频器的输出电压也下降. 那么就会影响电动机的带负载能力，而这种影响是不可控制的。若选择了 AVR 功能，遇到这种情况，变频器就会适当提高其输出电压，以保证电动机的带负载能力不变。

(4) 瞬时停电再起动功能

该功能是在发生瞬时停电又复电时，使变频器仍然能够根据原定的工作条件自动进入运行状态，从而避免进行复位、再起动等烦琐操作，保证整个系统的连续运行。

该功能的具体实现是在发生瞬时停电时，利用变频器的自动跟踪功能，使变频器的输出频率能够自动跟踪与电动机实际转速相对应的频率，然后再升速，返回至预先给定的速度。通常当瞬时停电时间在 2s 以内时，可以使用变频器的这个功能。大多数变频器在使用该功能时，只需选择"用"或"不用"。有的变频器还需要输入一些其他的参数，如再起动缓冲时间等。

(5) 电动机参数的自动调整功能

当变频器的配用电动机符合变频器说明书的使用要求时，用户只需要输入电动机的极数、额定电压等参数，变频器就可以在自己的存储器中找到该类电动机的相关参数。当选用的变频器和电动机不配套（诸如电动机型号不配套）时，变频器往往不能准确地得到电动机的参数。

在采用开环 U/f 控制时，这种矛盾并不突出，而选择矢量控制时，系统的控制是以电动机参数为依据的，此时电动机参数的准确性就显得非常重要。为了提高矢量控制的效果，很多变频器都提供了电动机参数的自动调整功能，对电动机的参数进行测试。

测试时，首先将变频器和配套电动机按要求接线，然后按以下步骤操作：

1) 选择矢量控制。

2) 输入电动机额定值，如额定电压、电流、频率等。

3) 选择自动调整的方式为"用"或"不用"。

通过上面选择，将变频器通入电源后空转一会儿，也有的变频器需先后对电动机实施加速、减速、停止等操作，从而将电动机的定子电阻、转子电阻、电感等参数计算出来并自动保存。

(6) 变频器和工频电源的切换功能

当变频器出现故障或电动机需要长期在工频频率下运行时，需要将电动机切换到工频电源下运行。变频器和工频电源的切换有手动和自动两种，这两种切换方式都需要配加外电路。

如果采用手动切换，则只需要在适当的时候用人工来完成，控制电路比较简单；如果采用自动切换方式，则除控制电路比较复杂外，还需要对变频器进行参数预置。大多数变频器常有以下两项选择，分别是报警时的工频电源/变频器切换选择和自动变频器/工频电源切换选择，只需在上面两个选项中选择"用"，那么当变频器出现故障报警或由变频器驱动的电动机运行达到工频频率后，变频器的控制回路会使电动机自动脱离变频器，改由工频电源为电动机供电。

4. 变频器的保护功能

（1）过电流保护

过电流是指变频器的输出电流的峰值超出了变频器的容许值。由于逆变器的过载能力很差，大多数变频器的过载能力都只有 1.5 倍，允许持续时间为 1min。因此变频器的过电流保护，就显得尤为重要。

产生过电流的原因较多，大致可分为以下两种：一种就是在加、减速过程中，由于加减速时间设置过短而产生的过电流；另一种是在恒速运行时，由于负载或变频器的工作异常而引起的过电流。如电动机遇到了冲击，变频器输出短路等。

在大多数的拖动系统中，由于负载的变动，短时间的过电流是不可避免的。为了避免频繁跳闸给生产带来的不便，一般的变频器都设置了失速防止功能（即防止跳闸功能），只有在该功能不能消除过电流或过电流峰值过大时，变频器才会跳闸，停止输出。

可以通过对变频器失速防止功能的设置来限制过电流，用户根据电动机的额定电流 I_{MN} 和负载的情况，给定一个电流限值 I_{set}（通常该电流给定为 $1.5I_{MN}$）。

如果过电流发生在加、减速过程中，当电流超过 I_{set} 时，变频器暂停加、减速（即维持 f_x 不变），待过电流消失后再进行加减速，如图 1-18 所示。

如果过电流发生在恒速运行时，变频器会适当降低其输出频率，待过电流消失后再使输出频率返回原来的值，如图 1-19 所示。

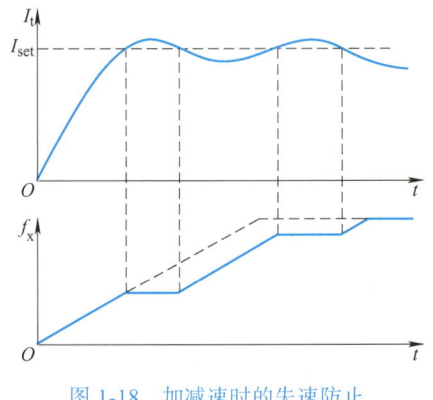

图 1-18　加减速时的失速防止

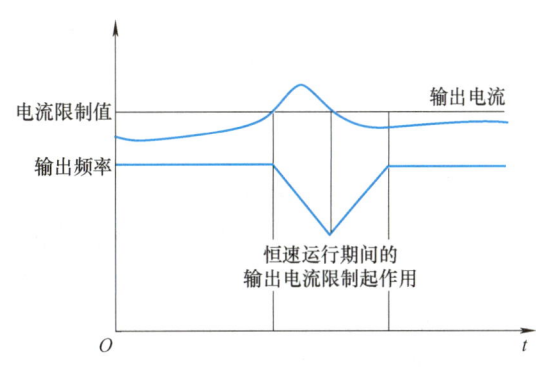

图 1-19　恒速时的失速防止

（2）电动机过载保护

在传统的电力拖动系统中，通常采用热继电器对电动机进行过载保护。热继电器具有反时限特性，即电动机的过载电流越大，电动机的温度增加越快，容许电动机持续运行的时间就越短，热继电器的跳闸也越快。

变频器中的电子热敏器，可以很方便地实现热继电器的反时限特性。检测变频器的输出电流，并和存储单元中的保护特性进行比较。当变频器的输出电流大于过载保护电流时，电子热敏器将按照反时限特性进行计算，算出允许电流持续的时间 t，如果在此时间内过载情况消失，则变频器工作依然是正常的，但若超过此时间过载电流仍然存在，则变频器将跳闸，停止输出。使用变频器的该功能，只适用于一个变频器带一台电动机的情况，如图 1-20 所示。

如果一个变频器带有多台电动机，则由于电动机的容量比变频器小得多，变频器将无法对电动机的过载进行保护,通常在每个电动机上再加装一个热继电器。

(3) 过电压保护

产生过电压的原因,大致可分为两大类:一类是在减速制动的过程中,由于电动机处于再生制动状态,若减速时间设置得太短,因再生能量来不及释放,引起变频器中间电路的直流电压升高而产生过电压;另一类是由于电源系统的浪涌电压而引起的过电压。对于电源过电压的情况,变频器规定电源电压的上限一般不能超过电源电压的10%,如果超过该值,则变频器将会跳闸。

对于在减速过程中出现的过电压,也可以采用暂缓减速的方法来防止变频器跳闸。可以由用户给定一个电压的限值 U_{set},在减速的过程中若出现直流电压 $U_D > U_{set}$ 时,则暂停减速,如图1-21所示。

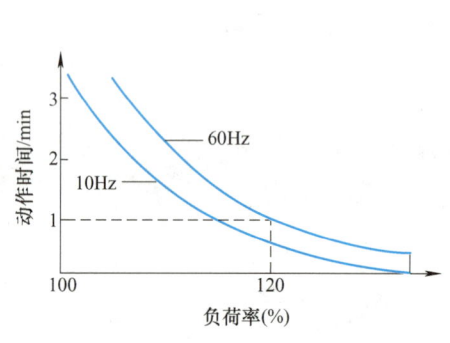

图1-20 电子热敏器反时限特性

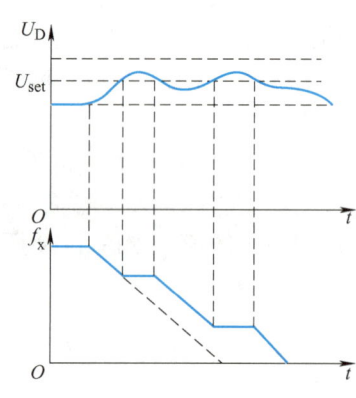

图1-21 减速时防止跳闸功能

(4) 欠电压保护和瞬时停电的处理

当电网电压过低时,会引起变频器直流中间电路的电压下降,从而使变频器的输出电压过低并造成电动机输出转矩不足和过热现象。而欠电压保护的作用,就是在变频器的直流中间电路出现欠电压时,使变频器停止输出。

当电源出现瞬时停电时,直流中间电路的电压也将下降,并可能出现欠电压的现象。为了使系统在出现这种情况时,仍能继续正常工作而不停车,现在的变频器大部分都提供了瞬时停电再起动功能。

1.2.4　变频器的应用

变频调速是目前最理想、最有发展前途的调速方式之一,在运输业、石油化工、家用电器、造纸、纺织、军事等领域都得到了越来越广泛的应用。如超导磁悬浮列车、高速铁路、电动汽车;变频空调、变频洗衣机、变频微波炉;军事通信、导航、雷达、宇航设备的小型化电源等。变频器的应用主要在以下几个方面。

1. 变频器在自动化系统中的应用

变频器内置有32位或16位的中央处理器,具有多种逻辑运算和智能控制功能,输出频率精度高达0.01%～0.1%,还设置有完善的检测、保护环节,因此在自动化系统中得到广泛的应用。例如，玻璃工业中的平板玻璃退火炉、玻璃窑搅拌、拉边机、制瓶机；化纤工业中的卷绕、拉伸、计量、导丝等。

2. 变频器在节能中的应用

风机、泵类负载采用变频调速后，节电率可达到20%～60%，节能效果非常可观。以节能为目的的变频器的应用，近年来发展十分迅速，目前应用较成功的有恒压供水、各类风机、中央空调和液压泵的变频调速。尤其是恒压供水，由于使用效果非常好，现已形成典型成熟的变频控制模式，广泛应用于消防、喷灌及工农业用水等领域。恒压供水安装、操作非常方便，不仅节省大量电能，而且延长了设备的使用寿命。目前一些空调、冰箱等家用电器，如海尔、海信的变频空调，采用变频调速技术，取得了较好的节能效果和经济效益。

3. 变频器在机械设备控制领域中的应用

使用变频器可以提高生产工艺水平和产品质量，减少设备的冲击和噪声，延长设备的使用寿命，因而广泛应用于起重、传送、挤压和机床等各种机械设备控制领域。采用变频调速控制后，操作和控制更加方便，甚至可以改变原有的工艺规范，从而提高了整个设备的功能。例如，纺织等许多行业用的定型机，由于风机速度不变，送入热风的多少只有用风门来调节，如果风门调节失灵或调节不当就会造成定型机失控，影响产品质量。循环风机高速起动，传送带与轴承之间磨损非常严重，使传送带变成了一种易耗品。采用变频调速后，温度调节可以利用温度传感器，通过变频器自动调节风机的速度来实现，提高了产品质量。同时，变频器可以很方便地解决风机在低速下的起动问题，减少了传送带与轴承的磨损，延长了设备的寿命。

4. 变频器在数控机床中的应用

随着生产技术和生产力的发展，要求机器具有更高的精度、更高的效率、更多的品种、更高的自动化程度及可靠性。现代化的数控机床综合了计算机技术、微电子技术等，使机床的自动化程度不断提高。20世纪70年代初，以高级车床为中心开始了将数控机床主轴由齿轮有级变速传动变为直流无级调速传动。进入20世纪80年代后，主轴采用变频调速的方式正在迅速普及。

使用变频器可以使标准电动机直接变速传动，实现主轴的无级调速和正反转控制，同时变频器还可以外接制动电阻，实现电动机快速制动。

5. 变频器在电梯控制系统中的应用

1982年，日本三菱电气公司研制出第一台变频器控制的高速电梯，并在两年后把变频器应用于低速电梯。随着应用的不断普及，出现了用于电梯控制的专用变频器。

虽然变频器在很多领域都得到了广泛应用，但在实际生产过程中，使用较多的还是进口变频器，如富士、三星、ABB、AB、西门子等品牌。特别是在大、中型企业旧设备技术改造中，应用最为广泛。其原因是之前国内生产变频器的厂家较少，产品功能简单、性能不高；而进口变频器具有机型多、技术成熟、功能齐全、性能优越等特点，并且适合不同设备拖动需求，故占据着国内变频器市场的主要部分。但随着我国经济和技术的迅速发展和进步，近年来国内众多厂家在变频器研制和开发方面，已开始了大规模资金和人力的投入。随着我国制造强国战略的深入实施，中国制造业已迈入制造强国行列，而变频技术作为智能制造的关键核心技术，必将助力我国早日跻身世界制造强国的前列，以中国式现代化全面推进中华民族伟大复兴。

任务实施

1）分析我国变频调速技术的发展概况。
2）分析国外变频调速技术的现状。
3）以变频恒压供水系统为例，说明变频器在恒压供水系统中的作用。

为了保证用水的最大需求量，供水水泵将以最大转速运行，保证供水的最大量，当用水需求少时，调节供水管网阀门，从而调节供水量，达到供给与需求之间的平衡。对于这种方式，水泵是以最大转速运行，自然消耗的电能也就越大，能量通过阀门而消耗掉，电能没有得到最大的利用。

对于变频恒压供水方式，在一定需求的供水压力下，当需要多少用水时，就按对应量供给，当所需水量减小，水泵转速就降低。对于泵类负载，轴上输出的转矩与转速二次方成正比，故轴功率与转速的三次方成正比，而水泵运行时消耗的电能等于功率乘以运行时间，因此泵类负载消耗的电能也与转速的三次方成正比。其功率按转速的三次方下降，所需的电能也就减少了，从而达到节能的目的。

4）列举变频器的频率参数有哪些。

任务拓展

1）晶闸管的结构和工作原理。
2）IGBT 的结构、工作原理及应用。
3）查阅资料说明变频器在其他工业领域中的应用，如工业洗衣机等。
4）了解矢量控制型变频器的工作原理。
5）变频器还有哪些功能？

思考与练习

一、填空题

1. 变频器按照滤波方式不同分为_____和_____两种。
2. 变频器按照变换环节不同分为_____和_____两种。

二、判断题

1. 交－直－交变频器又叫作直接变频器。　　　　　　　　　　　　　　（　　）
2. 第一代变频器是以晶闸管为代表的。　　　　　　　　　　　　　　　（　　）
3. 变频器在任何负载上应用节能效果都非常明显。　　　　　　　　　　（　　）

项目 1　初识变频器

任务 1.3　变频器工作原理认知

 任务描述

本次任务是认知变频器内部电路各部分的结构,掌握变频器主电路、控制电路的工作原理。

 学习目标

□ 了解变频器内部主电路结构。
□ 了解变频器控制电路的结构及功能。
□ 掌握变频器工作原理。
□ 具有团队合作精神。

 知识准备

变频器内部主要由主电路和控制电路组成。主电路为电机和控制单元提供电能,控制电路则是为变频器的主电路提供通断等控制信号的电路。

1.3.1　变频器主电路的结构及工作原理

主电路的结构形式有 2 种,分别是交－直－交结构和交－交结构。

交－直－交变频器工作原理

1. 交－直－交变频器

交－直－交变频器就是先把频率、电压都固定的交流电整流成直流电,再把直流电逆变成频率、电压都连续可调的三相交流电源。由于把直流电逆变成交流电的环节比较容易控制,并且在电动机变频后的特性方面比其他方法具有明显的优势,所以通用变频器一般采用交－直－交变频器。

交－直－交变频器的主电路框图如图 1-22 所示,由整流电路、中间电路和逆变电路组成。

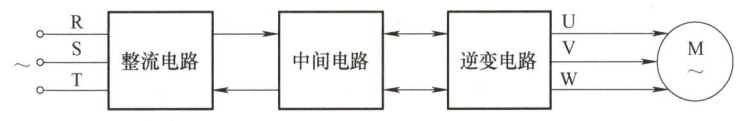

图 1-22　交－直－交变频器主电路框图

(1) 整流电路

交－直－交变频器的主电路结构如图 1-23 所示,左侧为整流电路。

23

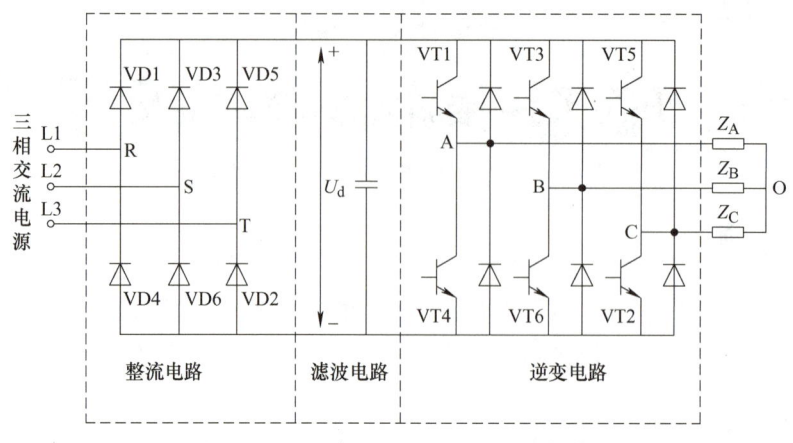

图 1-23　交－直－交变频器的主电路结构

整流电路的功能是将交流电转换为直流电。整流电路按使用的器件不同分为两种类型，即不可控整流电路和可控整流电路。

1）不可控整流电路。不可控整流电路使用的器件为电力二极管，不可控整流电路按输入交流电源的相数不同分为单相整流电路、三相整流电路和多相整流电路。图 1-23 是变频器中应用最多的三相整流电路示意图。三相桥式整流电路共有 6 个整流二极管，其中 VD1、VD3、VD5 3 个管子的阴极连接在一起，称为共阴极组；VD2、VD4、VD6 3 个管子的阳极连接在一起，称为共阳极组。三相对称交流电源 R、S、T（或 A、B、C）的波形如图 1-24a 所示，R、S、T 接入电源后，共阴极组里阳极电位最高的那个二极管优先导通；共阳极组里阴极电位最低的二极管优先导通。同一时间内只有 2 个二极管导通，其余 4 个均承受反向电压而截止，在三相交流电压自然换相点换相导通。负载上得到的电压等于变压器二次绕组线电压的包络值，极性始终是上正下负，输出电压波形如图 1-24b 所示。通过计算可得到负载电阻上的平均电压为：$U_d=2.34U_2$，其中 U_2 为相电压的有效值。

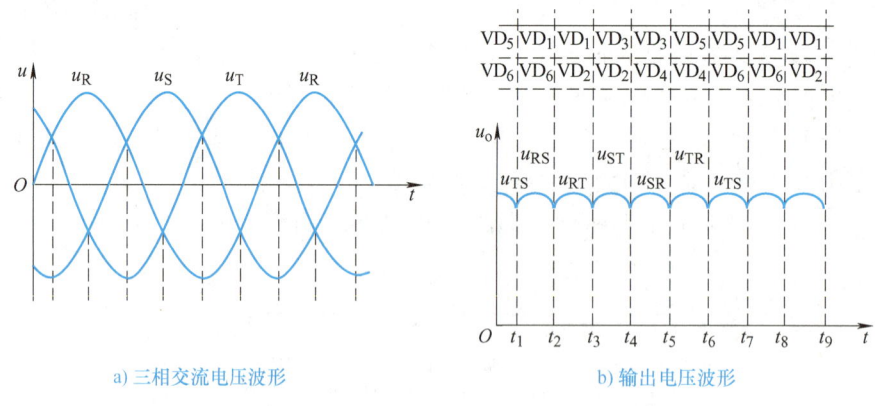

a) 三相交流电压波形　　　　　　　　b) 输出电压波形

图 1-24　三相桥式不可控整流电路电压波形

2）可控整流电路。将图 1-23 中的二极管换为晶闸管，就成为三相桥式可控整流电路，如图 1-25 所示。

三相桥式可控整流电路遵循以下规律：

① 任一时刻必须有两个晶闸管同时导通,其中一个在共阳极组,另一个在共阴极组。

② 整流输出电压波形是由电源线电压 u_{RS}、u_{RT}、u_{ST}、u_{SR}、u_{TR} 和 u_{TS} 的轮流输出所组成的。晶闸管的导通顺序为:(VT1、VT6)→(VT1、VT2)→(VT3、VT2)→(VT3、VT4)→(VT5、VT4)→(VT5、VT6)。

③ 6个晶闸管中每个导通120°,每间隔60°有1个晶闸管换相。三相全控桥电阻负载,$\alpha=0°$ 时的电压波形如图1-26所示。

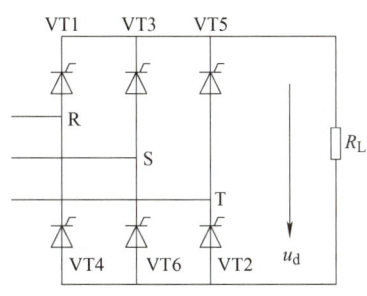

图 1-25 三相桥式可控整流电路

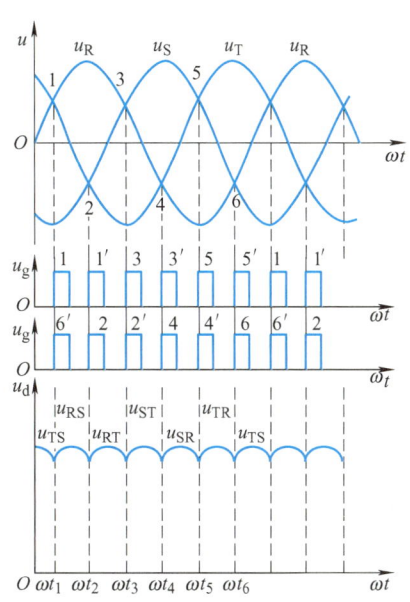

图 1-26 三相桥式可控整流电路电压波形

输出电压平均值为

$$U_d = 2.34 U_2 \cos\alpha$$

可见由二极管构成的桥式整流电路的输出电压平均值 U_d 不变,而由晶闸管构成的桥式整流电路的输出电压的平均值 U_d 连续可调。

(2)中间电路

1)滤波电路。虽然利用整流电路可以从电网的交流电源得到直流电压或直流电流,但这种电压或电流含有频率为电源频率6倍的纹波,如果将其直接供给逆变电路,则逆变后的交流电压、电流纹波很大。因此,必须对整流电路的输出进行滤波,以减少电压或电流的波动。这种电路称为滤波电路。根据储能元件不同,滤波电路可分为电容滤波和电感滤波两种。

① 电容滤波。通常用大容量电容对整流电路输出电压进行滤波。由于电容量比较大,一般采用电解电容。二极管整流器在电源接通时,电容中将流过较大的充电电流(亦称浪涌电流),有可能烧坏二极管,故必须采取相应措施。图1-27给出几种抑制浪涌电流的方式。

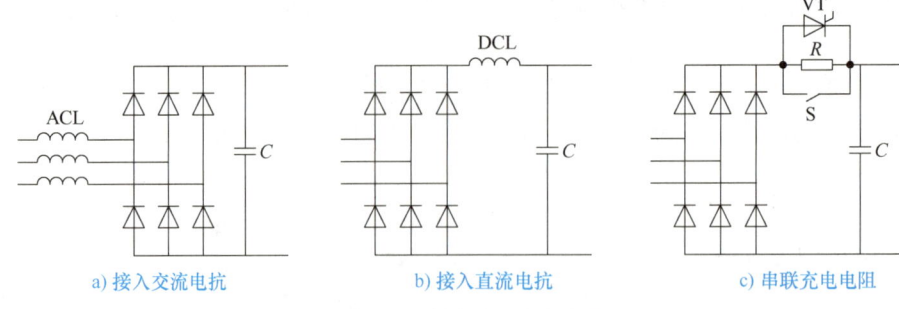

a) 接入交流电抗　　　　b) 接入直流电抗　　　　c) 串联充电电阻

图 1-27　抑制浪涌电流的方式

采用大电容滤波后再送给逆变器，这样可使加于负载上的电压值不受负载变动的影响，基本保持恒定。该变频器电源类似于电压源，因而称为电压型变频器。电压型变频器逆变电压波形为方波，而电流的波形经电动机绕组感性负载滤波后接近于正弦波，波形如图 1-28 所示。

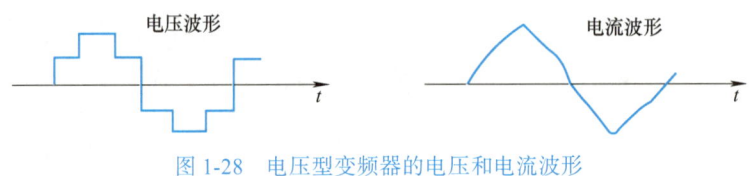

图 1-28　电压型变频器的电压和电流波形

② 电感滤波。采用大容量电感对整流电路输出电流进行滤波，称为电感滤波。由于经电感滤波后加于逆变器的电流值稳定不变，所以输出电流基本不受负载的影响，电源外特性类似电流源，因而称为电流型变频器，电流型变频器的电路框图如图 1-29 所示。

电流型变频器逆变电流波形为方波，而电压的波形经电动机绕组感性负载的滤波后接近于正弦波，如图 1-30 所示。

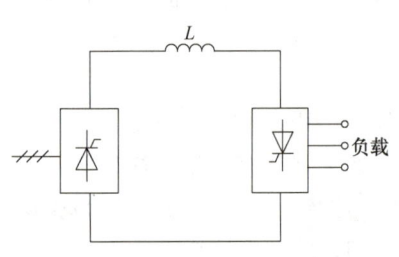

图 1-29　电流型变频器的电路框图

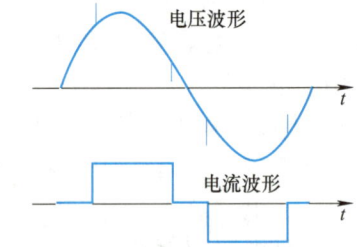

图 1-30　电流型变频器输出电压及电流波形

2) 制动电路。利用设置在直流回路中的制动电阻吸收电动机的再生电能的方式称为动力制动或再生制动。图 1-31 为制动电路的原理图。制动电路介于整流器和逆变器之间，图中的制动单元包括晶体管 V_B、二极管 VD_B 和制动电阻 R_B。如果回馈能量较大或要求强制动，还可以选用接于 H、G 两点上的外接制动电阻 R_{EB}。

还有一种直流制动方式，即异步电动机定子加直流电的情况下，转动着的转子产生制动力矩，使电动机迅速停止。这种方式在变频调速中也有应用，称为"DC 制动"，即由变频器输出直流电的制动方式。当变频器向异步电动机的定子通直流电时（逆变器某几个器件连续导通），异步电动机便进入能耗制动状态，此时变频器的输出频率为零，异步电动机的定子产生静止的恒幅磁场，转动着的转子切割此磁场产生制动转矩。

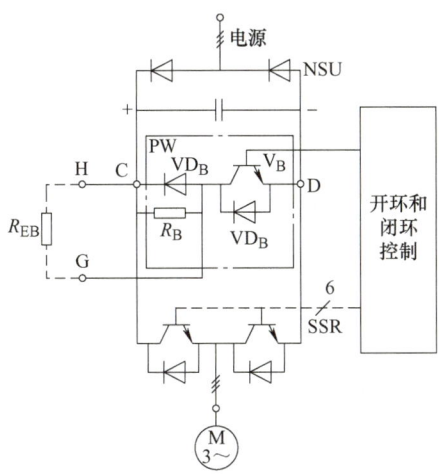

图 1-31　制动电路的原理图

（3）逆变电路

逆变电路是交－直－交变频器的核心部分。图 1-32 所示三相逆变电路，其中 6 个晶体管按其导通顺序分别用 VT1～VT6 表示，与晶体管反向并联的二极管起续流作用。按晶体管导通电角度的不同又分为 120° 导通型和 180° 导通型两种类型。

1）120° 导通型。如图 1-32 所示，若把负载 Z 接成丫形，给 6 个晶体管的基极加上合适的控制电压，使其按要求导通，设三相负载完全对称，即 $Z_A=Z_B=Z_C=Z$，并设逆变器的换相在瞬间完成，忽略功率器件的管压降。

在 0°～60° 范围内 VT1、VT6 导通，其等效电路如图 1-33 所示。

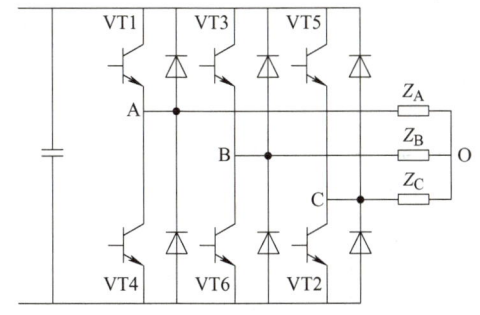

图 1-32　三相逆变电路的原理图

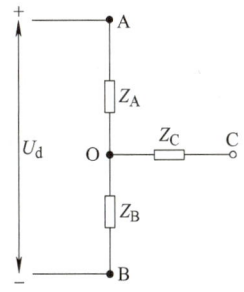

图 1-33　0°～60° 等效电路

由图可以求得

$$U_A = U_{AO} = \frac{U_d}{2}$$

$$U_B = U_{BO} = -\frac{U_d}{2}$$

$$U_C = U_{CO} = 0$$

根据 U_A、U_B、U_C 可以求得各线电压

$$U_{AB} = U_A - U_B = \frac{U_d}{2} - \left(-\frac{U_d}{2}\right) = U_d$$

$$U_{BC} = U_B - U_C = -\frac{U_d}{2} - 0 = -\frac{U_d}{2}$$

$$U_{CA} = U_C - U_A = 0 - \frac{U_d}{2} = -\frac{U_d}{2}$$

在 60°～120° 范围内 VT1、VT2 导通，其等效电路如图 1-34 所示。

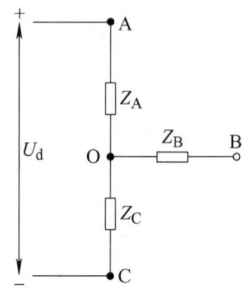

图 1-34　60°～120° 等效电路

由图可以求得

$$U_A = U_{AO} = \frac{U_d}{2}$$

$$U_B = U_{BO} = 0$$

$$U_C = U_{CO} = -\frac{U_d}{2}$$

根据 U_A、U_B、U_C 可以求得各线电压

$$U_{AB} = U_A - U_B = \frac{U_d}{2} - 0 = \frac{U_d}{2}$$

$$U_{BC} = U_B - U_C = 0 - \left(-\frac{U_d}{2}\right) = \frac{U_d}{2}$$

$$U_{CA} = U_C - U_A = -\frac{U_d}{2} - \frac{U_d}{2} = -U_d$$

同理，可以求得其他各范围的相电压和线电压，根据这些电压可以画出相电压和线电压的波形图，如图 1-35 所示。

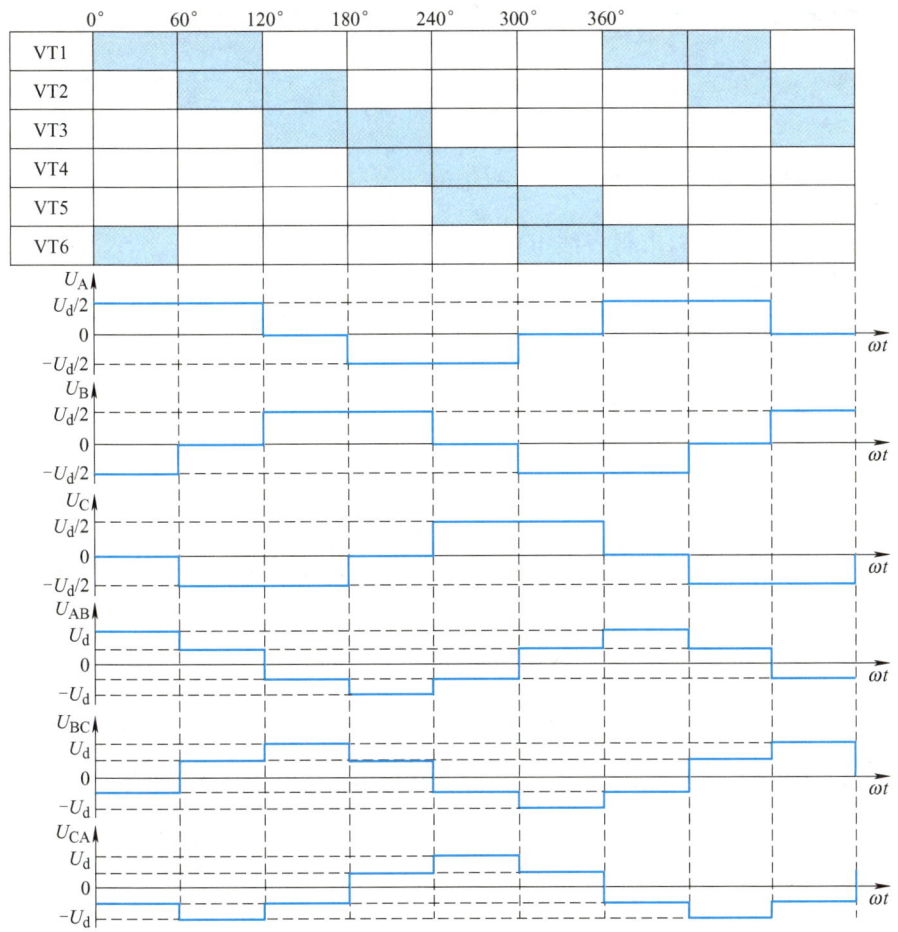

图 1-35 负载 Y 形连接 120° 导通电压波形图

若把负载 Z 接成 △ 形，6 个晶体管仍按上述要求导通，可以求得与 Y 形连接时相似的电压波形。

2）180° 导通型。若把负载仍接成 Y 形，6 个晶体管按要求 180° 导通，则在各范围内都有 3 个晶体管同时导通。在 0° ~ 60° 范围内 VT1、VT5、VT6 导通，其等效电路如图 1-36 所示。

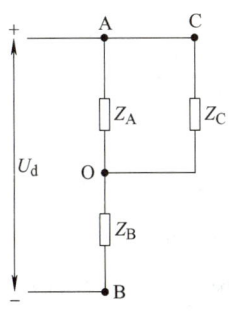

图 1-36 0° ~ 60° 等效电路

由图可以求得相电压为

$$U_A = U_C = U_{AO} = \frac{1}{3}U_d$$

$$U_B = U_{BO} = -\frac{2}{3}U_d$$

根据 U_A、U_B、U_C 可以求得各线电压

$$U_{AB} = U_A - U_B = \frac{1}{3}U_d - \left(-\frac{2}{3}U_d\right) = U_d$$

$$U_{BC} = U_B - U_C = -\frac{2}{3}U_d - \frac{1}{3}U_d = -U_d$$

$$U_{CA} = U_C - U_A = \frac{1}{3}U_d - \frac{1}{3}U_d = 0$$

同理，可以求得其他各范围的相电压和线电压，根据这些电压可以画出相电压和线电压的波形，如图 1-37 所示。

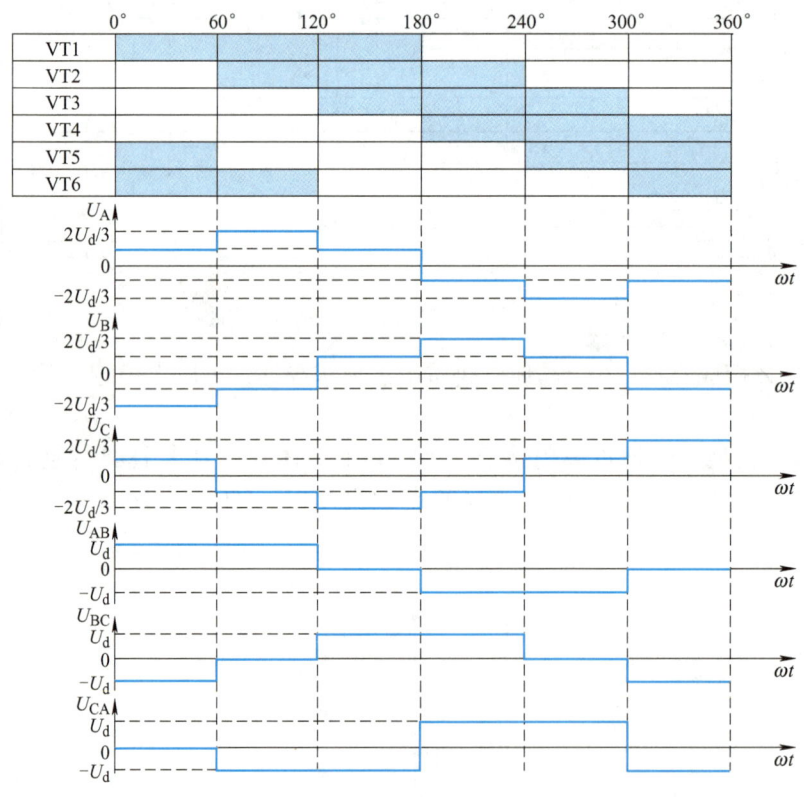

图 1-37　负载丫形连接 180° 导通电压波形图

由图 1-35、图 1-37 可以看到，逆变电路的输出电压为阶梯波，虽然不是正弦波，却是彼此相差 120° 的交流电压，即实现了从直流电到交流电的逆变。输出电压的频率取决于逆变器开关器件的切换频率，达到了变频的目的。

实际逆变电路除了基本元件晶体管和续流二极管外,还有保护半导体元件的缓冲电路,晶体管也可以用门极关断晶闸管代替。

(4) SPWM 控制技术

在异步电动机恒转矩的变频调速系统中,随着变频器输出频率的变化,必须相应地调节其输出电压。此外,在变频器输出频率不变的情况下,为了补偿电网电压和负载变化所引起的输出电压波动,也应适当地调节其输出电压,具体实现调压和调频的方法有很多种,但一般从变频器的输出电压和频率的控制方法分为 PAM 和 PWM。

PAM(Pulse Amplitude Modulation)是一种通过改变电源电压 U_d 或电源电流 I_d 的幅值,来进行输出控制的方式。它在逆变电路部分只控制频率,在整流电路和中间电路部分控制输出的电压或电流。由于 PAM 存在一些固有的缺陷,目前变频器中已很少应用。

PWM(Pulse Width Modulation)是脉宽调制型变频,是靠改变脉冲宽度来控制输出电压,通过改变调制周期来控制输出频率。脉宽调制的方法很多,以调制脉冲的极性不同,可分为单极性调制和双极性调制两种;以载频信号与参考信号频率之间的关系不同,可分为同步调制和异步调制两种。

1) SPWM 控制基本原理。全控型电力电子器件的出现,使得性能优越的脉宽调制(PWM)逆变电路应用日益广泛。这种电路的特点主要是可以得到相当接近正弦波的输出电压和电流,所以也称为正弦波脉宽调制 SPWM(Sinusoidal PWM)。SPWM 控制方式就是对逆变电路开关器件的通断进行控制,使输出端得到一系列幅值相等而宽度不等的脉冲,用这些脉冲来代替正弦波所需要的波形。按一定的规则对各脉冲的宽度进行调制,既可改变逆变电路输出电压的大小,也可改变其输出频率的大小。

采样控制理论有这样一个结论:冲量相等而形状不同的窄脉冲加在具有惯性的环节上时,其效果基本相同。冲量即指窄脉冲的面积,效果基本相同是指环节的输出响应波形基本相同。例如图 1-38 所示的 3 种窄脉冲形状不同,但面积相同(假如都等于 1)。当它们分别加在同一个惯性环节上时,其输出响应基本相同,且脉冲越窄,其输出差异越小。

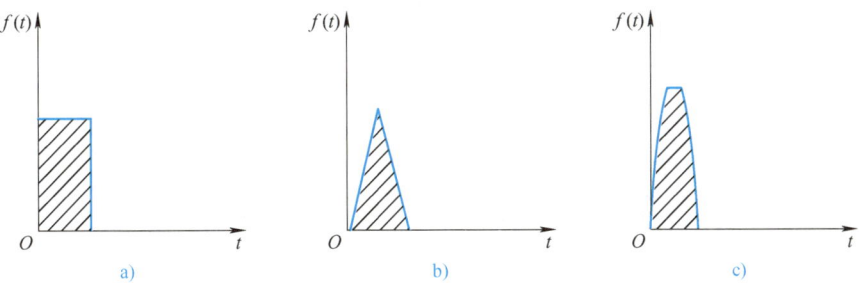

图 1-38 冲量相等形状不同的三种窄脉冲

根据上述理论,分析一下正弦波如何用一系列等幅不等宽的脉冲来代替。图 1-39a 所示是将一个正弦半波分成 N 等份,每一份可看作是一个脉冲,很显然这些脉冲宽度相等,都等于 π/N,但幅值不等,脉冲顶部为曲线,各脉冲幅值按正弦规律变化。若把上述脉冲序列用同样数量的等幅不等宽的矩形脉冲序列代替,并使矩形脉冲的中点和相应正弦等分脉冲的中点重合,且使两者的面积(冲量)相等,就可以得到图 1-39b 所示的脉冲序列,即 PWM 波形。可以看出,各脉冲的宽度是按正弦规律变化的。根据冲量相等效果相同的原理，PWM 波形和正弦半波是等效的。用同样的方法，也可以得到正弦负半周的 PWM 波形。完整的正弦波用等效的 PWM 波形表示就称为 SPWM 波形。

因此，在给出了正弦波频率、幅值和半个周期内的脉冲数后，就可以准确地计算出 SPWM 波形各脉冲宽度和间隔。按照计算结果控制电路中各开关器件的通断，就可以得到所需要的 SPWM 波形。但这种计算非常烦琐，而且当正弦波的频率、幅值等变化时，结果还要变化。较为实用的方法是采用载波，即把希望的波形作为调制信号，把接受调制的信号作为载波，通过对载波的调制得到所期望的 PWM 波形。通常采用等腰三角波作为载波，因为等腰三角波上下宽度与高度呈线性关系，且左右对称，当它与任何一个平缓变化的调制信号波相交时，如在交点时刻控制电路中开关器件的通断，就可以得到宽度正比于信号波幅值的脉冲，这正好符合 PWM 控制的要求。当调制信号波为正弦波时，所得到的就是 SPWM 波形。SPWM 波形的实际应用较多。

图 1-40 为单相桥式 PWM 逆变电路，负载为电感性，电力晶体管作为开关器件，对电力晶体管的控制方法为：在正半周，让晶体管 V2、V3 一直处于截止状态，而让晶体管 V1 一直保持导通，晶体管 V4 交替通断。当 V1 和 V4 都导通时，负载上所加的电压为直流电源电压 U_d。当 V1 导通而 V4 关断时，由于电感性负载中的电流不能突变，负载电流将通过二极管 VD3 续流，如果忽略晶体管和二极管的导通压降，则负载上所加电压为零。如负载电流较大，那么直到使 V4 再一次导通之前，VD3 也一直持续导通。如负载电流较快地衰减到零，在 V4 再次导通之前，负载电压也一直为零。这样输出到负载上的电压 U_o 就有零和 U_d 两种电平。同样在负半周，让 V1、V4 一直处于截止状态，而让 V2 保持导通，V3 交替通断。当 V2、V3 都导通时，负载上加有 $-U_d$，当 V3 关断时，VD4 续流，负载电压为零。因此在负载上可得到 $-U_d$ 和零两种电平。

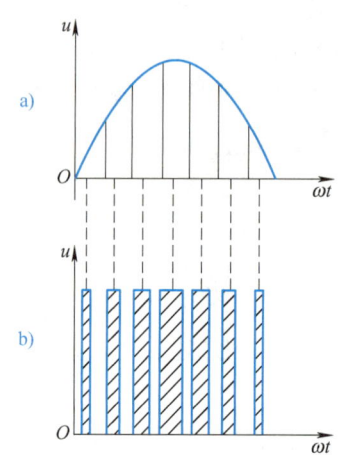

图 1-39 PWM 控制的基本原理示意图

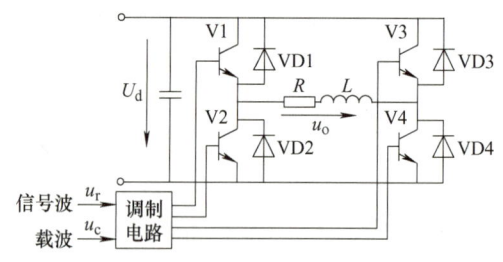

图 1-40 单相桥式 PWM 逆变电路

由以上分析可知，控制 V3 或 V4 的通断，就可使负载上得到 SPWM 波形，控制方式通常有单极性方式和双极性方式。

2）PWM 逆变电路的控制方式。

① 单极性方式。单极性控制方式波形如图 1-41 所示，载波 u_c 在调制信号波 u_r 的正半周为正极性的三角波，在负半周为负极性的三角波。当调制信号为正弦波时，在 u_c 和

u_r 的交点时刻控制 V3 或 V4 的通断。具体为：在 u_r 的正半周，V1 保持导通，当 $u_r > u_c$ 时使 V4 导通，负载电压 $u_o = U_d$，当 $u_r < u_c$ 时使 V4 关断，$u_o = 0$；在 u_r 的负半周，V1 关断，V2 保持导通，当 $u_r < u_c$ 时使 V3 导通，$u_o = -U_d$，当 $u_r > u_c$ 时使 V3 关断，$u_o = 0$。这样就得到了 SPWM 波形。图中虚线 u_{of} 表示 u_o 中的基波分量。像这种在 u_r 的正半周期内三角波载波只在一个方向变化，所得到的 PWM 波形也只在一个方向变化的控制方式称为单极性 PWM 控制方式。

② 双极性方式。双极性控制方式波形如图 1-42 所示，在 u_r 的半个周期内，三角波载波是在正负两个方向变化的，所得到的 PWM 波形也是在两个方向变化的。在 u_r 的一个周期内，输出的 PWM 波形只有 $\pm U_d$ 两种电平。仍然在调制信号 u_r 和载波信号 u_c 的交点时刻控制各开关器件的通断。在 u_r 的正负半周，对各开关器件的控制规律相同。在 $u_r > u_c$ 时，给 V1、V4 加导通信号，给 V2、V3 加关断信号，输出电压 $u_o = U_d$。可以看出，同一半桥上下 2 个桥臂晶体管的驱动信号极性相反，处于互补工作方式。在电感性负载情况下，若 V1 和 V4 处于导通状态时，给 V1、V4 加关断信号，给 V2、V3 加导通信号，则 V1、V4 立即关断，因感性负载电流不能突变，故 V2、V3 并不能立即导通，这时 VD2 和 VD3 导通续流。当感性负载电流较大，直到下一次 V1 和 V4 重新导通时，负载电流方向始终未变，VD2、VD3 持续导通，而 V1 和 V3 始终未导通。当负载电流较小时，在负载电流下降到零之前，VD2 和 VD3 续流，之后 V2 和 V3 导通，负载电流反向。无论是 VD2、VD3 导通还是 V2、V3 导通，负载电压都是 $-U_d$。同样可以分析从 V2 和 V3 导通向 V1 和 V4 导通切换时，由于电感的作用产生 VD1 和 VD4 续流的情况。

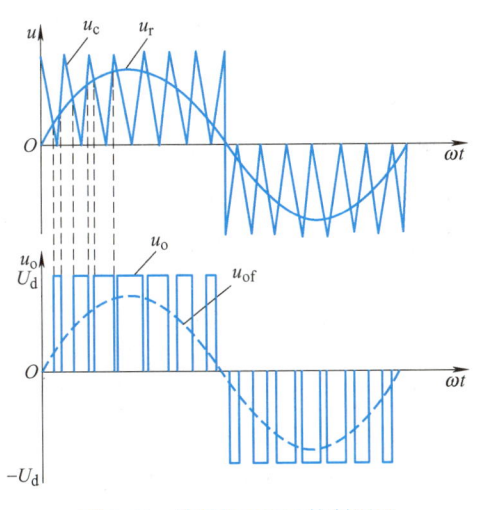

图 1-41　单极性 PWM 控制原理

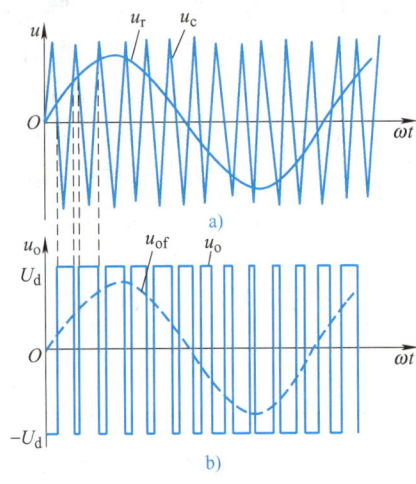

图 1-42　双极性 PWM 控制原理

虽然 SPWM 电压波形与正弦波相差甚远，但由于变频器的负载是电感性负载电动机，而流过电感的电流是不能突变的，当把调制频率为几千 Hz 的 SPWM 电压波形加到电动机时，其电流波形就是比较好的正弦波了。

2. 交－交变频器

单相交－交变频器内部主电路的原理框图如图 1-43a 所示。它只用一个变换环节就可以把恒压恒频（CVCF）的交流电源转换为变压变频（VVVF）的电源，电路由 P

（正）组和 N（负）组反并联的晶闸管变流电路构成，两组变流电路接在同一个交流电源上，Z 为负载。两组变流器都是相控电路，P 组工作时，负载电流自上而下，设为正向；N 组工作时，负载电流自下而上，为负向。让两组变流器按一定的频率交替工作，负载就得到该频率的交流电，如图 1-43b 所示。改变两组变流器的切换频率，就可以改变输出到负载上的交流电压频率，改变交流电路工作时的触发延迟角 α，就可以改变交流输出电压的幅值。

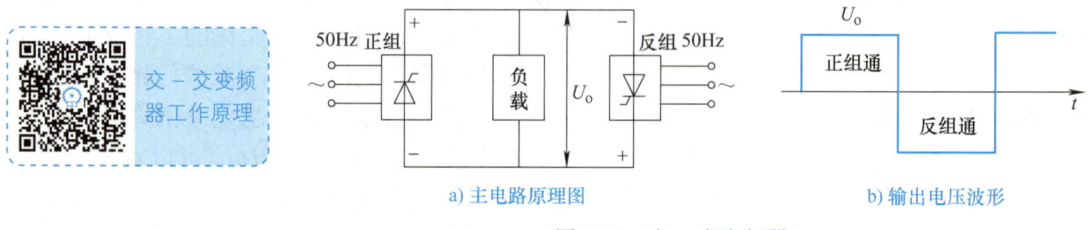

a) 主电路原理图　　　　　　b) 输出电压波形

图 1-43　交 – 交变频器

对于三相负载，其他两相也各用一套反并联的可逆电路，输出平均电压相位依次相差 120°。这样，如果每个整流电路都用桥式，共需 36 个晶闸管。因此，交 – 交变频器虽然在结构上只有一个变换环节，但所用的器件多，设备总投资大。另外，交 – 交变频器的最大输出频率为 30Hz，其应用受到限制。

1.3.2　通用变频器的控制电路

变频器的内部结构相当复杂，除了由电力电子器件组成的主电路外，还有以微处理器为核心的控制电路。控制电路的主要作用是完成对主电路中开关器件的开关控制并提供多种保护功能。控制方式有模拟控制和数字控制两种。目前已广泛采用了以微处理器为核心的全数字控制技术，采用尽可能简单的硬件电路，主要靠软件完成各种控制功能，以充分发挥微处理器计算能力强和软件控制灵活性高的特点，完成许多模拟控制方式难以实现的功能。通用变频器的控制电路由以下部分组成：运算电路、电压/电流/速度等信号检测电路、驱动电路、保护电路等。

运算电路的主要作用是将外部的压力、速度、转矩等指令信号同检测电路的电流、电压信号进行比较运算，决定变频器的输出频率和电压。信号检测电路将变频器和电动机的工作状态反馈至微处理器，并由微处理器按事先确定的算法进行处理后为各部分电路提供所需的控制或保护信号。驱动电路的作用是为变频器中逆变电路的换流器件提供驱动信号。当逆变电路的换流器件为晶体管时，称为基极驱动电路；当逆变电路的换流器件为 SCR、IGBT 或 GTO 晶闸管时，称为门极驱动电路。保护电路的主要作用是对检测电路得到的各种信号进行运算处理，以判断变频器本身或系统是否出现异常。当检测到异常时，进行各种必要的处理，如使变频器停止工作或抑制电压、电流值等。

现代通用变频器控制电路都采用计算机控制，普遍使用 16 位 CPU，某些高性能变频器甚至已使用了 32 位 CPU。所以，它的控制电路具有一般计算机控制电路的特征，如控制输入、输出普遍使用光电耦合电路进行隔离，变频器数字输入回路如图 1-44 所示。

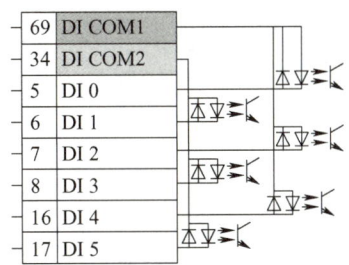

图 1-44　变频器数字输入回路

在自动控制系统中,变频器及其驱动的电动机通常作为执行单元,需要由外部主控制器来进行控制,变频器与外部主控制器(如 PLC、控制计算机等)的信号连接需要通过变频器的输入、输出回路来实现,这些输入输出回路都属于变频器的控制电路。

1. 数字输入回路

变频器可以通过数字输入回路接收来自外部的运行、停止、速度变化等控制信号。变频器通常会有很多个数字输入回路。变频器的数字输入回路不仅能接收按钮、行程开关等无源数字信号,还能接收接近开关、PLC 晶体管输出信号等。变频器数字输入回路如图 1-44 所示。

2. 数字输出回路

一般通用变频器都配置两路继电器输出回路,一路用于变频器的故障输出,另一路可通过内部参数进行功能定义,如变频器输出频率到达设定值等。有些变频器还具有一定数量的集电极开路输出回路,其功能同样也由参数定义。变频器数字输出回路如图 1-45 所示。

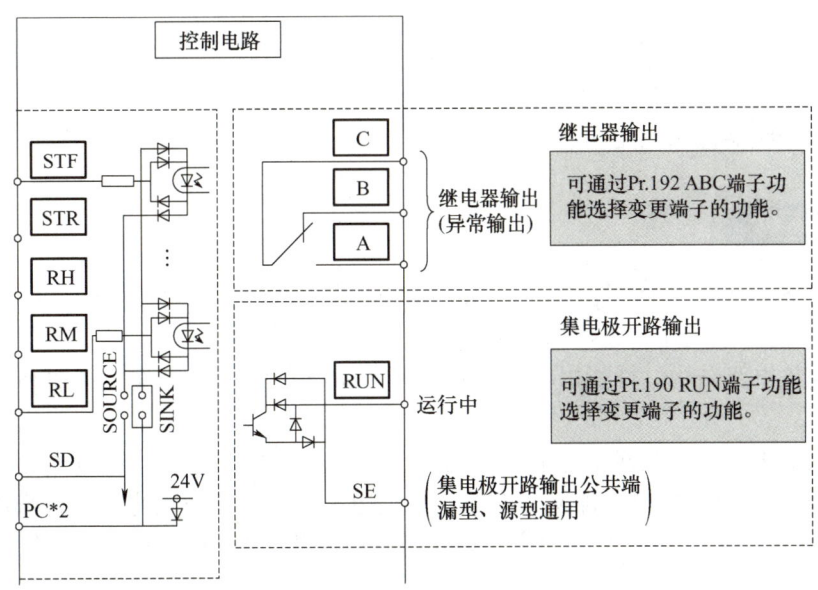

图 1-45　变频器数字输出回路

3. 模拟输入回路

图1-46中，AIN1和AIN2为变频器的模拟量输入通道，分别对应一个模拟量输入回路。变频器允许输入的模拟量信号可以是电压信号，也可以是电流信号。

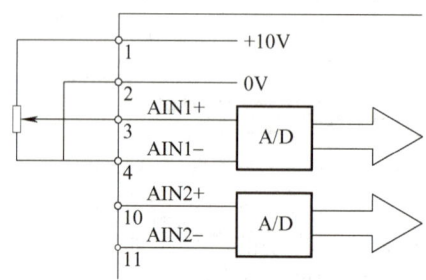

图1-46 变频器模拟输入回路

4. 模拟输出回路

通用变频器配置有1路或2路模拟量输出通道，图1-47中，AOUT即为变频器的模拟量输出通道，与变频器内部模拟量输出回路相对应。输出的模拟量信号可以用于监测变频器的运行频率、电压和电流等信号。

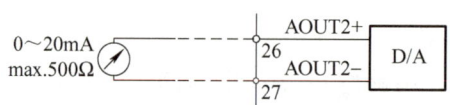

图1-47 变频器模拟输出回路

任务实施

1）认知交－直－交变频器的内部主电路。
2）认知交－交变频器的内部主电路。
3）认知变频器控制电路功能。

任务拓展

1）对于整流（AC-DC）、逆变（DC-AC）、交－交（AC-AC）这三种电力变换除了在变频器中有相应应用，还可以应用于哪些方面？

2）分别从电路结构、性能以及适用范围等方面说明交－直－交变频器和交－交变频器的优缺点。

3）变频器的主电路处理的是强电部分，主要完成电能的转换，控制电路是处理信息的收集、变换和传输，控制电路除了有输入输出电路外，还有驱动电路、隔离电路、保护电路等，这些电路根据功能的不同集成到相应的电路板，各电路板通过插件级联在一起，形成一个完整的电路。

思考与练习

一、填空题

1. 交－直－交变频器的主电路由_____、_____和_____组成。
2. 根据储能元件不同，滤波电路可分为_____和_____两种。

二、判断题

1. 我国常用的小功率变频器多数为单相220V输入，较大功率的变频器多数为三相380V输入。（　　）
2. 两组变流器都是相控电路，P组工作时，负载电流自上而下，设为正向；N组工作时，负载电流自下而上，为负向。（　　）
3. 交－交变频器改变交流电路工作时的触发延迟角α，就可以改变交流输出电压的幅值。（　　）

任务1.4　通用变频器原理框图与接线端子认知

任务描述

本次任务是了解通用变频器结构框图，掌握其主电路和控制电路接线端子的功能。

学习目标

- □ 了解通用变频器结构框图。
- □ 掌握通用变频器主电路接线端子。
- □ 掌握通用变频器控制电路接线端子。
- □ 具有探索精神和创新意识。

知识准备

1.4.1　变频器的原理框图

变频器的实际电路相当复杂，图1-48所示为森兰SB40变频器的内部原理框图。从图中可以看出变频器的基本组成，上方是由电力电子器件构成的整流器、中间环节、逆变器主电路，下方是以16位单片机为核心的控制电路，以及过电压、过电流、过热、过载等多种保护电路，周边引出有多种输入/输出接线端子。

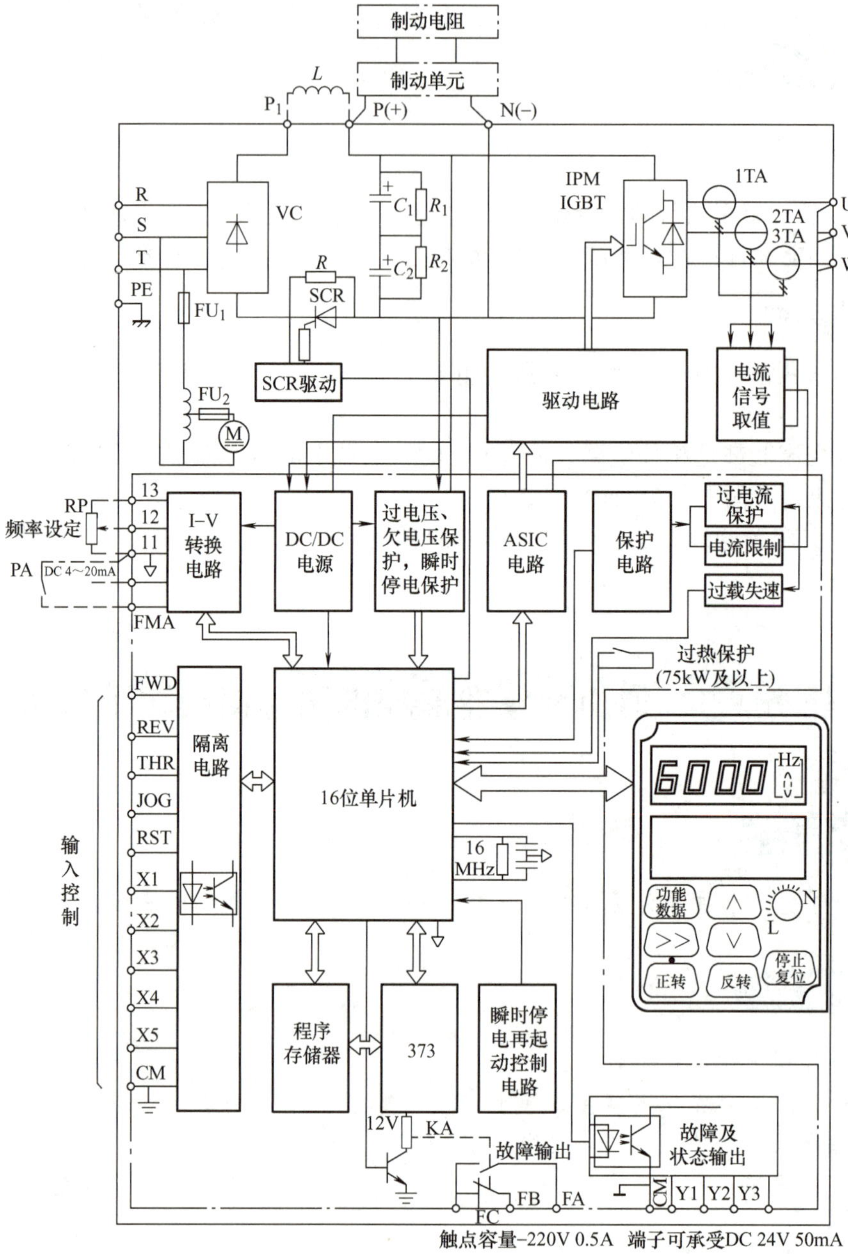

图 1-48　森兰 SB40 变频器的内部原理框图

通用变频器原理框图与接线端子

1.4.2　变频器的接线端子

变频器与外部连接的端子分为主电路端子和控制电路端子，图 1-49 为森兰 SB40 变频器的连接端子示意图。

1. 主电路端子

变频器通过主电路端子与外部连接，主电路端子及其功能见表 1-2。

项目 1　初识变频器

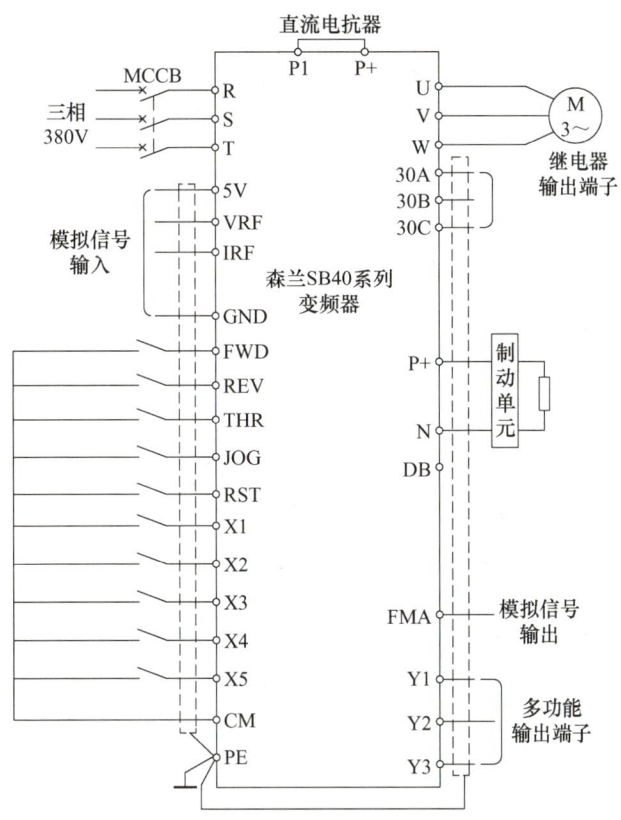

图 1-49　森兰 SB40 变频器的连接端子

表 1-2　变频器的主电路端子及其功能

端子符号	端子名称	功能说明
R、S、T	交流电源输入端子	连接三相交流电源
U、V、W	变频器输出端子	连接三相电动机
P1、P+	直流电抗器连接端子	改善功率因数和抗干扰
P+、DB	外部制动电阻器连接端子	连接外部制动电阻
P+、N	制动单元连接端子	连接外部制动单元
PE	变频器接地端子	变频器机壳接地

使用主电路端子进行连接时应注意以下几点：

1）R、S、T 主电路电源输入端子，经接触器和断路器与电源连接，不用考虑相序。输入电源必须接到端子 R、S、T 上，输出电源必须接到端子 U、V、W 上，若接错，会损坏变频器。

2）变频器的保护功能动作时，继电器的常闭触点控制接触器电路，会使接触器断开，从而切断变频器的主电路电源。

39

3）不应以主电路的通断来操作变频器的运行、停止。需用控制面板上的运行键（RUN）和停止键（STOP）或用控制电路端子 FWD（REV）来操作。

4）变频器输出端子 U、V、W 直接接至三相电动机上，当旋转方向与设定不一致时，可以调换 U、V、W 三相中的任意两相。当电动机设置有变频和工频两种工作状态时，电动机前应串接热继电器。

5）变频器的输出端子不要连接到电力电容器或浪涌吸收器上。

6）直流电抗器连接端子 P1、P+ 是连接改善功率因数用直流电抗器的端子。出厂时接有短路片，对于 30kW 以上的变频器需配置直流电抗器，在连接直流电抗器时，卸掉短路片后再连接。

7）连接外部制动电阻用端子 P+、DB，变频器内部装有制动电阻接在 P+ 和 DB 端子上。按产品说明书要求和实际工作状况，当起动频繁或带位能负载时，内装的制动电阻可能会容量不够，此时需要卸下内部制动电阻，改接外部电阻（另购件）。对于大功率机型，除外接制动电阻外，还要对制动特性进行控制以提高制动能力。这时，需增设用电力晶体管控制的制动单元连接于 P+、N 端子。制动电阻配线采用双绞线，且长度在 5m 以下。若不用变频器 P+ 和 N 端子，则应使其开路，如果短路或直接接入制动电阻，则会损坏变频器。

8）从安全及降低噪声的需要出发，为防止漏电、干扰或辐射，必须接地。根据电气设备技术标准规定，接地电阻应小于 10Ω，且用较粗的短线接到变频器的专用接地端子 PE 上。当变频器和其他设备一起接地，或有多台变频器一起接地时，每台设备应分别和地相接，而不允许将一台设备的接地端和另一台设备的接地端相接后再接地，如图 1-50 所示。

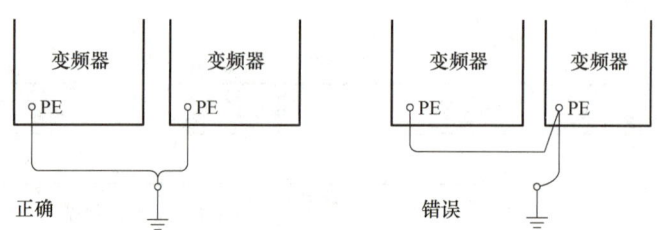

图 1-50　多台变频器的接地

2. 控制电路端子

变频器具有多种控制端子，不同类型的变频器控制端子也不尽相同，表 1-3 为森兰 SB40 变频器控制电路端子的功能说明。

表 1-3　森兰 SB40 变频器控制电路端子的功能说明

分类	标记	端子名称	说明
频率设定	5V	电位器电源	频率设定电位器用 DC 稳压电源（最大输出电流：10mA）
	VRF	电压输入	DC 0～5V 或 DC 0～10V，输入电阻 10kΩ
	IRF	电流输入	DC 4～20mA，输入电阻 240Ω
	GND	控制电源地	端子 5V、VRF、IRF 和 FMA 的公共端

(续)

分类	标记	端子名称	说明
命令输入	FWD	正转运行命令	FWD-CM：接通，电动机正向运行；断开，电动机减速停止
	REV	反转运行命令	REV-CM：接通，电动机反向运行；断开，电动机减速停止
	JOG	点动命令	当变频器处于停止状态时，短接 JOG 与 CM，再短接 FWD 和 CM 或 REV 和 CM，电动机点动正、反转，F03 停车方式有效
	THR	外部故障报警命令	THR-CM 断开，产生外部报警信号，变频器立即关断输出
	RESET	复位	RESET-CM 接通，变频器复位
监视输出	FMA	模拟量输出	模拟信号输出（0～20mA，0～10V），可显示输出电流、负载率、频率
报警输出	30A、30B、30C	故障输出端子	变频器故障时，常开触点 30A、30B 闭合，常闭触点 30B、30C 断开，端子可承受 AC 220V/1A

变频器使用时要特别注意，需要改接线时，即使已经关闭电源，也应等充电指示灯熄灭后，用万用表确认直流电压降到安全电压（DC 25V 以下）后再操作。若还残留有电压就进行操作，会产生火花，这时先放完电后再进行操作。

任务实施

1）用两个开关来控制变频器驱动电动机正反转，设计变频器控制硬件电路。
2）用一个 24V 的指示灯监视变频器的起动与停止，设计变频器的指示灯监视电路。

任务拓展

分析图 1-51 所示 MM440 变频器的原理框图，指出主电路接线端子和控制电路接线端子。

思考与练习

一、填空题

1. 变频器的外形根据功率的大小有_____和_____两种。
2. 变频器中三相交流电源输入端是_____、_____和_____。
3. 变频器三相交流电源输出端是_____、_____和_____。

二、判断题

1. 端子接线时，输入电源必须接到端子 R、S、T 上，输出电源必须接到端子 U、V、W 上，若接错会损坏变频器。　　　　　　　　　　　　　　　　　　　　（　　）
2. 变频器的保护功能动作时，继电器的常闭触点控制接触器电路，会使接触器断开，从而切断变频器的主电路电源。　　　　　　　　　　　　　　　　　　　（　　）

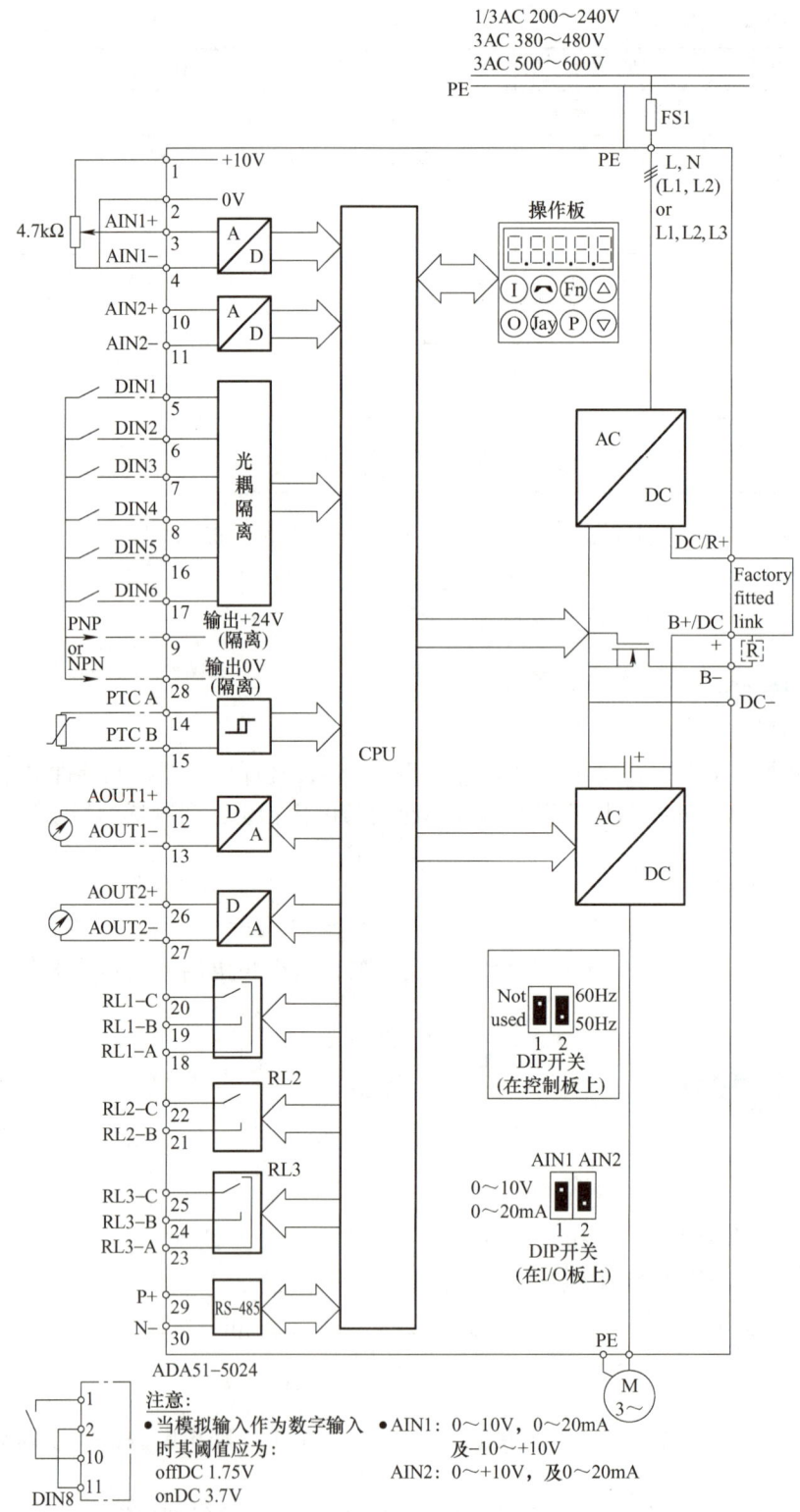

图 1-51 MM440 变频器原理框图

项目 2　西门子 G120C 变频器基本设置

西门子变频器中常用的 MM4 系列是前些年在我国销售的主力通用变频器，功率在 250kW 以下，侧重通用，价格相对便宜。G 系列变频器则是西门子公司近年来推出的新产品，是一款经济、节能且易于操作的变频器。它功能强大，应用广泛，尤其适用于风机、泵类和压缩机负载。价格比 MM4 系列贵，将逐步取代 MM4 产品，而且 G 系列变频器自带 DP 通信接口，不像 MM4 还需要配通信卡选件。SINAMICS G 系列变频器包括 G110、G120、G130、G150、G120C 等不同型号，本教材重点介绍 G120C 变频器的使用和设置。

任务 2.1　G120C 变频器的结构及各部分功能认知

任务描述

本次任务是对 G120C 变频器的外形结构和内部电路的认知，包括对操作面板上各按键功能的认知。

学习目标

- □ 了解 G120C 变频器的组成。
- □ 了解 G120C 变频器内部电路结构框图。
- □ 了解 G120C 变频器操作面板的类型。
- □ 熟悉 G120C 变频器的接线端子。
- □ 能够熟练操作 G120C 变频器操作面板。
- □ 具备严谨的工作态度，树立安全责任意识。

知识准备

G120C 变频器外部结构

2.1.1　G120C 变频器的结构

SINAMICS G120C 是一个模块化结构的变频器，主要包括两个部分：控制单元

（CU）和功率模块（PM）。功率模块支持的功率范围为 0.37～250kW。G120C 变频器外观结构如图 2-1 所示。

大功率变频器的控制单元和功率模块是分离的，分离后的功率模块和控制单元如图 2-2 所示。控制单元相当于变频器的大脑，用来控制并监测与其连接的电动机。控制单元有很多类型，可以通过不同的现场总线，如 Profibus-DP、ProfiNet、USS/Modbus RTU、CANopen 协议等与上层控制器（PLC）进行通信。功率模块相当于变频器的四肢，为电动机和控制单元提供电能，实现整流与逆变功能。

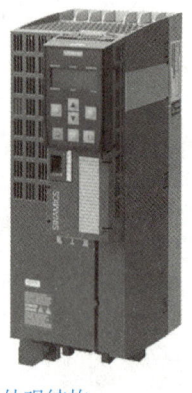
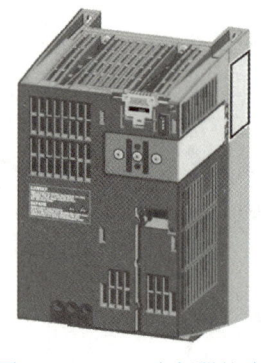

图 2-1　G120C 变频器外观结构　　　　　图 2-2　G120C 变频器的功率模块和控制单元

而小功率变频器，其控制单元和功率模块是集成在一起的，属于一体机。SINAMICS G120C 就是一款精简版一体式变频器，功率较小，专门为满足 OEM（原始设备制造商）用户对于高性价比和节省空间的要求而设计，同时它还具有操作简单和功能丰富的特点。这个系列的变频器与同类相比相同的功率具有更小的尺寸，并且它安装快速，调试简便。

1. G120C 变频器的功率模块

（1）功率模块的类型

G120C 变频器的功率模块（Power Module）包含 PM230、PM240 和 PM250 等几种型号。功率模块根据其功率的不同，可以分为不同的尺寸类型，编号从 FSA 到 FSF。FS 表示模块尺寸"Frame Size"，字母 A～F 代表了功率的大小，依次递增。以 PM230 为例，其尺寸与功率对应见表 2-1。

表 2-1　PM230 尺寸与功率对照表

外形尺寸	FSA	FSB	FSC	FSD	FSE	FSF
功率/kW	0.37～3	4～7.5	11～18.5	22～37	45～55	75～90

还有一种外形尺寸为 FSGX，相比较其他尺寸类型的功率模块，FSGX 除了输出功率更高之外，它需要外配制动单元才能加装制动电阻，而 FSA～FSF 尺寸的变频器内部已集成了制动单元，可以直接连接制动电阻。

（2）功率模块的接线

功率模块 PM240 的内部结构框图如图 2-3 所示。功率模块是完成电能转换（整流、逆变）的主电路。和所有通用变频器一样，G120C 变频器的功率模块即主电路，也包含整流电路、中间环节和逆变电路几部分。整流电路的作用是把输入的交流电转换成直流电，中间环节包含制动电路和由电解电容构成的滤波电路，制动电路可以将电动机回馈到直流侧的能量消耗掉，滤波电路用来过滤整流输出直流电的脉动分量。最下方是逆变电路，负责把直流电逆变成交流电输出给三相异步电动机。

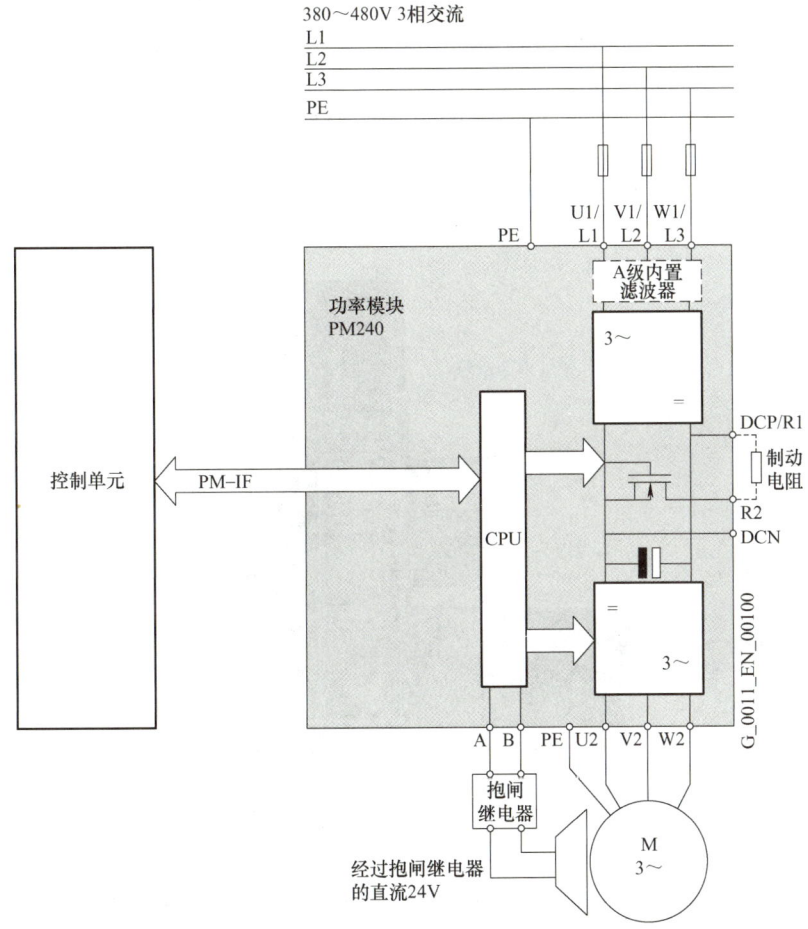

图 2-3　功率模块 PM240 的内部结构框图

功率模块的接口位于变频器最下方，各接线端子功能见表 2-2。

表 2-2　功率模块 PM240 接线端子功能表

端子符号	端子名称	功能说明
L1 L2 L3	三相交流电源输入端子	输入交流电源
U V W	变频器输出端子	连接三相电动机
DCP DCN	直流回路电压输出端子	整流后的直流电压输出
PE	变频器接地端子	变频器机壳接地
R1 R2	外接制动电阻的端子	外接制动电阻，可以使高速运转的电动机紧急制动停车。PM240 的所有模块尺寸 FSA～FSG 型都可以外接制动电阻，而 PM250 没有制动电阻的接入，自带能量回馈单元，可以将能量直接回馈电网

2. G120C 变频器的控制单元

（1）控制单元接口

控制单元设有操作面板接口、I/O 接口、现场总线接口等，如图 2-4 所示。顶端右侧有一个存储卡插槽，存储卡又称 SD 卡，常规使用时是不需要 SD 卡的，只有在存储参数或者固件升、降级时使用。操作面板接口为 9 针 D 字形插头，控制单元通过该接口与变频器的操作面板相连接，目前最新版本已更新为 4 针。变频器 I/O 接口包括模拟量、数字量输入输出等端子。中间位置还设有模拟量输入类型选择开关，I 表示输入电流信号，U 表示输入电压信号。位于变频器最底端的是现场总线接口，用来实现网络通信。另外控制单元还包括用于连接 PC 的 USB 接口、LED 状态指示灯以及跟现场总线相关的拨码开关等。

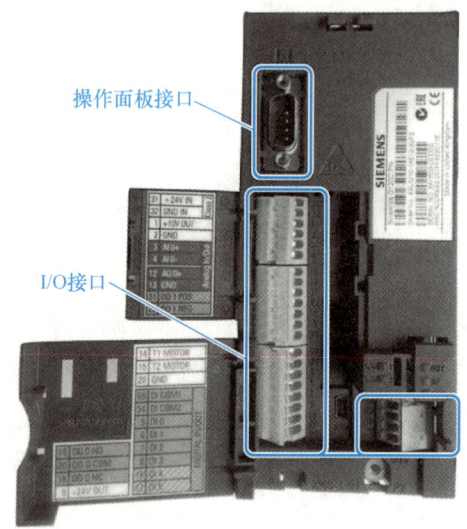

图 2-4　控制单元接口

G120C 变频器的控制单元也有多种类型，常见的控制单元包括 CU230、240、250 等系列。以 CU240E-2PN 为例，控制单元命名规则如下：

CU：Control Unit 的缩写，表示控制单元。

240：系列号。

E：经济型；其他类型包括 B（基本型）、S（高级型）、T（工艺型）、P（风机水泵型）。

2：表示 SINAMICS 开发平台，若名称中没有 2 则表示 MicroMaster 开发平台。

PN：支持 ProfiNet 总线，其他总线类型包括 HVAC（USS、Modbus-RTU）、DP（Profibus-DP 总线）、IP（Ethernet-IP 协议）、DEV（DeviceNet 总线）、CAN（CANopen 协议）等；如果控制单元集成了故障安全功能，则会在名称后面加上"F"，例如 CU240E-2PN-F。

（2）控制单元接线

控制单元是负责信息的收集、变换和传输的控制电路，控制单元内部电路包含了模/

数转换、数/模转换，隔离电路等部分，通过 PM-IF 接口与功率模块相连接，CU240E-2 控制单元内部结构框图如图 2-5 所示。

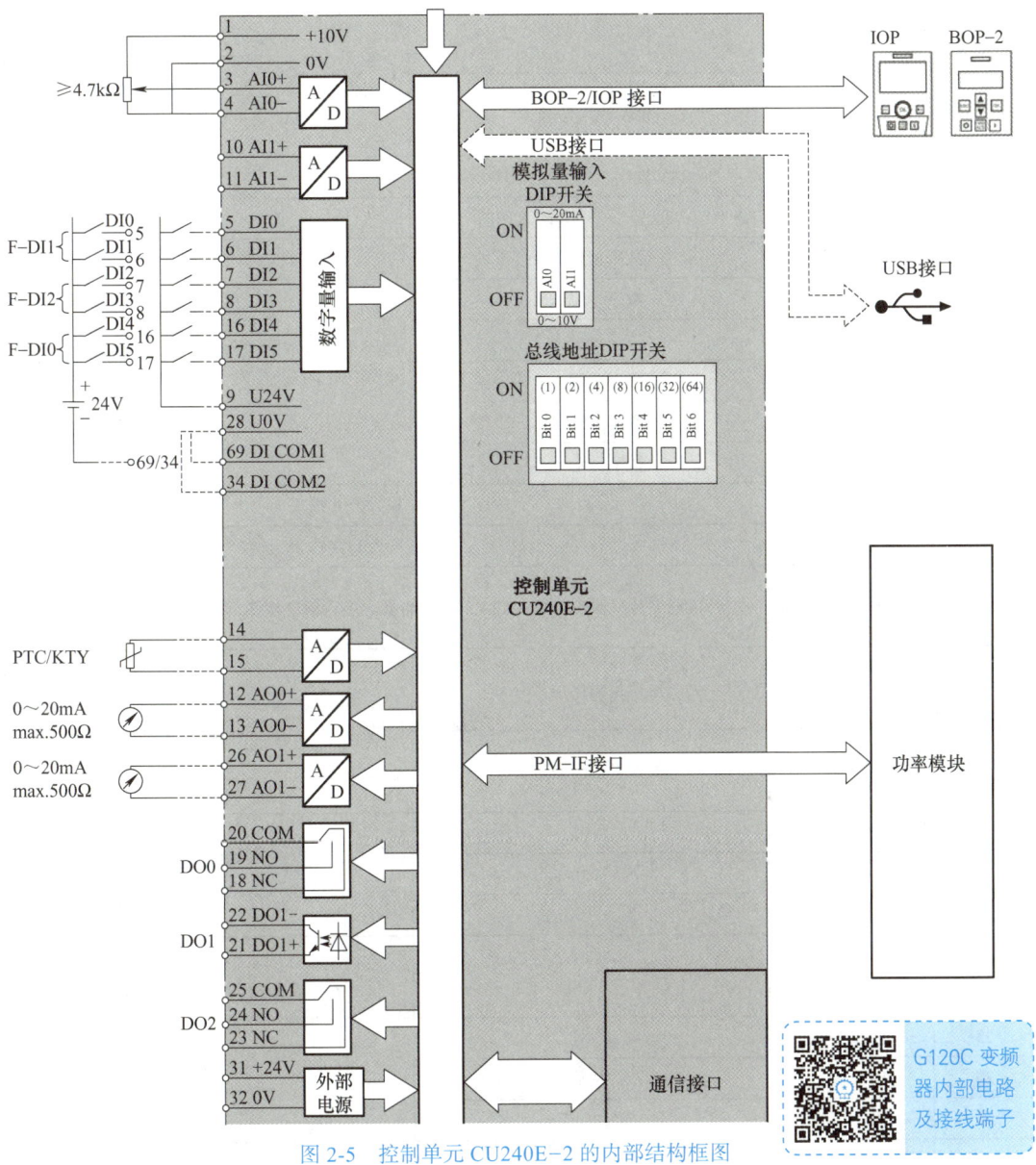

图 2-5　控制单元 CU240E-2 的内部结构框图

G120C 变频器控制单元的接线端子比较多，各接线端子（接口）功能见表 2-3。

表 2-3　控制单元 CU240E 接口功能表

端子号	端子名称	功能说明
1	+10V OUT	+10V 输出，最大输出 10mA
2	GND	与端子 1、9、12 配合使用

(续)

端子号	端子名称	功能说明	
3	AI0+	模拟输入信号 0	输入 −10 ～ +10V 电压信号，或 0/4 ～ 20mA 电流信号
4	AI0−		
10	AI1+	模拟输入信号 1	
11	AI1−		
9	+24V OUT	DC 24V 输出，最大电流 100mA	
28	GND	与端子 1、9、12 配合使用	
5	DI0	数字量输入 1	用于源型或漏型触点的数字量输入，低电压 <5V，高电压 >11V，最高不超过 30V
6	DI1	数字量输入 2	
7	DI2	数字量输入 3	
8	DI3	数字量输入 4	
16	DI4	数字量输入 5	
17	DI5	数字量输入 6	
69	DI COM1	数字量输入公共端 1	
34	DI COM2	数字量输入公共端 2	
14	T1 MOTOR	外接温度传感器（PTC、KTY84、双金属）进行温度检测，用于电动机的过热保护	
15	T2 MOTOR		
12	AO0+	模拟量输出信号 0	输出 0 ～ 10V 电压或 0 ～ 20mA 电流信号
13	AO0−		
26	AO1+	模拟量输出信号 1	
27	AO1−		
18	DO0 NC	常闭	继电器输出 最大 30V，0.5A
19	DO0 NO	常开	
20	DO0 COM	公共端	
21	DO1 NO	常开	晶体管型 数字量输出，最大 DC 30V，0.5A
22	DO1 COM		
23	DO2 NC	常闭	继电器输出 最大 30V，0.5A
24	DO2 NO	常开	
25	DO2 COM	公共端	
29、30		RS485 串行通信接口	
31	+24V IN	18 ～ 30V 可选电源，电流 0.5A	控制单元支持单独的电源供电，电源输入端 31 和 32 为控制单元单独供电，即使功率模块从电网断开，控制单元仍保持运行状态
32	GND IN	与端子 31 配合使用	

（3）控制单元的安装与拆卸

由于大功率变频器的控制单元和功率模块是分离的，可以非常方便、快捷地将控制单元安装到功率模块上。控制单元的安装与拆卸如图 2-6 所示。

项目 2　西门子 G120C 变频器基本设置

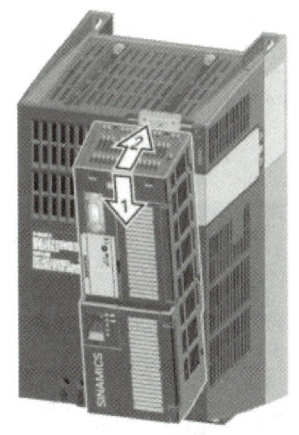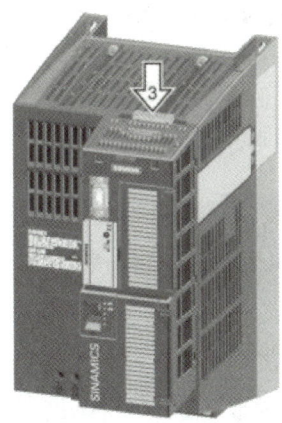

图 2-6　控制单元的安装与拆卸

需要注意的是，一些小功率变频器，如 G120C，它的控制单元和功率模块是集成在一起的，属于一体机，控制单元和功率模块无法分离。

2.1.2　G120C 变频器的操作面板

1. 操作面板布局结构

变频器的操作面板用于调试、诊断和控制变频器以及备份和传送变频器设置，操作面板是作为可选件供货的。G120C 变频器的控制单元可以安装两种不同的操作面板，分别是基本操作面板 BOP 和智能操作面板 IOP。基本操作面板 BOP 由状态显示屏和功能按键组成，显示屏用来显示参数、诊断数据等信息；面板的下方有"自动 / 手动""确认 / 退出"等按键，可以用来设置变频器的参数及进行功能测试。而智能操作面板 IOP 的液晶显示屏比 BOP 大，可以显示多行内容，且采用文本和图形显示，界面提供参数设置、调试向导、诊断及上传 / 下载功能，有助于直观地操作和诊断变频器，两种操作面板外观如图 2-7 所示。IOP 可直接卡紧在变频器上或者作为手持单元通过电缆线和变频器相连，通过面板上的手动 / 自动按钮及菜单导航按钮进行功能选择，操作简单方便。

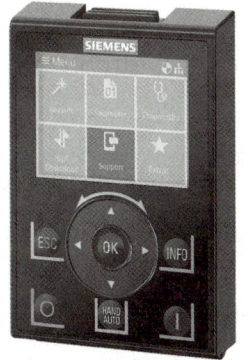

a) 基本操作面板 BOP　　　b) 智能操作面板 IOP

图 2-7　两种操作面板外观

以基本操作面板为例来介绍其布局，如图2-8所示。面板型号为BOP-2，其中①是释放制动片，在拆装操作面板时使用，②是LCD液晶显示屏，采用两行显示，用于诊断和操作变频器。③是位于面板背面的安装螺钉凹槽，④是操作面板与变频器控制单元相连的接口，⑤是产品铭牌。

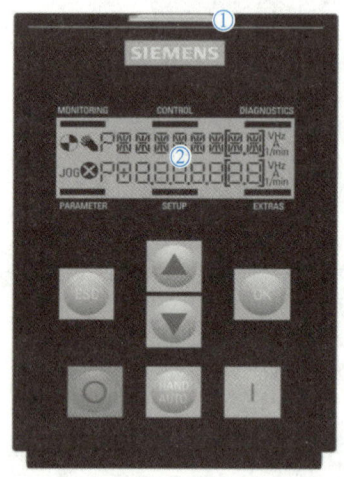 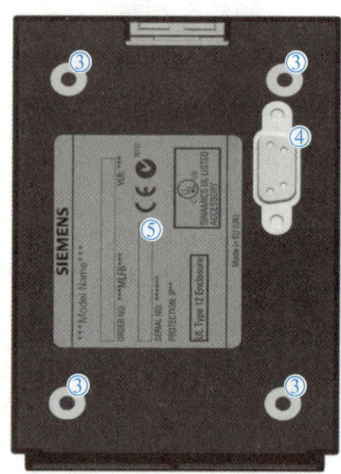

图2-8 基本操作面板BOP-2的结构

2. 按键功能

显示屏下方是它的功能按键，可以用来设置变频器的参数及进行功能测试。BOP各按键功能及说明见表2-4。

表2-4 BOP按键功能说明

按钮	名称	功能说明
ESC	退出/返回键	按下时间不超过2s时，BOP-2会返回到上一页，如果正在编辑数值，新数值不会被保存 当按下时间超过3s，BOP-2会返回状态屏幕
OK	确认键	浏览菜单时，按OK键可以确定选择一个菜单项 进行参数操作时，按OK键允许修改参数，再次按OK键，确认输入并返回上一页 在故障屏幕，按OK键可以清除故障
I	开机键	手动模式下，按开机键起动变频器，液晶显示屏上会显示驱动运行的图标 自动模式下，开机键未被激活，起动电动机的功能被封锁
O	关机键	用来停止变频器。在自动模式下，关机键不起作用，即使按下也会被忽略。变频器有2种停车方式，第一种是OFF1方式，手动模式下按停止键，变频器将按照预先设定的斜坡下降速率来减速停车。第二种是OFF2停车方式，按停止键两次或长按超过2s，电动机将在惯性作用下自由停车，此功能总是"使能"
HAND/AUTO键	手动/自动模式切换键	用来切换BOP-2面板（HAND）和现场总线（AUTO）之间的命令源。在HAND模式下，按下它可将变频器切换到AUTO模式，并禁用开机和关机键。在AUTO模式下，按下它可将变频器切换到HAND模式，同时允许使用开机和关机键。在电动机运行时也可以进行HAND模式和AUTO模式的切换

(续)

按钮	名称	功能说明
▲	向上键	当浏览菜单时,可以在同级菜单间向上切换;当编辑参数值时,按向上键能增大数值
▼	向下键	当浏览菜单时,可以在同级菜单间向下切换;编辑参数值时,按住向下键可以减小数值

BOP 面板本身没有内部电源,它是通过 RS232 接口从变频器控制单元直接供电的。BOP 上存储的任何克隆数据都将保存到它的非易失性内存当中,所以不需要电源来保存数据。

3. 操作面板显示的图标

G120C 变频器运行时,操作面板上会显示不同的图标,分别对应变频器的各种运行状态。显示图标及功能说明见表 2-5。

表 2-5 显示图标及功能说明

图标	功能	描述
✋	手动模式	"HAND"模式下会显示,"AUTO"模式下隐藏
◐	运行状态	表示变频器处于运行状态
JOG	点动功能激活	点动功能激活时显示,未激活时隐藏
✖	故障和报警	故障状态会闪烁,变频器将自动停止;静止图标表示处于报警状态

4. 操作面板的安装

将 BOP 安装到变频器控制单元时,先将 BOP 外壳的底边插入控制单元壳体的较低凹槽位,再将 BOP 推入控制单元,直至释放制动片卡入控制单元壳体,会有卡紧的声音。若要将 BOP 从控制单元上移除,按下释放制动片并从控制单元取下 BOP,如图 2-9 所示。基本操作面板 BOP 和智能操作面板 IOP 都可在通电状态下安装到变频器上或者从变频器拆除。

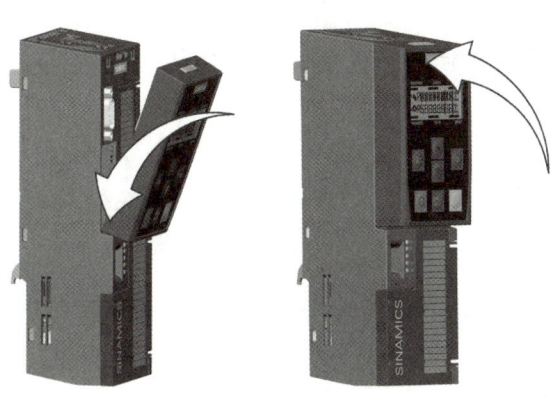

图 2-9 基本操作面板 BOP 的拆装

任务实施

1）将操作面板从变频器上拆下。
2）打开变频器正面的保护盖板，对各端子和接口的功能进行说明。
3）说明操作面板上各按键功能。
4）将操作面板正确安装至变频器。

任务拓展

G120C 大功率变频器控制单元与功率模块拆装。

思考与练习

填空题

1. 西门子 G120C 变频器由_____和_____两大部分组成。
2. G120C 变频器的控制单元可以安装两种不同的操作面板，分别是_____和_____。
3. 西门子 G120C 变频器中间环节包括_____和_____。
4. 西门子 G120C 变频器 DI1 端子的公共端是_____。
5. 西门子 G120C 变频器输出 10V 直流电的端子是_____。

任务 2.2　基本操作面板 BOP-2 的菜单设置

任务描述

本次任务是对 G120C 变频器基本操作面板 BOP-2 所显示的各个菜单及功能进行认知。

学习目标

□ 了解 BOP-2 面板的菜单设置。
□ 掌握各个常用菜单的功能。
□ 能够正确选择菜单并访问菜单。
□ 树立精益求精的工匠精神。

项目 2　西门子 G120C 变频器基本设置

> 知识准备

变频器完成连接并上电后，基本操作面板 BOP-2 会自动检测控制单元的型号并尝试去建立通信。起动时首先显示操作面板的公司名称和等级，然后显示操作面板的当前软件版本，BOP-2 将建立操作面板和连接的控制单元之间的通信，一旦建立起通信，系统将会进行内部检查，以确保操作面板能够正确响应。所有的检查都完成后，操作面板将显示初始画面，即设定的转速和电动机的实际转速，这就表示 BOP-2 已做好运行的准备；如果建立通信后出现故障或者报警，那么 BOP-2 操作面板上就会显示出相应的故障代码或报警代码，如图 2-10 所示。

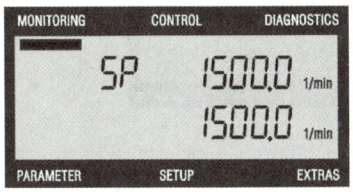

a) BOP-2 显示标准状态屏幕　　　b) BOP-2 显示故障或报警代码

图 2-10　BOP-2 操作面板

2.2.1　监控菜单 MONITOR

在初始画面下按 ESC 键，可以对 G120C 变频器的菜单进行访问。首先显示的是 MONITOR 监控菜单，如图 2-11 所示。通过上下键即可切换到其他菜单页面，如 PARAMS 参数菜单、CONTROL 控制菜单、DIAGNOS 故障与诊断菜单、SETUP 设置菜单、EXTRAS 附加菜单。

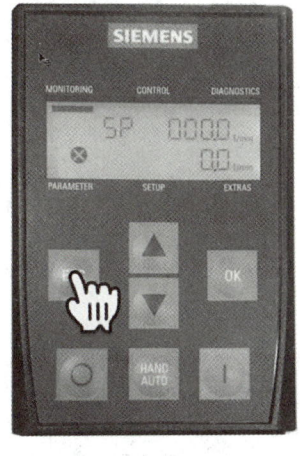
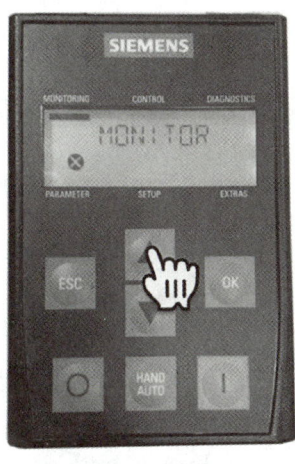
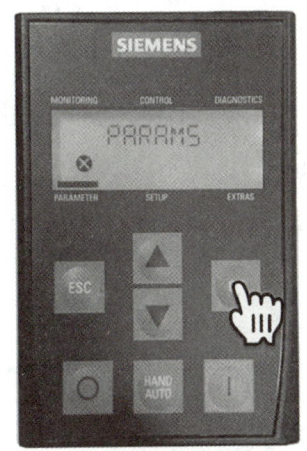

图 2-11　BOP-2 菜单显示

监控菜单 MONITOR，主要起监控运行的作用，通过它可以监控变频器的各种实际状态。监控屏幕上显示的信息都是只读信息，不能修改。在 MONITOR 监控菜单下按 OK

键确认选择要显示的内容。首先默认显示的是电动机的给定转速 SP（SETPOINT）和实际转速，通过向下键，可以切换显示变频器输出电压、直流母线电压、输出电流、电动机运行频率等信息，也可以将这些信息两两组合同时显示在屏幕上。在任何一个显示画面下，按 ESC 键即可返回到上层菜单 MONITOR。

2.2.2 控制菜单 CONTROL

利用控制菜单 CONTROL 可以修改变频器的设定值、设置点动和反转功能等。通过使用上下键切换菜单，按"OK"键确认选择并显示顶层菜单，如图 2-12 所示。

图 2-12　CONTROL 菜单

需注意的是，访问这些功能前，变频器必须设为 HAND 模式。如果没有选择 HAND 模式，屏幕会提示"变频器未启动 HAND 模式"，这时候需要按下手动与自动模式切换键，切换到 HAND 模式。选择手动模式之后，即可访问控制菜单下的给定转速 SETPOINT。按 OK 键访问，通过上下键对设定值"SP"进行修改，如图 2-13 所示。修改完后再按 OK 键，会依次显示设定值和电压，设定值和电流，设定值和频率，最后又回到设定值和实际转速页面，按 ESC 键返回设定值 SETPOINT 画面，再按 ESC 键即可返回上层控制菜单 CONTROL。转速设定值也只有在 HAND 模式下才有效。

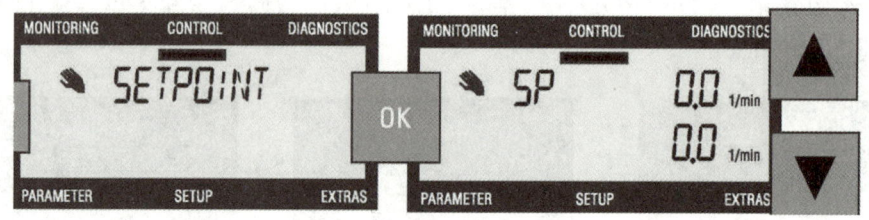

图 2-13　更改转速设定值

点动功能，简称 JOG，可以控制电动机按预先设定的点动速度运行。CONTROL 菜单下按 OK 键，通过上下键在子菜单之间切换即可找到 JOG，根据显示屏右下角的 ON、OFF 控制点动功能的开启或关闭，如图 2-14 所示。

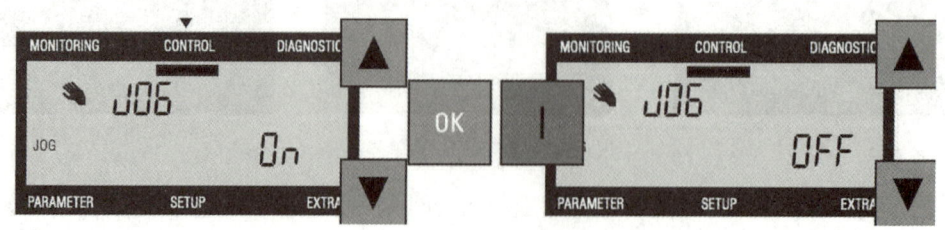

图 2-14　JOG 功能设置

控制菜单下的子菜单 REVERSE 为反转功能，同样可以选择开启或关闭反转功能，如图 2-15 所示。

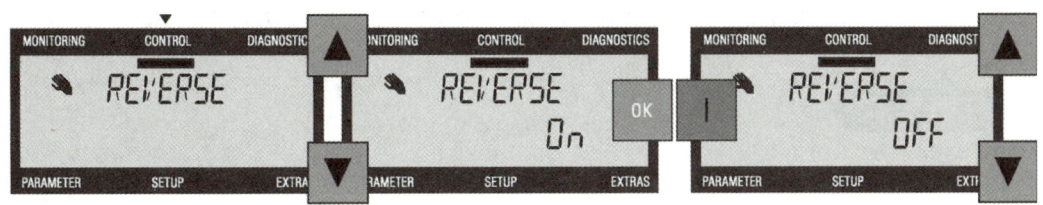

图 2-15　反转功能设置

2.2.3　参数菜单 PARAMS

PARAMS 菜单可以查看和更改变频器参数。PARAMS 菜单下面包含 STANDARD 和 EXPERT 两个子菜单，是 G120C 变频器的两个参数过滤器，可以帮助用户选择和搜索变频器参数。STANDARD 是标准过滤器，通过它可以访问变频器中一些常用参数，不常用的参数就无法访问。EXPERT 是专家过滤器，可以访问变频器的所有参数。

访问参数时，选择参数菜单，按 OK 键，首先显示标准过滤器 STANDARD，通过上下键可在标准过滤器和专家过滤器之间切换，当选择了其中一个之后，按 OK 键即可显示参数。首先显示的是只读参数 r2，通过上下键可以在各个参数之间切换，如图 2-16 所示。

图 2-16　访问参数

2.2.4　设置菜单 SETUP

设置菜单 SETUP 能够按照某种固定顺序来显示屏幕，从而方便人们执行变频器的标准调试。标准调试又叫快速调试，是指输入变频器所驱动的电动机参数，确保变频器能够快速识别电动机。快速调试所需的电动机参数都可从电动机铭牌上获取。快速调试步骤将在后面任务中介绍。

2.2.5　附加菜单 EXTRAS

EXTRAS 中的 DRVRESET 可以对驱动器复位。利用这一功能可以将变频器复位到出厂默认设置。附加菜单还可以实现参数数据的读写操作，例如 RAM 到 ROM 功能，能够从变频器的随机存取存储器 RAM 复制数据到只读存储器 ROM 中，To BOP 功能，是把变频器内存中的参数数据写到操作面板 BOP 上，而 FROM CRD 则是从存储卡读取参数数据到变频器内存中。

2.2.6 故障与诊断菜单 DIAGNOS

通过 DIAGNOS 菜单，用户可以确认故障、查看历史记录和状态等。

任务实施

1）连接变频器和电源。
2）检查无误后，给变频器上电，观察变频器 BOP-2 操作面板的显示。
3）通过 ESC 键和上下键，使操作面板显示监控菜单 MONITOR。
4）访问 MONITOR 菜单，查看监控内容。
5）访问 CONTROL 菜单，设置给定转速、反转功能和点动功能。
6）访问 PARAMS 菜单，浏览参数。
7）访问 EXTRAS 菜单、DIAGNOS 菜单和 SETUP 菜单，浏览各菜单包含的功能子菜单。
8）返回监控菜单，对转速设定值和实际值进行监控。

任务拓展

区分基本操作面板 BOP 和智能操作面板 IOP，完成表 2-6 所列内容。

表 2-6　两种操作面板的区别

	BOP	IOP
按键组成		
显示屏显示的信息		
运行监视方法		

思考与练习

填空题

1. 西门子 G120C 变频器监控菜单是_____。
2. 西门子 G120C 变频器用来修改参数的菜单是_____。
3. 西门子 G120C 变频器_____菜单下可设置点动运行。
4. 西门子 G120C 变频器手动模式下更改转速设定值应在_____菜单下完成。
5. 西门子 G120C 变频器 PARAMS 菜单下面包含_____和_____两个子菜单。

任务 2.3　G120C 变频器的参数设置

任务描述

本次任务是 G120C 变频器参数的访问和设置。访问参数 P1082，将其参数值设为 1700r/min。

学习目标

☐ 了解 G120C 变频器参数的格式。
☐ 掌握访问和设置参数的方法。
☐ 能够采用滚动编辑法访问和设置参数值。
☐ 能够采用单位数编辑法访问和设置参数值。
☐ 具有知行合一的哲学思想。

知识准备

2.3.1　参数类型及格式

G120C 变频器参数及其设置

1. 参数类型

西门子变频器的参数有两种，一种是只读参数，以小写字母"r"开头，如 r2，只读参数的值不允许用户更改。另一种是可写入参数，以大写字母"P"开头，如 P45，用户可以更改它们的数值。G120C 变频器的参数，可以通过基本操作面板 BOP-2、智能型操作面板 IOP 或者通信接口来进行修改，参数号和参数值都可以通过 LCD 显示。变频器设置也正是通过修改参数值来实现的，变频器断电后会保存通过 BOP-2 所做的每次更改。

西门子变频器的参数分为 4 个用户访问级，分别是标准级、扩展级、专家级和维修级。标准级可以访问经常使用的一些参数；扩展级允许扩展访问参数的范围，例如变频器的 I/O 功能；专家级只供专家使用；维修级只供授权的维修人员使用，具有密码保护。当前变频器处于哪个参数访问级，由用户访问级参数 P0003 决定。P0003 的值取 1 表示可访问标准级参数，2 对应扩展级，3 对应专家级，4 对应维修级。G120C 变频器中用户访问级参数 P0003 的值只能取 3 和 4，无论是选择专家级还是维修级，都可以将标准级和扩展级包含其中。

2. 参数格式

参数的修改也不是随时都可以进行的，例如有些参数就不能在运行时修改，而有些参数只有在调试时才能修改，这些信息都将包含在参数格式之中，通过查阅参数手册可获得。完整的参数格式包括参数号、参数名称、G120C 的型号、参数调试状态、数据类型、最大值、最小值、出厂设置和用户访问级等一系列信息。

参数号由一个前置的字母"P"或者字母"r"加数字和可选用的下标或位数组组成。其中参数号是指该参数的编号，下标表示该参数带有下标，并且指定了下标的有效序号，例如 P2051[13] 中的 13 是参数下标。型号是指该参数适用于 G120 里的哪些变频器。以 G120C 变频器为例，其型号包括了带 CAN 接口的 G120C_CAN，Profibus 接口的 G120C_DP，带 ProfiNet 接口的 G120C_PN 和带 USS 接口的 G120C_USS 等。如果没有列出具体型号，则表示该参数适用于 G120C 的所有型号。存取权限级别（用户访问级）是指允许用户访问参数的等级，即专家级还是维修级。数据类型包括 8/16/32 位整数、无符号数以及 32 位浮点数等。最大值和最小值是指定参数值的范围，出厂设置是指出厂交货时的参数值，意味着如果用户不修改参数值，那么变频器就采用出厂前设定的这一数值作为该参数的值。

参数的调试状态（可更改）表明了该参数在什么时候允许修改，如果是横线"–"，表示在任何状态下都可以修改参数且会立即生效。若是字符"C,C(x),T,U"则表示只有在驱动设备的这几种状态下才可修改参数并且只有离开该状态时才会生效。其中 C 表示开机调试 Commissioning，在执行驱动调试状态，即调试参数过滤器 P0010>0 的情况下都可以修改。C(x) 表示只有在设置了 P0010=x 时才可修改，例如 C(1) 表示只有在 P0010=1 时才允许修改这一参数。当 P0010=0，离开了驱动器调试状态之后，被修改的参数值才会有效。U 表示运行状态可修改，T 表示运行准备就绪时可修改。一个参数可以指定一种或几种状态，说明它在变频器这几种状态下都是可以进行修改的。

2.3.2 访问和设置参数

访问和设置参数有两种方法，分别是滚动编辑法和单位数编辑法。

1. 滚动编辑法

选择参数菜单，按下 OK 键，首先显示标准过滤器 STANDARD，使用上下键在标准过滤器和专家过滤器之间切换。按 OK 键，默认显示只读参数 r2，然后通过上下键选择需要的参数，如 P45，此时参数号会呈闪烁状态，按 OK 键确认后，又显示呈闪烁状态的参数值，这时通过上下键可以修改参数值，改完后再按 OK 键，确认并保存，如图 2-17a 所示。利用滚动编辑法访问参数并设置参数值，用户查看和更改变频器参数都是在参数菜单 PARAMS 下完成。

变频器还包含一类带下标的参数，带下标的参数上，一个参数号会对应多个参数值，每个参数值都有一个单独的下标。要更改带下标的参数，首先选择参数号，在参数号闪烁状态按 OK 键，换成下标值闪烁，即可修改参数下标，再按 OK 键，就可为所选的下标设置参数值，如图 2-17b 所示。

2. 单位数编辑法

单位数编辑法能够快速直接地选择参数号和修改参数值。当显示屏上的参数号闪烁时，按 OK 键保持 5 秒，此时参数号会出现 5 位数字，空位填 0 补齐，同时最高位的数字闪烁，通过上下键，修改闪烁的这一位数值，改完后按 OK 键，会变成相邻的下一位数字闪烁,再修改其数值,直到所有的数字都依次修改完成后,按 OK 键确认即可快速找到要访问的参数,如图 2-18 所示。也可以利用这种方法快速修改参数值。

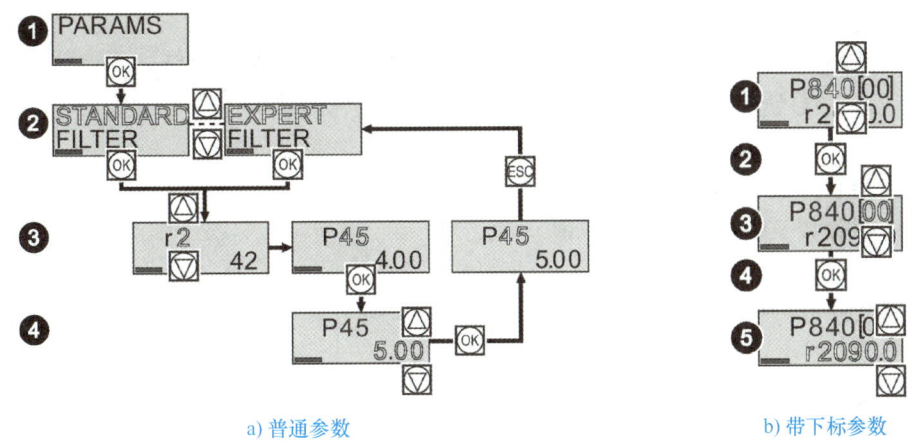

a) 普通参数　　　　　　　　　　　　　　　b) 带下标参数

图 2-17　滚动编辑法访问和设置参数

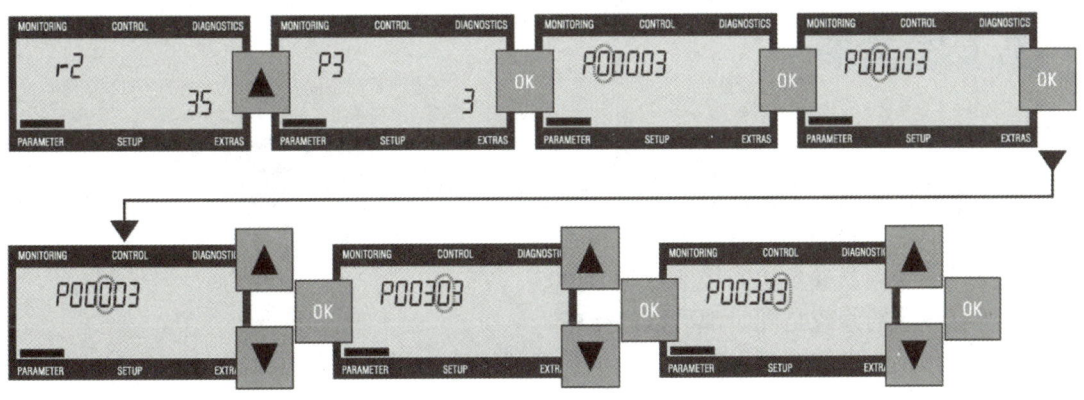

图 2-18　单位数编辑法访问参数

如果变频器不允许修改某一参数,则会进行相应的提示,如图 2-19 所示。第一种情况提示为只读参数,不允许修改;第二种情况表示只有在电动机停止状态才能修改,目前电动机正在运行状态,所以不能修改;第三种情况说明该参数只有在快速调试状态才允许修改,而当前 P10=0,不在快速调试状态。

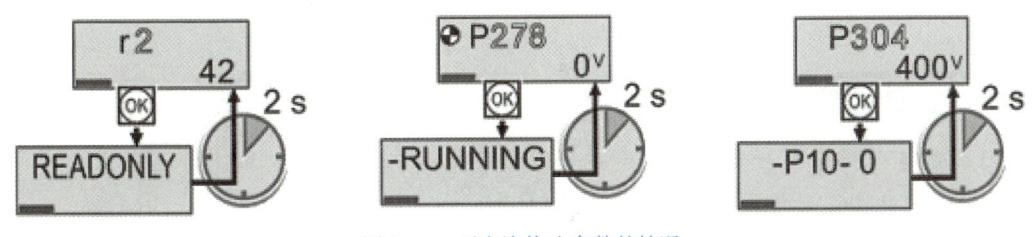

图 2-19　不允许修改参数的情况

 **任务实施**

1）连接变频器和电源。
2）线路检查无误后，给变频器上电，观察 BOP-2 操作面板的显示。
3）通过 ESC 键和上下键，使操作面板显示 PARAMS 菜单。
4）访问 PARAMS 菜单并选择 EXPERT 子菜单。
5）找到参数 P1082。
6）访问参数 P1082，查看参数值。
7）将参数值更改为 1700。
8）确认并返回监控菜单。

 **任务拓展**

访问带下标参数 P0840，将其参数值设为 r722.0。

 **思考与练习**

判断题

1. 变频器在断电后会保存通过 BOP-2 所做的每次参数更改。　　　（　　）
2. 西门子变频器的参数有两种，一种是只读参数，另一种是可写入参数。（　　）
3. 西门子变频器参数访问级参数是 P0003。　　　　　　　　　　（　　）
4. 所有参数的修改是随时都可以进行的。　　　　　　　　　　　（　　）
5. 访问和设置参数有两种方法，分别是滚动编辑法和单位数编辑法。（　　）

任务 2.4　G120C 变频器快速调试

任务描述

完成 G120C 变频器的快速调试。

学习目标

□ 了解变频器复位和快速调试的含义。
□ 掌握 G120C 变频器参数复位的几种方法。
□ 能够对 G120C 变频器进行参数复位操作。

项目 2　西门子 G120C 变频器基本设置

□ 学会对 G120C 变频器进行快速调试操作。
□ 具有绿色发展观和环保意识。

知识准备

变频器投入运行前一般需要经过三个步骤：参数复位、快速调试和功能调试。

2.4.1　参数复位

参数复位就是将变频器的参数恢复到出厂时的默认值。在变频器初次调试或者参数设置混乱时，需要执行该操作，以便将变频器的参数值恢复到一个确定的默认状态。

G120C 变频器有三种复位方法，第一种可通过参数设置完成复位。将参数 P0010 设为 30，P0970 设为 1。P0010 是调试参数过滤器，它能够对与调试相关的参数进行过滤，筛选出那些与特定功能组有关的参数，P0970 是驱动参数复位，它们的取值情况见表 2-7。在工厂复位以后绝大多数参数都会恢复为默认值，只有极少数参数仍然保持原来的数值不变，如欧洲/北美地区默认值选择参数 P0100、功率单元应用参数 P0205 等都不受复位的影响。

表 2-7　复位参数的取值及对应功能

参数号	参数名称	参数值	功能
P0010	调试参数过滤器	0	就绪
		1	快速调试
		2	功率单元调试
		30	参数复位
		29、39、49	仅供西门子内部使用
P0970	驱动参数复位	0	禁止复位
		1	参数复位到默认设置

第二种方法是利用变频器设置菜单 SETUP 进行复位。在 SETUP 菜单界面按 OK 键，屏幕显示"RESET"，按 OK 键，RESET 右下角显示"NO"，使用箭头键将"NO"切换为"YES"，再次按下 OK 键，即可完成复位。

第三种方法是利用变频器备份与复位菜单进行复位。首先找到备份与复位菜单 EXTRAS，按 OK 键，出现"DRVRESET"，再按 OK 键确认复位，此时屏幕上会显示"BUSY"，忙的状态，约 30s 后变为 DONE，复位完成。

2.4.2　快速调试

快速调试是变频器运行前的一项重要任务。所谓快速调试就

G120C 变频器快速调试

是对电动机的相关参数进行设置，如电动机的额定电压、额定电流、额定功率、额定转速等，使变频器能够快速识别它所驱动的电动机。在参数复位完成后，即可进行快速调试。根据电动机和负载具体特性，以及变频器的控制方式等信息进行必要的设置之后，变频器就可以驱动电动机工作了。

快速调试可通过变频器的设置菜单 SETUP 来启动。变频器接通电源，待操作面板显示设定值和实际值后，通过 ESC 键和上下键，显示出设置菜单 SETUP。在 SETUP 菜单下按 OK 键，以启动快速调试，快速调试流程如图 2-20 所示。

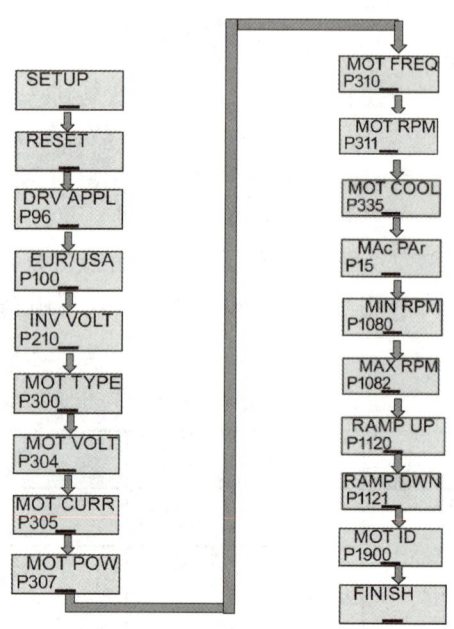

图 2-20 快速调试流程

若尚未对参数进行复位，当屏幕显示 RESET 时，可以按上述方法二的步骤来进行复位。待复位完成，屏幕会立即显示电动机应用等级选择参数 P0096，选择合适的应用等级，变频器就会为电动机控制匹配合适的设置。变频器为简化调试过程，引入了 SINAMICS 驱动应用等级的概念，驱动应用等级参数 P0096，分标准驱动控制、动态驱动控制和专家级三种情况。快速调试中各参数值及对应功能见表 2-8。当屏幕显示 FINISH 时，使用上下键将右下角的 NO 切换为 YES，最后按 OK 键确认，这样就完成了快速调试，之后就可以进行功能调试。

表 2-8 快速调试各参数取值及功能

参数号	参数名称	参数值	功能
P0096	电动机应用等级选择参数	0	专家级
		1	标准驱动，此时变频器控制方式选择参数 P1300 只能设为 0 或 2，此时的变频器是具有线性特性的 V/f 控制或者具有抛物线特性的 V/f 控制
		2	动态驱动，P1300 只能设为 20，变频器控制方式为无编码器转速控制

(续)

参数号	参数名称	参数值	功能
P0100	电机标准 IEC/NEMA	0	欧洲标准电机，采用英制单位即国际单位标准，功率单位是 kW
		1	美国标准电机，美制单位，功率单位是 hp
		2	美国标准的电机，英制单位
P0210	变频器输入电压	380V	
P0300	电动机类型设置	1	异步电动机
		2	同步电动机
P0304	电动机额定电压		电动机铭牌获取
P0305	电动机额定电流		
P0307	电动机额定功率		
P0310	电动机额定频率		
P0311	电动机额定转速		
P0335	电动机的冷却方式	0	自冷却
		1	外部冷却
		2	水冷
		128	无风扇
P0015	宏程序		可选择与应用相适宜的变频器接口的缺省设置
P1080	电动机最低转速		默认设置
P1082	电动机最高转速		默认设置
P1120	加速时间		默认设置
P1121	减速时间		默认设置
P1900	电动机数据检测和转速控制	0	禁用
		1	电动机数据检测和转速控制器优化
		2	电动机数据检测（静止状态）

快速调试也可以直接通过调试参数过滤器参数 P0010 来启动，P0010 的参数值设为 1 即可进入快速调试状态。

任务实施

1）连接电源、变频器和电动机。
2）线路检查无误后，给变频器上电，观察 BOP-2 操作面板的显示是否正常。
3）访问设置菜单 SETUP，选择 RESET 并确认，对变频器进行复位。
4）复位完成后，按照表 2-9 设置快速调试参数。在设置电动机额定值参数时要规范、严谨，严格按照电动机铭牌数据进行设定。
5）屏幕显示 FINISH 时，按 OK 键确认，完成快速调试。

表 2-9 快速调试参数设置

参数号	参数值	功能
P0096	1	标准驱动
P0100	0	欧洲标准电机，采用英制单位即国际单位标准，功率单位是 kW
P0210	380V	变频器输入电压
P0300	1	异步电动机
P0304		电动机铭牌获取
P0305		
P0307		
P0310		
P0311		
P0335	0	自冷却
P0015		默认设置
P1080		默认设置
P1082		默认设置
P1120		默认设置
P1121		默认设置
P1900	0	禁用

任务拓展

1）利用复位参数对变频器进行复位操作。
2）利用调试参数过滤器参数 P0010 起动变频器的快速调试。

思考与练习

填空题

1. 西门子 G120C 变频器复位有_____种方法。
2. _____参数是工厂复位参数。
3. 西门子 G120C 变频器快速调试状态 P0010 参数值是_____。
4. 西门子 G120C 变频器复位时，需要将参数 P0010 设置为_____，P0970 设置为_____。
5. 可以利用设置菜单_____对变频器进行复位。

项目 3　G120C 变频器的转速给定与运行

变频器运行过程中，要调节变频器的输出频率或转速，首先必须向变频器提供改变频率或转速的信号，这个信号称为给定信号。所谓给定方式，就是调节变频器输出频率的具体方法，也就是提供给定信号的方式。西门子变频器的频率（转速）给定方式主要有面板操作给定、外部端子给定和通信方式给定等，其中外部端子给定又分为模拟量输入给定和多段速给定。通常情况下变频器只使用一种给定方式输出频率，但有时候也可以使用两种给定方式相叠加来输出频率，一个为主给定信号，另一个为辅助给定信号。

任务 3.1　G120C 变频器面板控制电动机运行

G120C 变频器可以通过 BOP-2 面板手动操作，实现电动机的起动、停止、反转及点动控制。需要注意的是，利用面板手动操作的前提是变频器必须处于 HAND（手动）模式，而 G120 变频器默认的工作模式为 AUTO（自动）模式，需要通过面板上 HAND/AUTO 键切换。

任务描述

利用 G120C 变频器 BOP-2 面板手动操作，控制电动机正反转运行，给定速度 500r/min。

学习目标

□ 熟悉 G120C 变频器手动模式下各种控制功能的设置方法。
□ 能够独立完成变频调速系统主电路的硬件接线。
□ 能够实现面板控制变频器起停。
□ 能够实现面板控制变频器反转切换。
□ 能够实现面板控制变频器点动运行。
□ 增强使命担当和爱国情怀。

知识准备

3.1.1 面板控制电动机起停

G120C 变频器手动控制电动机运行

变频器上电后,当屏幕显示初始画面时,即在监控菜单 MONITOR 下显示给定转速 SP 000.0 和电动机实际转速 0.0,此时按下 HAND/AUTO 键切换到手动模式,屏幕左上角出现小手标记,同时变频器菜单会自动切换至控制菜单 CONTROL,表示已进入手动控制模式,此时便可以设置转速给定值了。按住向上键,给定转速逐渐增加,直到想要的数值。设好后,按下面板上的绿色开机键,电动机就会以设定的转速运行,此时屏幕上显示电动机的实际转速等于设定转速,如图 3-1 所示。运行过程中,只要改变控制菜单下的转速设定值,实际转速就会相应地发生变化。按下红色的关机键,电动机减速停车。需要注意的是,设置给定转速只能在 CONTROL 菜单下完成,监控菜单 MONITOR 不允许设置给定转速,因为监控菜单只是对电动机状态进行监控,无法进行控制。这个过程中是通过操作面板来设置给定转速的,所以转速给定方式属于操作面板给定。

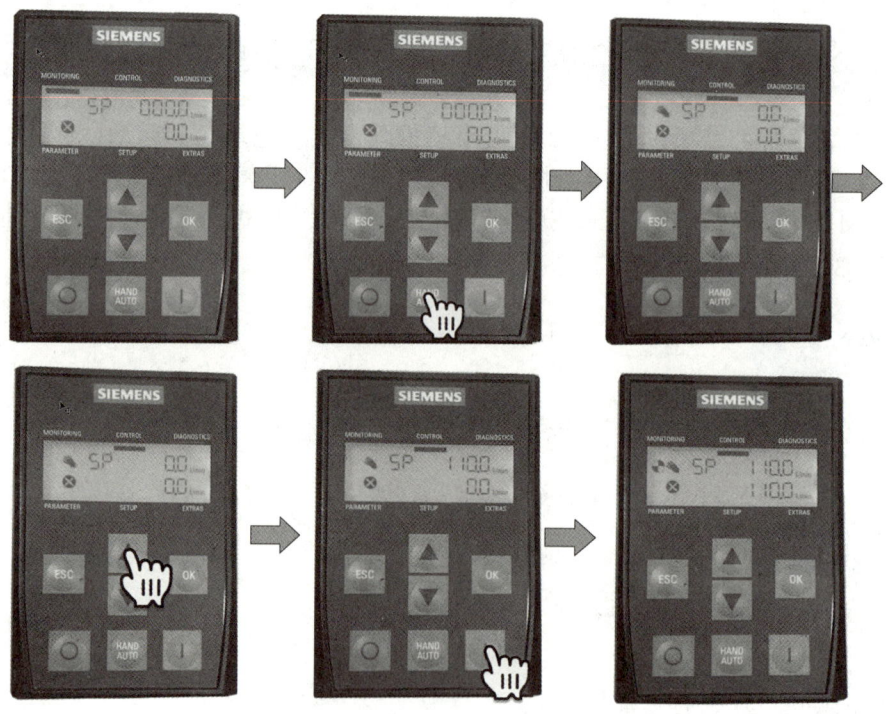

图 3-1 面板控制电动机起停操作

3.1.2 面板控制电动机反转

面板控制电动机反转运行时,需要在 CONTROL 菜单下选择"REVERSE"反转功能，将右下角的 OFF 切换为 ON，确认后，就可以控制电动机反转运行了，如图 3-2 所示。电动机运行过程中也可以直接进行反转切换。

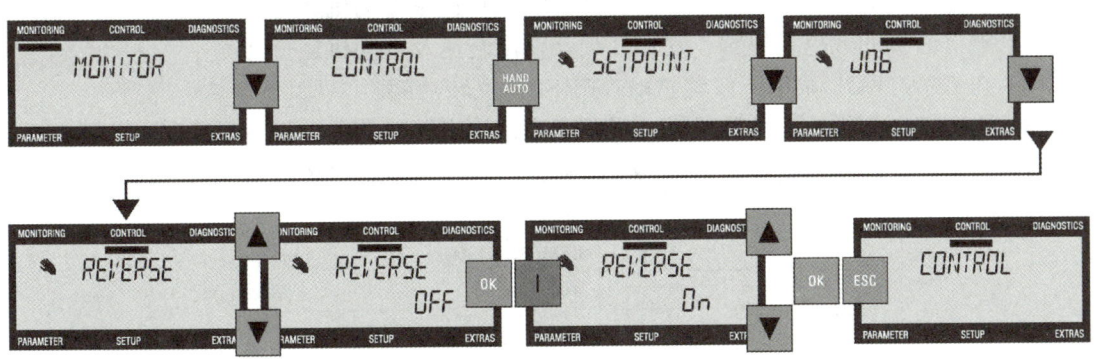

图 3-2　面板反转功能设置

3.1.3　面板控制点动运行

利用变频器的操作面板可以控制电动机点动运行。点动功能的启用或禁用，要在 CONTROL 菜单下完成。显示 CONTROL 菜单后，按 OK 键访问其子菜单，通过上下键选择点动 JOG，按 OK 键确认，画面右下角会出现 OFF 字样，意味着关闭点动功能，通过上下键改为 ON，按 OK 键就可完成点动设置，通过 ESC 键返回上级菜单 CONTROL。同理，将点动设置画面右下角的 ON 改为 OFF 后，即关闭点动功能，如图 3-3 所示。

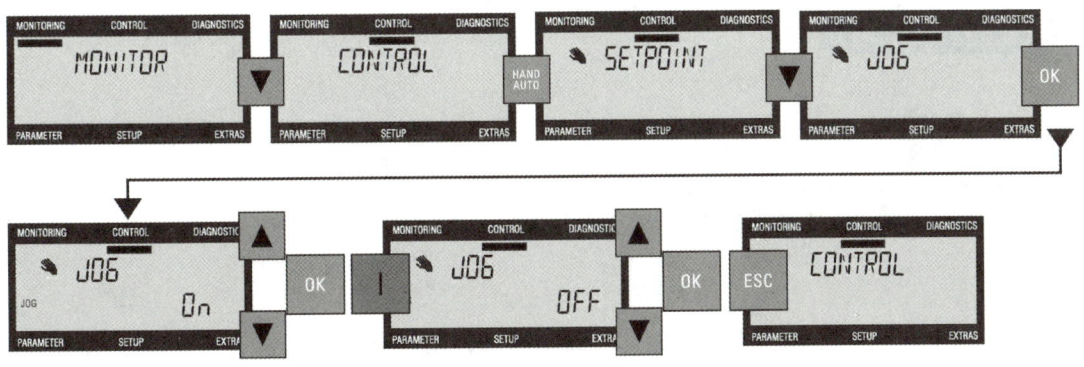

图 3-3　面板点动功能设置

点动功能设好后，按下起动键，电动机就可以按预先设定的点动速度运行，松开起动键电动机停止。也可以控制电动机反向点动运行，需要先将变频器设置为反转功能，再起动时，电动机就会反向点动运行。点动运行时电动机的转速由正向点动速度参数 P1058 和反向点动速度参数 P1059 设置，二者出厂时的默认值为 150r/min。

任务实施

1）按照图 3-4 所示，连接电源、变频器和电动机。
2）线路检查无误后，接通变频器电源，观察变频器 BOP-2 操作面板显示是否正常。

3）按下 HAND/AUTO 键，将变频器切换到手动模式。
4）在 CONTROL 菜单下设置给定转速 SP 为 500r/min。
5）按下面板的绿色开机键，观察变频器输出转速及电动机运行情况。
6）按下面板的红色关机键，观察变频器输出转速及电动机运行情况。
7）在 CONTROL 菜单下设置"REVERSE"反转功能。
8）再次按下面板的绿色开机键，观察变频器输出转速及电动机运行情况。
9）按下面板的红色关机键，观察变频器输出转速及电动机运行情况。

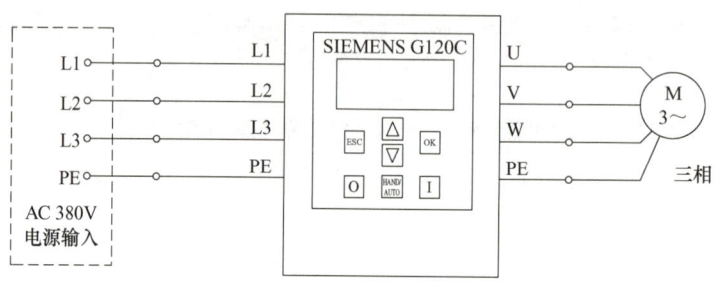

图 3-4　面板控制电动机运行电路

任务拓展

利用西门子 V20 变频器实现面板控制。

思考与练习

一、填空题

1. JOG 代表_____功能。
2. 西门子 G120C 变频器控制模式分为_____和_____两种。

二、判断题

1. 通过端子或者现场总线的方式进行控制属于自动控制。　　　　　　　　（　　）
2. 面板操作属于手动控制模式。　　　　　　　　　　　　　　　　　　　（　　）
3. 变频器在控制菜单和监控菜单下都可以修改转速设定值。　　　　　　　（　　）

任务 3.2　G120C 变频器模拟量调速

对于风机类负载，当风机转速下降一点点时，风机的功率将有大幅度的下降，说明对于中央空调这一类风机负载，应用变频技术将会有显著的节能效果。

通过对上节面板控制变频器运行的学习可知，变频器对电动机速度的调节可以通过操作面板来实现，但这种调节方式属于手动控制，需要根据电动机的实际速度需求，人为地通过手动操作来实现。通过面板上的开机键和关机键可以控制变频器的起动和停止，对于这种操作方式，在控制现场是需要专门打开变频调速系统控制柜来操作的，给调速系统的控制带来不便。

在中央空调变频调速系统中，如何才能根据实际的温度变化，自动地调节电动机转速？又如何能通过外部按钮实现变频器的起停控制？这里将介绍变频器的另一种控制方式，通过变频器外部端子来实现速度给定和起停控制。

任务描述

利用 G120C 变频器 DI0 端子控制三相交流异步电动机起动与停止，DI1 端子实现反转切换，模拟输入端设定转速，即模拟量给定调速。

学习目标

☐ 了解 G120C 变频器数字输入端的功能和相关参数含义。
☐ 掌握 G120C 变频器模拟输入端及接线方法。
☐ 能够通过电位器来实现变频调速。
☐ 学会外部开关控制变频器的操作。
☐ 具备工程意识和责任意识。

G120C 变频器模拟量调速

知识准备

与面板控制不同，模拟量调速是指通过变频器的模拟输入端输入模拟量信号来调节变频器的输出频率（转速），称为模拟量输入给定，属于外部端子给定的一种，常用于远程控制。变频器的起动、停止也可以不通过操作面板控制，而是通过外部数字输入端控制。这种控制方式区别于手动控制，属于自动控制，应将变频器切换至 AUTO 模式。

3.2.1 模拟量输入功能

自动控制主要通过端子来实现，模拟量调速时，要通过模拟输入端对模拟信号进行给定。G120C 变频器的控制单元型号不同，提供的模拟输入端子数量也不相同。

控制单元型号为 CU240E-2 的 G120C 变频器，为用户提供了两条模拟信号给定输入通道，通道 1 使用端子 3（AI0+）、4（AI0-），通道 2 使用端子 10（AI1+）和 11（AI1-）。AI0 对应只读参数 r755.0，即模拟信号是从 3、4 端输入，AI1 对应 r755.1，表示模拟信号来自 10 和 11 端子。无论哪一组模拟输入端，都可以输入电压或者电流信号，电压或电流信号类型的选择通过变频器的 DIP 开关来设置，需要将变频器 I/O 板上的 DIP 开关拨到适当的位置。若输入模拟电压信号，DIP 开关应位于"U"的位置，若输入模拟电流信号，DIP 开关应位于"I"的位置。

电流信号在传输过程中不受电压降影响，抗干扰能力强，所以多用于较长距离的信号输入。但因为大部分传感器都是电压信号输出，需要通过电压/电流变换器才能转换成电流信号，这将导致获取电路比较复杂。电压信号在传输过程中会产生电压降，受电磁干扰影响大，特别是在1V以下时，所以短距离时常采用电压信号，但由于电压信号的获取电路简单，仍然得到了广泛的应用。

模拟量输入给定可以是单个信号，也可以是两个信号的叠加。

当采用模拟电压输入方式输入给定频率时，为了提高交流变频调速系统的控制精度，需要配备一个高精度的直流稳压电源作为模拟电压输入的直流电源。西门子G120C变频器1、2端为用户提供了一个高精度10V直流稳压电源，也可通过外接电源提供电压信号输入。若采用自身输出的+10V直流稳压电源，还需要解决如何将+10V直流稳压电源转换成0～10V可调电压的问题，可以在这个电压电路中串联电位器，通过调节电位器中滑线的位置，达到改变输入端输入的模拟电压值的目的。变频器的输出将紧紧跟随给定量变化，从而实现平滑无极地调节电动机转速的目的。通过外接电位器，把+10V直流稳压电源转换成0～10V可调电压作为变频器模拟输入的硬件接线如图3-5所示。

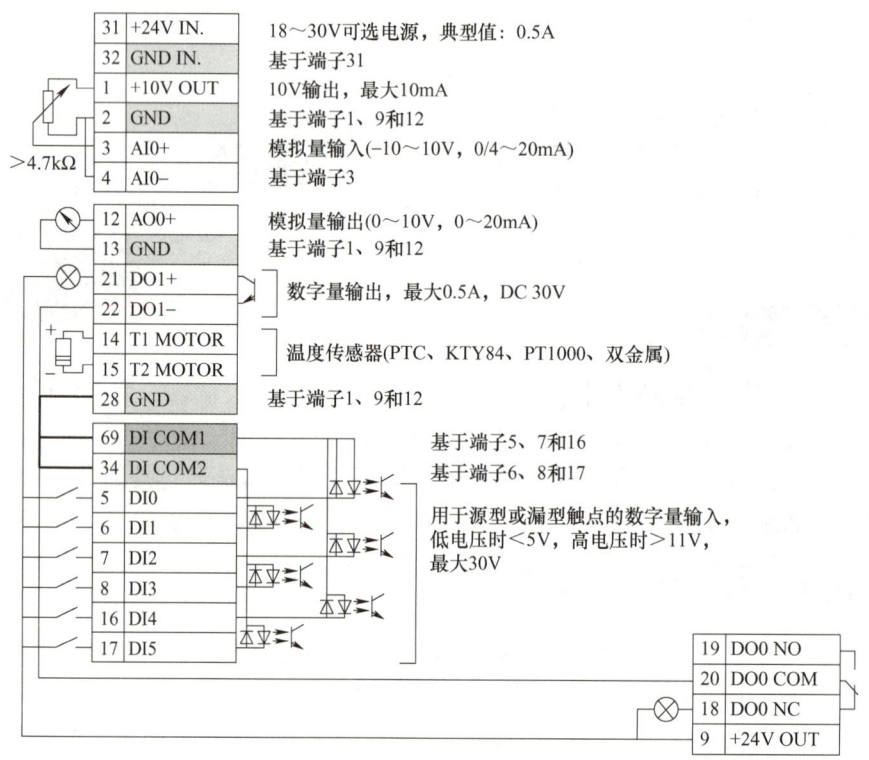

图3-5 变频器端子设置

3.2.2 数字输入端的状态参数

数字信号通过数字输入端给定。变频器控制单元型号不同，提供的数字输入端也不尽相同。例如CU240B-2提供4路数字量输入，CU240E-2提供6路数字量输入。在必要时，也可以将模拟量输入AI作为数字量输入使用。控制单元CU240E-2为用户提供的6路完全可编程的数字输入端，分别是5、6、7、8、16和17端子，记作DI0～DI5。其中

DI0、DI2 和 DI4 的公共端是 69 号端子，DI1、DI3 和 DI5 的公共端为 34 号端子。由图 3-5 可知，G120C 变频器内部每个数字输入端和公共端之间都是双向二极管电路，这样电流既可以自 DI 端流向公共端，也可以从公共端流向 DI 端。端子 9 和 28 是一个 24V 的直流电源，为用户提供数字量输入所需的直流电源。

数字输入端的状态由只读参数 r722 表示，用来显示数字输入端的状态。r722.0 ~ r722.5 分别代表了 DI0 ~ DI5 这 6 个数字输入端。另外当变频器提供的 6 个数字输入端不够时，还可以把变频器的模拟输入端 3、4（AI0）改造成数字输入端使用，这时候就有 r722.11，表示数字输入端 DI11；对于提供 2 路模拟输入通道的控制单元 CU240E-2，其模拟输入端 10、11（AI1）也可作为数字输入端，记作 DI12，对应状态参数 r722.12。模拟量输入端用作数字量输入端时按照图 3-6 的方法接线，且模拟量输入信号对应的 DIP 拨码开关拨至 U（电压）侧，设置为电压输入型。

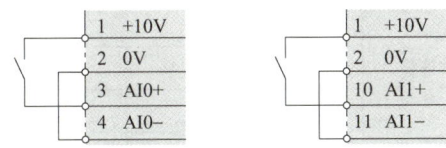

图 3-6　模拟输入端改为数字输入端的接线

3.2.3　相关功能参数介绍

相关功能参数见表 3-1。自动模式下，必须清楚控制变频器起停的信号来自哪里，与之相关的参数是 P0840，即起动与停止的信号源选择参数。P1113 是设定值取反参数，用来设置设定值取反的信号源，即反转信号来源。P1000 是转速设定值选择参数，设置转速设定值来源，即转速给定方式。西门子 G120C 变频器的转速给定可以通过电动电位计给定，也可以是模拟设定值，通过输入模拟量调速，或者利用现场总线以通信的方式调速，还可以是固定速度设定。具体采用哪种转速设定方式，取决于 P1000 的参数值。G120C 变频器的转速设定可以是一种方式，也可以是多种给定方式相叠加，这就需要对主设定值的信号源进行设置，P1070 是主设定值参数，用来设置主设定值的信号源。

另外利用 I/O 板上的 DIP 开关可以决定模拟输入信号是电压还是电流信号，西门子 G120C 变频器可以输入的电压或电流信号具体有哪些种类呢？参数 P0756 是模拟输入信号的类型选择参数，这是一个带下标的参数，下标 0 表示从 3、4 端输入模拟信号，下标 1 表示模拟信号来自 10 和 11 端子，参数值代表了输入信号的类型。

表 3-1　相关功能参数介绍

参数号	参数名称	参数值	功能
P0840	起动/停止信号源选择	r722.0 ~ r722.5	通过 DI 端控制电动机连续运行的起停
		0	禁止通过 DI 端控制电动机连续运行的起停
P1113	设定值取反	r722.0 ~ r722.5	对设定值取反的信号源来自 DI 端
		0	取消反转功能

（续）

参数号	参数名称	参数值	功能
P1000	转速设定值选择	0	无主设定值
		1	电动电位计设定
		2	模拟量设定
		3	转速固定设定值
P1070	主设定值参数	r755.0	模拟输入 AI0 作为主设定值
		r755.1	模拟输入 AI1 作为主设定值
		r1050	电动电位计设定
		r1024	转速固定设定值
P0756	模拟输入信号的类型选择	0	0～10V 的单极性电压
		1	2～10V 的监控单极性电压
		2	0～20mA 的单极性电流
		3	4～20mA 的监控单极性电流
		4	-10～10V 的双极性电压

任务实施

1）设计变频调速系统电路图，如图 3-7 所示，并按照电路图连接电源、电动机、变频器和外部电位器、控制开关等设备。注意安全用电，连接电路之前要切断电源，不带电作业。

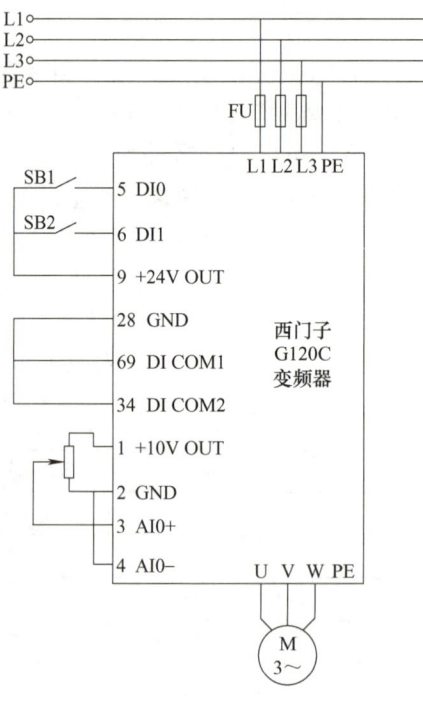

图 3-7 变频调速系统电路图

项目 3　G120C 变频器的转速给定与运行

2）线路检查无误后，接通变频器电源，观察变频器 BOP-2 操作面板显示是否正常。

3）设置变频器参数。完成表 3-2 中变频器快速调试和功能参数的设置。

4）先将电位器调节旋钮旋到最小值，确保以较低的速度起动。

5）闭合 DI0 端子外接开关，给变频器一个起动信号，观察电动机运行情况。调节电位器旋钮，使输入电压逐渐增大，再来观察电动机运行情况，注意电动机转速最高是多少。

6）闭合 DI1 端子外接开关，观察电动机运行情况。

7）断开 DI0 端子外接开关，观察电动机运行情况。

表 3-2　模拟量调速参数设置

参数号	参数值	功能
P0010	1	开始快速调试
P0304	380V	电动机额定电压
P0305	0.63A	电动机额定电流
P0307	0.18kW	电动机额定功率
P0310	50Hz	电动机额定频率
P0311	1400r/min	电动机额定转速
P1900	0	电动机数据检测禁用
P3900	1	快速调试完成
P0840	r722.0	DI0 端控制电动机连续运行的起停
P1113	r722.1	DI1 控制反向
P1000	2	模拟量设定速度
P1070	r755.0	模拟输入 AI0 作为主设定值
P0756	0	模拟输入 AI0，0～10V 单极性电压

任务拓展

如果输入 0～20mA 电流信号作为速度给定，首先需要把变频器 I/O 板上的模拟信号选择开关拨到电流"I"的位置，这样才允许电流信号输入。模拟电流信号给定的电路原理图如图 3-8 所示。

模拟电流信号设定速度，变频器功能参数设置见表 3-3。

按照电路图连接电路，检查无误后，接通变频器电源，按照表 3-3 设置变频器参数。先将电流值调节到最小值，闭合 DI0 端子外接开关，再逐渐增大输入电流，观察电动机运行情况；闭合 DI1 端子外接开关，观察电动机运行情况；断开 DI0 端子外接开关，再观察电动机运行情况。

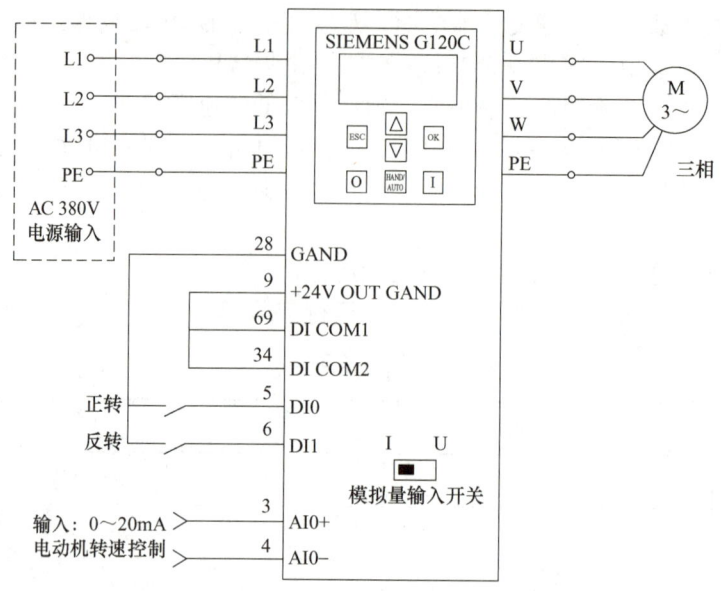

图 3-8　模拟电流信号给定的电路图

表 3-3　模拟电流调速参数设置

参数号	参数值	功能
P0840	r722.0	DI0 端控制电动机连续运行的起停
P1113	r722.1	DI1 控制反向
P1000	2	模拟量设定速度
P1070	r755.0	模拟输入 AI0 作为主设定值
P0756	2	0～20mA 的单极性电流

思考与练习

一、填空题

1. 西门子 G120C 变频器设置 ON/OFF 信号源的参数是_____。
2. 西门子 G120C 变频器 DI1 端子对应的功能参数是_____。
3. 西门子 G120C 变频器模拟量调速时 P1000 应设为_____。
4. 西门子 G120C 变频器 3、4 端为_____。

二、判断题

1. 西门子 G120C 变频器模拟输入端既可以输入电压信号也可以输入电流信号。(　　)
2. 不同型号的控制单元提供不同数量的模拟输入通道。(　　)

任务 3.3　G120C 变频器端子控制电动机点动运行

G120C 变频器的数字输入端可以实现电动机的正反转控制,数字输入端是否也可以控制电动机点动运行?

任务描述

本任务利用 G120C 变频器 DI0 端子控制三相交流异步电动机正向点动运行,DI1 端子实现反向点动控制,正反向点动运行速度都为 500r/min。按下点动按钮时电动机以 1s 的时间加速运行至 500r/min,松开点动按钮时电动机以 1s 的时间减速停车。

学习目标

- □ 了解点动功能。
- □ 熟悉 G120C 变频器数字输入端。
- □ 掌握 G120C 变频器数字输入端的功能和相关参数含义。
- □ 能够完成外部开关控制变频器的硬件接线。
- □ 能够实现外部开关控制变频器点动运行。
- □ 树立精益求精的工匠精神。

知识准备

3.3.1　点动运行参数

G120C 变频器可以通过数字输入端对电动机进行正反向点动控制。点动运行速度由参数设置。

相关功能参数见表 3-4。虽然靠外部端子实现点动控制也属于自动模式,但此时不再是通过 DI 端来控制电动机的连续运行,而是要利用端子控制电动机点动运行,而点动运行有专门的命令参数,即正向点动信号源参数 P1055 和反向点动信号源参数 P1056。点动运行速度的设置,分别通过正向点动转速设定值参数 P1058 和反向点动转速设定值参数 P1059 来实现。

表 3-4　相关功能参数介绍

参数号	参数名称	参数值	功能
P0840	起动/停止信号源选择	r722.0 ~ r722.5	通过 DI 端控制电动机连续运行的起停
		0	禁止通过 DI 端控制电动机连续运行的起停
P1055	JOG 1 的信号源	r722.0 ~ r722.5	设置正向点动(JOG 1)的信号源

(续)

参数号	参数名称	参数值	功能
P1056	JOG 2 的信号源	r722.0～r722.5	设置反向点动（JOG 2）的信号源
P1113	设定值取反	r722.0～r722.5	对设定值取反的信号来自 DI 端
		0	取消 DI 端的反转功能
P1058	JOG 1 转速设定值		设置 JOG 1 的转速
P1059	JOG 2 转速设定值		设置 JOG 2 的转速

3.3.2 加减速时间参数

首先要知道变频器的加速时间和减速时间是如何定义的。对于西门子变频器，加速时间是指变频器起动时输出转速从 0 加速升到最高转速所需的时间，如图 3-9a 所示，加速时间参数为 P1120；减速时间是指变频器停止时输出转速从最高转速减到 0 所用的时间，如图 3-9b 所示，减速时间参数为 P1121。

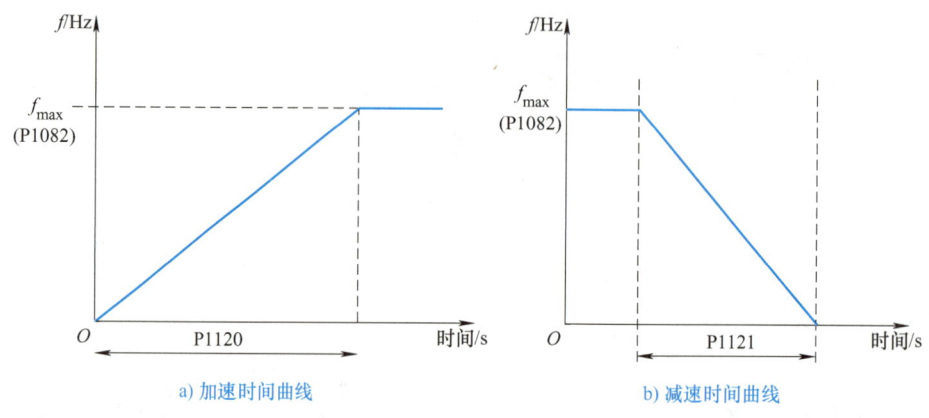

a) 加速时间曲线　　　　　　　　b) 减速时间曲线

图 3-9　加减速时间曲线

那么变频器的最高转速和最低转速又是多少？通用变频器都有最高转速和最低转速预置功能，以对电动机运行速度加以限制。G120C 变频器最高转速参数是 P1082，默认值为 1500r/min，最低转速参数是 P1080，默认值为 0。

起动时要想让变频器用 1s 的时间从静止加速运行至 500r/min，那么转速从 0 升到最高转速 1500r/min 就需要用时 3s，所以加速时间参数 P1120 要设置为 3s。停止时要求从点动运行速度 500r/min 减速到 0 用时 1s，那么从最高转速 1500 r/min 减到 0 也要经过 3s 的时间，所以减速时间参数 P1121 应设置为 3s。加减速时间参数的默认设置都是 10s。

任务实施

1）设计变频调速系统电路图，如图 3-10 所示，并按照电路图连接电源、电动机、变频器和控制开关等设备。

项目 3　G120C 变频器的转速给定与运行

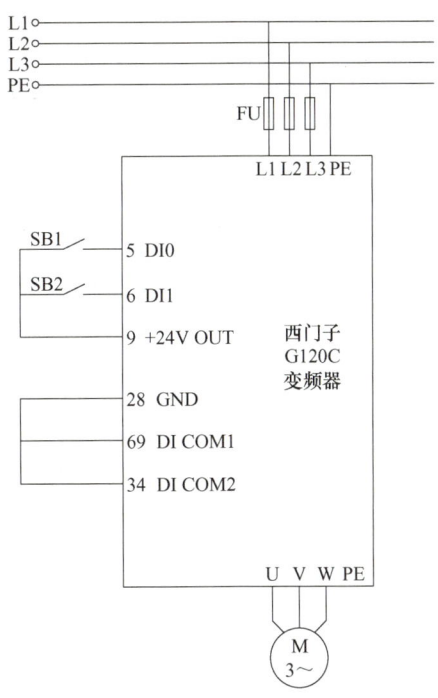

图 3-10　变频调速系统电路图

2）线路检查无误后，接通变频器电源，完成表 3-5 中变频器快速调试和功能参数的设置。

3）闭合 DI0 端子外接开关，观察电动机运行情况。

4）断开 DI0 端子外接开关，观察电动机运行情况。

5）闭合 DI1 端子外接开关，观察电动机运行情况。

6）断开 DI1 端子外接开关，观察电动机运行情况。

7）设置加减速时间参数，重复上述步骤 3～6，观察电动机运行情况。

表 3-5　端子控制点动运行参数设置

参数号	参数值	功能
P0010	1	开始快速调试
P0304	380V	电动机额定电压
P0305	0.63A	电动机额定电流
P0307	0.18kW	电动机额定功率
P0310	50Hz	电动机额定频率
P0311	1400r/min	电动机额定转速
P1900	0	电动机数据检测禁用
P3900	1	快速调试完成
P0840	0	起停信号关闭
P1055	r722.0	通过数字输入 DI0 选择 JOG_1
P1056	r722.1	通过数字输入 DI1 选择 JOG_2

（续）

参数号	参数值	功能
P1113	0	设定值不取反
P1058	500	JOG_1 点动速度
P1059	−500	JOG_2 点动速度

需要注意的是，这里不再是通过 DI 端来控制电动机的连续运行，所以 P0840 的参数值要设为 0，禁止通过 DI 端来控制电动机的连续运行。

任务拓展

将设定值取反参数 P1113 设为 0，即取消数字输入端的反转切换功能。若不将 P1113 的参数值改为 0，结果会怎样？

思考与练习

一、填空题

1. 西门子 G120C 变频器反向点动 JOG_2 的信号源参数是_____。
2. 西门子 G120C 变频器反向点动转速参数是_____。
3. 西门子 G120C 变频器通过数字输入端 1 选择 JOG_1 时，参数 P1055 设置为_____。

二、判断题

1. 利用端子控制电动机点动运行时参数 P0840 要设为 0，禁止通过 DI 端来控制电动机的连续运行。（ ）
2. 加速时间是指变频器起动时输出转速从 0 升到最高转速所需的时间。（ ）
3. 西门子 G120C 变频器加速时间参数是 P1120。（ ）

任务 3.4　G120C 变频器多段速控制

变频器除了能输出连续可调的转速外，还可以输出固定转速，控制电动机实现多段速运行。工业生产中由于工艺的要求，很多生产机械要求能够在不同的转速下运行，如某精密机床，其主轴共有 3 档转速，分别为 100r/min、300r/min 和 500r/min，利用变频器的多段速功能就可以实现。

任务描述

利用 G120C 变频器 DI0 端子控制电动机起停，利用其他几个数字输入端的状态组合输出 5 档固定转速，分别是 100r/min、300r/min、500r/min、600r/min 和 800r/min。

项目 3　G120C 变频器的转速给定与运行

学习目标

- □ 了解多段速含义。
- □ 掌握 G120C 变频器输出多段速的方法。
- □ 掌握 G120C 变频器多段速输出时相关参数设置。
- □ 能够完成多段速输出变频调速系统的硬件接线。
- □ 能够操作变频器实现多段速输出。
- □ 具有严谨的工作态度。

知识准备

多段速运行时,要想输出固定速度,就需要事先给变频器预设几档固定速度,然后通过数字输入端的状态切换来输出这几档固定速度。

西门子变频器都配置有固定转速参数,G120C 变频器最多可以设置 15 档固定速度,对应 15 个固定转速参数,分别是 P1001～P1015。这些固定转速参数出厂时的预设值都为 0,可在 -210000～210000r/min 范围内进行设定。

G120C 变频器输出固定转速的方法有 2 种,一种是直接选择法,另一种是二进制编码选择法。采用哪种方法输出固定转速,由参数 P1016 决定。P1016 是输出固定转速的模式选择参数,P1016 参数值设为 1 是采用直接选择法输出固定转速,设为 2 是采用二进制编码的方法输出固定转速。

3.4.1　直接选择法输出固定转速

直接选择法输出多段速

这种方法最多只需要设置 4 档固定转速,分别是 P1001、P1002、P1003 和 P1004,同时需要 4 个数字输入端来作为固定转速的信号源,与这 4 档固定转速相对应。这 4 个数字输入端,分别作为选择固定转速的第 0 位、第 1 位、第 2 位和第 3 位,这就需要对固定转速选择参数进行设置,分别是 P1020、P1021、P1022 和 P1023,它们是来设置固定转速信号源的,固定转速选择的第 0 位参数是 P1020,第 1 位是 P1021……以此类推。例如用 DI2、DI3、DI4 和 DI5 四个数字输入端来输出固定速度,一个数字输入端对应一档固定转速,让 DI2 端子对应第 1 档固定速度 P1001,当 DI2 端子接通时输出的是 P1001 速度值,则 DI2 就作为固定转速选择的第 0 位,第 0 位参数 P1020 就要设为 r722.2。让 DI3 端子对应第 2 档固定速度 P1002,当 DI3 端子接通时输出的是 P1002,则 DI3 就作为固定转速选择的第 1 位,参数 P1021 就要设为 r722.3。DI4 端子对应第 3 档速度 P1003,固定转速选择的第 2 位参数 P1022 设为 r722.4。DI5 端子对应第 4 档速度 P1004。固定转速选择的第 3 位参数 P1023 就要设为 r722.5。端子接通为 1,断开为 0。

如果有几个数字输入端同时被激活,输出的转速就会是它们的转速之和。例如 DI2 和 DI3 端子同时接通,输出的固定转速是 P1001 和 P1002 之和,当任意 3 个端子同时接通时,输出的固定转速就是这 3 个速度之和,如果 4 个端子同时都接通,输出速度是 4 个速度之和,见表 3-6。

这种方式下，虽然只给变频器预设了 4 档固定转速，但通过这 4 档速度组合，能够输出最多 15 档转速。

表 3-6　直接选择法输出固定转速

固定转速	DI5 （P1023=r722.5）	DI4 （P1022=r722.4）	DI3 （P1021=r722.3）	DI2 （P1020=r722.2）
P1001	0	0	0	1
P1002	0	0	1	0
P1003	0	1	0	0
P1004	1	0	0	0
P1001+P1002	0	0	1	1
P1001+P1003	0	1	0	1
P1001+P1004	1	0	0	1
P1002+P1003	0	1	1	0
P1002+P1004	1	0	1	0
P1003+P1004	1	1	0	0
P1001+P1002+P1003	0	1	1	1
P1001+P1002+P1004	1	0	1	1
P1001+P1003+P1004	1	1	0	1
P1002+P1003+P1004	1	1	1	0
P1001+P1002+P1003+P1004	1	1	1	1

3.4.2　二进制编码法输出固定转速

二进制编码法输出多段速

采用二进制编码的方法输出固定转速，此时输出固定转速模式选择参数 P1016 要设为 2，同样最多能输出 15 档固定转速，与直接选择法不同的是，这 15 档固定速度都要通过参数来设置，分别对应固定转速参数 P1001～P1015。还是最多需要 4 个数字输入端，分别作为选择固定转速的第 0 位、第 1 位、第 2 位和第 3 位，与固定转速选择参数 P1020、P1021、P1022 和 P1023 相对应。在这种操作方式下，数字输入端的状态与固定转速的对应符合二进制编码的规律，见表 3-7。这种二进制编码的方式仍然能够输出 15 档固定转速，只不过这 15 档固定转速都是需要通过固定转速参数来设置的，不像直接选择法那样还可以通过几个数字输入端叠加获得。

表 3-7　二进制编码法输出固定转速

固定转速	DI5 （P1023=r722.5）	DI4 （P1022=r722.4）	DI3 （P1021=r722.3）	DI2 （P1020=r722.2）
P1001	0	0	0	1
P1002	0	0	1	0
P1003	0	0	1	1
P1004	0	1	0	0

(续)

固定转速	DI5 (P1023=r722.5)	DI4 (P1022=r722.4)	DI3 (P1021=r722.3)	DI2 (P1020=r722.2)
P1005	0	1	0	1
P1006	0	1	1	0
P1007	0	1	1	1
P1008	1	0	0	0
P1009	1	0	0	1
P1010	1	0	1	0
P1011	1	0	1	1
P1012	1	1	0	0
P1013	1	1	0	1
P1014	1	1	1	0
P1015	1	1	1	1

任务实施

1)设计变频调速系统电路图,如图 3-11 所示,并按照电路图连接电源、电动机、变频器和控制开关等设备。

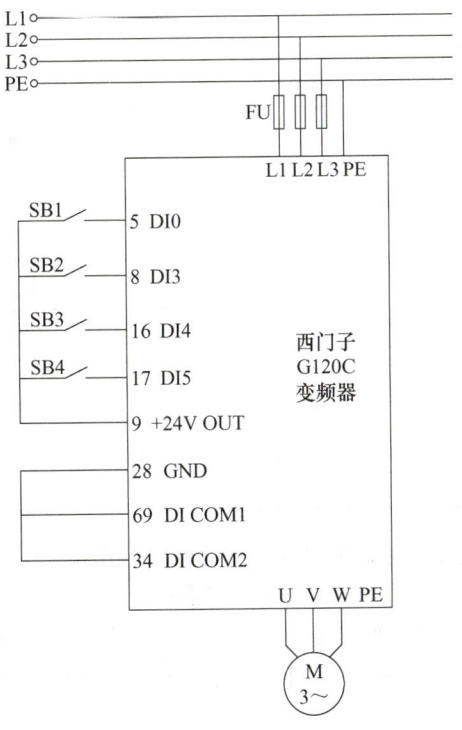

图 3-11 变频调速系统电路图

2）线路检查无误后，接通变频器电源，观察变频器 BOP-2 操作面板显示是否正常。
3）设置变频器参数，完成表 3-8 中变频器快速调试和功能参数的设置。
4）闭合 DI0 端子外接开关，观察电动机运行情况。
5）闭合 DI3 端子外接开关，观察电动机运行情况。
6）断开 DI3 端子外接开关，闭合 DI4 端子外接开关，观察电动机运行情况。
7）断开 DI4 端子外接开关，闭合 DI5 端子外接开关，观察电动机运行情况。
8）DI3 和 DI5 开关同时闭合，观察电动机运行情况。
9）DI4 和 DI5 开关同时闭合，观察电动机运行情况。

表 3-8 直接选择法输出固定转速参数设置

参数号	参数值	功能
P0010	1	开始快速调试
P0304	380V	电动机额定电压
P0305	0.63A	电动机额定电流
P0307	0.18kW	电动机额定功率
P0310	50Hz	电动机额定频率
P0311	1400r/min	电动机额定转速
P1900	0	电动机数据检测禁用
P3900	1	快速调试完成
P0840	r722.0	DI0 控制起停
P1000	3	转速固定设定值
P1016	1	直接选择法输出固定转速
P1070	r1024	固定转速与主设定值关联
P1020	r722.3	固定转速设定位 0
P1021	r722.4	固定转速设定位 1
P1022	r722.5	固定转速设定位 2
P1001	100	固定转速 1
P1002	300	固定转速 2
P1003	500	固定转速 3

利用数字输入 DI 端子的切换输出固定转速时，DI 端子可以随意选择，但要注意的是，使用不同的 DI 端子，参数设置也会有所不同。例如若使用数字输入端 DI1 与一档固定转速相对应，则要注意设定值取反参数 P1113 的设置，此时应关闭设定值取反功能，否则会影响变频器固定转速的正常输出，因为西门子 G120C 变频器出厂时已将 DI1 端子默认为设定值取反的功能了。

任务拓展

开关 SB1 控制电动机起停，SB2、SB3 和 SB4 来输出 7 档固定转速，分别是 100r/min、300r/min、500r/min、700r/min、900r/min、1100r/min 和 1300r/min。

这几档固定转速只能通过二进制编码的方式输出，如果利用直接选择法，后面几档速度值是无法通过叠加得到的。用二进制编码的方式输出 7 档固定转速，需要 3 个数字输入端即可。输出 7 段速的调速系统电路图如图 3-12 所示。这里使用了数字输入端 DI1、DI2、DI3 来输出固定转速，参数设置见表 3-9。

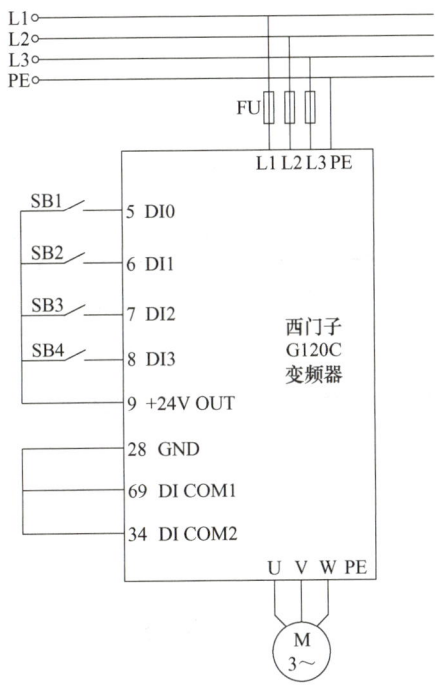

图 3-12　输出 7 段速的调速系统电路图

表 3-9　二进制编码输出固定转速参数设置

参数号	参数值	功能
P0010	1	开始快速调试
P0304	380V	电动机额定电压
P0305	0.63A	电动机额定电流
P0307	0.18kW	电动机额定功率
P0310	50Hz	电动机额定频率
P0311	1400r/min	电动机额定转速
P1900	0	电动机数据检测禁用
P3900	1	快速调试完成

(续)

参数号	参数值	功能
P0840	r722.0	DI0 控制起停
P1000	3	转速固定设定值
P1016	2	二进制编码输出固定转速
P1070	r1024	固定转速与主设定值关联
P1020	r722.1	固定转速设定位 0
P1021	r722.2	固定转速设定位 1
P1022	r722.3	固定转速设定位 2
P1113	0	取消 DI1 的设定值取反功能
P1001	100	固定转速 1
P1002	300	固定转速 2
P1003	500	固定转速 3
P1004	700	固定转速 4
P1005	900	固定转速 5
P1006	1100	固定转速 6
P1007	1300	固定转速 7

思考与练习

一、填空题

1. 西门子 G120C 变频器输出固定转速的方法有＿＿＿＿种。
2. 输出固定转速模式选择参数是＿＿＿＿。
3. 西门子 G120C 变频器直接选择法输出固定转速时参数 P1016 应设为＿＿＿＿。
4. 西门子 G120C 变频器输出固定转速时转速设定值选择参数应设为＿＿＿＿。

二、判断题

1. 西门子 G120C 变频器采用直接选择法输出固定转速时最多可输出 4 档固定转速。（   ）
2. 直接选择法输出固定转速时，若有多个数字输入端同时接通则输出的固定转速为它们的代数和。（   ）
3. 直接选择法输出固定转速时最多只需要设置 4 档固定转速。（   ）
4. 二进制编码法最多能输出 15 档固定转速。（   ）
5. 二进制编码法输出的固定转速都需要通过参数进行设置，无法通过叠加获得。（   ）

任务 3.5　G120C 变频器的跳跃转速设置

任务描述

闭合开关 SB1，电动机以 100r/min 的速度运行，此后能在 300r/min、500r/min、700r/min 几档速度间切换运行。当给变频器设置转速跳跃区间（480～560）后，再观察电动机运行情况。

学习目标

□ 了解跳跃转速含义。
□ 掌握跳跃区间的功能与设置。
□ 学会外部开关控制变频器的硬件接线。
□ 学会外部开关控制变频器运行的操作。
□ 具有探索和创新精神。

知识准备

3.5.1　设置跳跃转速的意义

跳跃转速也叫回避转速，是指不允许变频器连续输出的转速。由于生产机械运转时的振动是和转速有关系的，当变频器输出给电动机的转速达到某一数值时，机械设备振动的频率和它的固有频率刚好一致，此时就会发生谐振现象，谐振对机械设备的危害是非常大的。为了避免机械设备发生谐振，那么就应当让拖动系统跳过谐振所对应的转速，而这一转速就称为跳跃转速或回避转速。

3.5.2　跳跃区间的设置

通用变频器一般都具有跳跃转速预置功能，变频器在预置跳跃转速时通常会预置一个跳跃区间，区间的下限是 n_{J1}、上限是 n_{J2}，整个区间里的转速都属于回避转速，在该转速范围内，变频器无法稳定运行，因此需要跳过该转速范围。需要注意的是跳跃区间的上限转速值和下限转速值都是可以输出的，只有中间段无法输出。如何为变频器设定一个跳跃区间？跳跃区间包含 2 个参数，分别是跳跃转速和跳跃转速的带宽。设置跳跃区间，只需要对跳跃转速和转速带宽这两个参数进行设置，用跳跃转速加带宽值就是区间的上限，跳跃转速减去带宽值就是区间的下限，这样由一个跳跃转速和一个转速带宽值就可以确定一个跳跃区间。为方便用户使用，西门子变频器可同时设置多个跳跃区间，相应的变频器便会有多个跳跃转速参数，但转速带宽参数一般只有一个。

变频器的跳跃区间设置

G120C 变频器可以设置多个跳跃转速参数，如 P1091 和 P1092 等，变频器型号不同，提供的跳跃转速个数也不完全相同。跳跃转速带宽参数是 P1101，跳跃转速带宽参数的单位和转速一样，它们出厂时的预设值都是 0 r/min，在跳跃转速 ±P1101 范围内的设定转速将会被跳过。可以根据具体要求来进行设置，见表 3-10。在升速过程中，若给定转速刚好处于跳跃区间（n_{J1}，n_{J2}），那么变频器的实际输出转速将被限制在区间下限 n_{J1} 上；在减速过程中，当给定转速刚好处于跳跃区间（n_{J1}，n_{J2}）时，变频器的实际输出转速将被限制在区间上限 n_{J2} 上，如图 3-13 所示。

表 3-10 跳跃转速和转速带宽参数

参数号	参数名称	参数值	功能
P1091	跳跃转速 1	0～210000 r/min	跳跃转速 1
P1092	跳跃转速 2	0～210000 r/min	跳跃转速 2
P1101	跳跃转速带宽	0～210000 r/min	设置转速跳跃区间的带宽

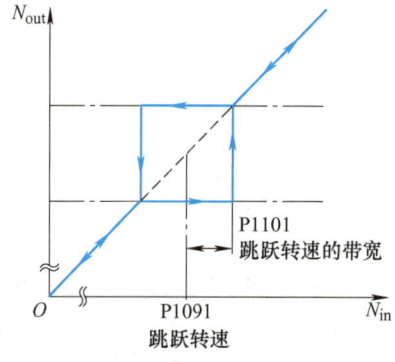

图 3-13 跳跃区间设置

任务实施

1）按照图 3-14 所示电路搭建变频调速系统。
2）线路检查无误后，接通变频器电源，观察变频器 BOP-2 操作面板显示是否正常。
3）设置变频器参数，完成表 3-11 中变频器快速调试和功能参数的设置。
4）闭合 DI0 端子外接开关 SB1，观察电动机运行情况。
5）闭合 DI1 端子外接开关 SB2，观察电动机运行速度。
6）断开 DI1 外接开关，闭合 DI2 端子外接开关 SB3，观察电动机运行速度。
7）DI0、DI1、DI2 外接开关全部闭合，观察电动机运行速度。
8）在原有参数设置基础上增设跳跃转速和转速带宽参数。
9）重复步骤 4～7，观察电动机运行的情况。

项目 3　G120C 变频器的转速给定与运行

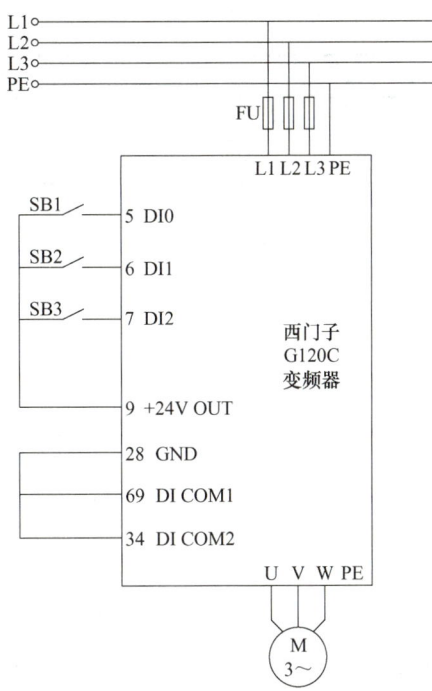

图 3-14　4 段速调速系统电路图

表 3-11　400r/min 固定转速运行参数设置

参数号	参数值	功能
P0010	1	开始快速调试
P0304	380V	电动机额定电压
P0305	0.63A	电动机额定电流
P0307	0.18kW	电动机额定功率
P0310	50Hz	电动机额定频率
P0311	1400r/min	电动机额定转速
P1900	0	电动机数据检测禁用
P3900	1	快速调试完成
P0840	r722.0	DI0 控制起停
P1000	3	转速固定设定值
P1016	1	直接选择法输出固定转速
P1070	r1024	固定转速与主设定值关联
P1020	r722.0	DI0 端子作为固定转速设定为 0
P1021	r722.1	DI1 端子作为固定转速设定为 1
P1022	r722.2	DI2 端子作为固定转速设定为 2
P1001	100	固定转速 1
P1002	200	固定转速 2

(续)

参数号	参数值	功能
P1003	400	固定转速 3
P1091	520	跳跃转速 1
P1101	40	跳跃转速带宽

如何为变频调速系统设置 2 个跳跃区间？

一、填空题

1. 跳跃区间包含 2 个要素，分别是参数_____和_____。
2. 西门子 G120C 变频器若 P1091=500，P1101=30，则跳跃区间是_____。
3. 西门子 G120C 变频器跳跃区间为（260，320），如果在减速过程中给定转速刚好位于此跳跃区间，则实际输出转速为_____。

二、判断题

1. 跳跃转速也叫回避转速，是指不允许变频器连续输出的转速。（   ）
2. 跳跃区间的上限转速和下限转速都无法输出。（   ）

任务 3.6　G120C 变频器瞬时停电再起动

变频器本身具有多种保护功能，如过电流保护、过电压保护、欠电压保护和瞬间停电的处理等。当电源出现瞬间停电时，直流中间电路的电压也将下降，并可能出现欠电压的现象。为了使系统在出现这种情况时，仍能继续正常工作而不停车，现在的变频器大部分都提供了瞬时停电再起动功能。该功能的作用是在发生瞬时停电又上电时，利用变频器的自寻速跟踪功能，使变频器的输出转速能够自动跟踪电动机的实际转速，从而使电动机自动返回预先设定的速度，避免了上电后进行复位、再起动等烦琐操作，保证整个系统能够连续运行。

任务描述

闭合开关 SB1，电动机以固定转速 500r/min 运行。变频器主电源中断后重新上电，再观察变频器与电动机运行情况。

学习目标

- 了解变频器瞬时停电再起动功能含义。
- 掌握瞬时停电再起动相关参数功能及设置。
- 学会外部开关控制变频器的硬件接线。
- 学会外部开关控制变频器运行的操作。
- 树立敬业、专注、精益、创新的工匠精神。

知识准备

3.6.1 变频器突然断电对内部电路的影响

所谓瞬时停电,是指电源电压由于某种原因突然下降为 0V,但很快又恢复的情况,停电时间用 t_0 表示,一般 t_0 很短,如图 3-15a 所示。根据停电时间的长短、系统运行的要求以及变频器参数的设置,为了减轻或防止停机对生产造成不良影响,在条件允许时变频器对电动机实施再起动的功能,称作瞬时停电再起动。

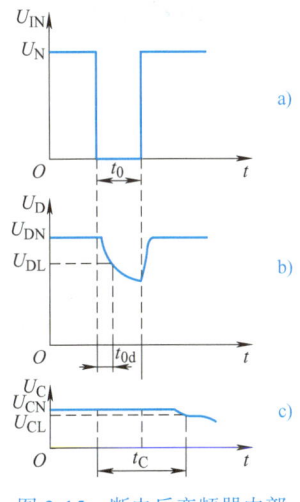

图 3-15 断电后变频器内部电压变化

变频系统断电后,变频器内部有三种电源的电压会发生变化。首先是主回路直流电压 U_D。停电瞬间,逆变电路还在工作,所以电压下降较快,主电路直流电压 U_D 从额定值 U_{DN} 下降至欠电压保护动作值 U_{DL} 所需时间为 t_{0d},如图 3-15b 所示。当电压降至 U_{DL} 之前,变频器如同停电前一样正常工作。如果电压 U_D 一旦降至 U_{DL} 值,变频器立即启动欠电压保护而跳闸。

其次是控制电路的电压,该直流电压给单片机及相关电路供电,对电压的稳定度要求较高,时间常数较长,所以断电后电压下降较慢,控制电压 U_C 从正常值 U_{CN} 下降至必须跳闸的下限电压值 U_{CL} 所需时间为 t_C,如图 3-15c 所示。如果变频器因为主回路欠电压跳闸,电压 U_D 已经低于 U_{DL},而控制电路电压尚高于 U_{CL},这时变频器允许再起动;如果停电时间 $t_0 > t_C$,即变频器主回路直流电压 U_D 已低于欠电压保护动作值 U_{DL},且控制电路电压也低于了必须跳闸的下限电压值 U_{CL},则变频器跳闸后不允许再起动。

最后是逆变管驱动电路的电压,由于现代低压变频器逆变用的 IGBT 是电压控制型器件,驱动电流相当小,短时间内下降的幅度有限,同时驱动电流对电压的要求也不十分严格,因此,对变频器工作的影响可以不予考虑。

3.6.2 瞬时停电再起动功能设置

变频器的瞬时停电再起动功能由参数 P1210 来实现,P1210 是自动重起模式参数,见表 3-12。

将变频器切换至手动控制模式，转速设定值设置为 200r/min，按下面板的起动键，变频器实际输出转速为 200r/min。此时模拟瞬时停电，突然断开变频器电源，电动机减速停车，3s 后重新给变频器上电，变频器能够自动运行并且仍然输出 200r/min 速度给电动机。

表 3-12　自动重起模式参数

参数号	参数值	功能
P1210	0	禁止自动重起
	1	应答所有故障，无自动重起
	4	主电源中断后重起
	6	特定故障后重起

1) 按照图 3-16 所示电路搭建变频调速系统。

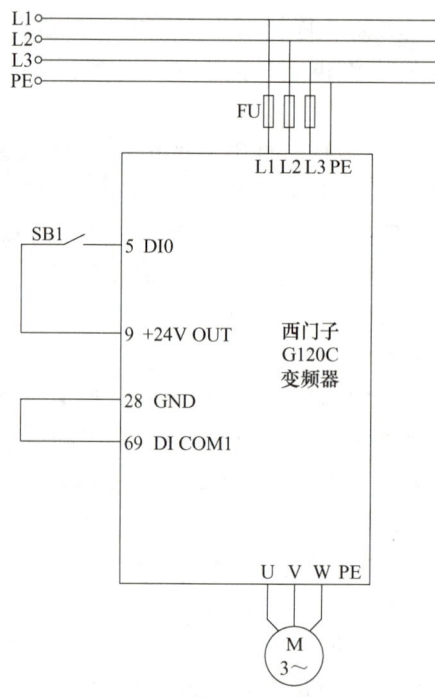

图 3-16　瞬时停电再起动电路

2) 线路检查无误后，接通变频器电源，观察变频器 BOP-2 操作面板显示是否正常。
3) 设置变频器参数，完成表 3-13 中变频器参数的设置。
4) 闭合 DI0 端子外接开关，观察电动机运行情况。
5) 断开变频器主电源，观察电动机运行情况。
6) 重新给变频器上电，观察变频器与电动机的运行情况。

项目 3 G120C 变频器的转速给定与运行

表 3-13 瞬时停电再起动参数设置

参数号	参数值	功能
P0010	1	开始快速调试
P0304	380V	电动机额定电压
P0305	0.63A	电动机额定电流
P0307	0.18kW	电动机额定功率
P0310	50Hz	电动机额定频率
P0311	1400r/min	电动机额定转速
P1900	0	电动机数据检测禁用
P3900	1	快速调试完成
P0840	r722.0	DI0 控制起停
P1000	3	转速固定设定值
P1016	1	直接选择法输出固定转速
P1070	r1024	固定转速与主设定值关联
P1020	r722.0	DI0 固定转速设定位 0
P1001	500	固定转速 1
P1210	4	主电源中断后重起

任务拓展

变频器手动模式下如何实现瞬时停电再起动？

思考与练习

一、填空题

1. G120C 变频器的瞬时停电再起动功能参数是_____。
2. G120C 变频器主电源断电后自动重起参数 P1210 应设为_____。

二、判断题

1. 大部分变频器都提供了瞬时停电再起动功能。　　　　　　　　　　(　　)
2. 自动重起模式参数值设为 0 是禁止自动重起。　　　　　　　　　　(　　)
3. 瞬时停电再起动功能是变频器的一种保护功能。　　　　　　　　　(　　)

任务 3.7　G120C 变频器的宏程序参数设置

G120C 变频器无论是模拟量调速还是输出固定转速调速，都是通过对变频器端子或现场总线的接口功能逐一设置来实现相应的控制，还有没有其他更加简便的方法？G120C 变频器为了简化工作流程，避免逐个修改相关端子的功能参数，提供了驱动设备宏程序参数 P0015。利用宏可以方便地设置变频器的命令源和设定值源。对这一个参数进行设置，就相当于同时对多个端子的功能进行了设置，省去了逐个设置端子功能参数的麻烦，使操作过程更加简便。

利用宏程序控制电动机既能够正向起动，也能够反向起动，运行速度有 100r/min 和 500r/min 2 档。

- □ 了解变频器的宏功能。
- □ 掌握宏程序参数不同预设值的功能与设置。
- □ 能够通过宏功能实现多段速输出。
- □ 能够通过宏功能实现模拟量调速。
- □ 具有科学创新的精神。

知识准备

G120C 变频器宏功能

3.7.1 宏程序 P0015 预设值 1

宏程序参数 P0015 取不同的参数值，具有各自不同的功能。以 CU240E-2 为例来了解它的宏功能。当 P0015 的参数值设为 1 时，可输出 2 档固定转速，起动命令必须来自变频器的 DI0 和 DI1 端子。其中 DI0 端子控制电动机正转起动与停车，DI1 端子控制电动机反转起动与停车。DI4 和 DI5 端子是固定转速输出端，分别对应一档固定转速，其中 DI4 对应固定转速设定值 3，即 P1003，意味着数字输入端 DI4 接通时输出的固定转速是 P1003 的参数值。DI5 对应固定转速设定值 4，即 P1004，当数字输入端 DI5 接通时输出转速是 P1004 的参数值。当 DI4 和 DI5 同时接通时，变频器将以"固定转速 3+ 固定转速 4"运行，即输出 P1003 和 P1004 之和，P0015 预设值为 1 时各端子功能如图 3-17 所示。

3.7.2 宏程序 P0015 预设值 2

P0015 的预设值设为 2，是采用基本安全功能的输送技术，如图 3-18 所示。同样能够输出 2 档固定转速，此时 DI0 不仅仅具有起动功能，而且还带有一档固定转速，当 DI0 接通时，既能够给电动机一个起动信号，同时对应一档固定转速 P1001，DI0 断开电动机停车。DI1 端子就没有起动功能，只是和第 2 档固定转速 P1002 相对应。需要特别注意的是，因为 DI1 端子没有起动功能，所以运行过程中 DI0 端子必须一直处于接通状态，变频器才有转速输出。当 DI0 和 DI1 同时接通时变频器将以"固定转速 1+ 固定转速 2"运行，即输出 P1001 和 P1002 之和。和预设值 1 相比，宏程序的预设值 2 具备了安全功能，其中 DI4 和 DI5 是预留的用于安全功能设置的端子。

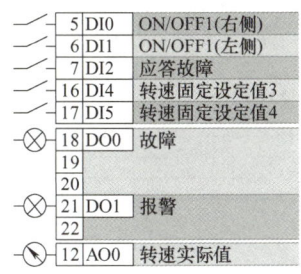

图 3-17　P0015 等于 1 的端子功能图

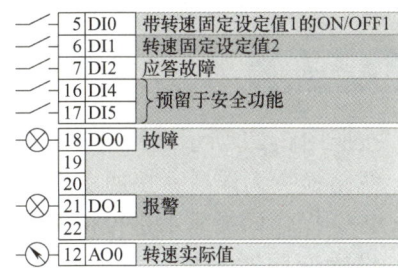

图 3-18　P0015 等于 2 的端子功能图

思考：若是利用宏程序功能，将 P0015 设为 2，需要变频器输出 100r/min 和 500r/min 2 档转速，应如何设置固定转速参数？

3.7.3　宏程序 P0015 预设值 3

宏程序 P0015 设为 3，是具有 4 档固定转速输出的功能。此时默认 DI0 端子是带有第一档固定转速的起停控制端，DI1、DI4 和 DI5 分别对应一档固定转速设定值，4 档固定转速参数从 P1001 到 P1004。同样当 DI0、DI1、DI4 和 DI5 中有多个端子同时接通时，变频器会将相应的各个固定转速设定值相叠加，端子功能如图 3-19 所示。

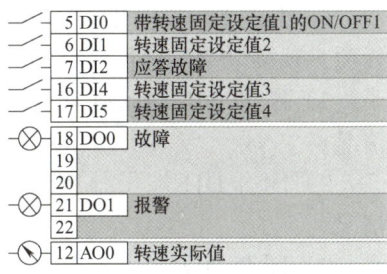

图 3-19　P0015 等于 3 的端子功能图

3.7.4　宏程序 P0015 预设值 12

变频器出厂时 P0015 的预设值等于 12，此时的变频器是带模拟量设定值的标准 I/O，意味着通过模拟量调速，利用 DI0 端控制起动与停止，DI1 控制反转切换，AI0 即模拟输入 3、4 端输入 -10～10V 电压作为转速设定信号。利用宏程序的出厂默认功能，在进行模拟量调速时，其实可以不用额外设置参数，采用变频器的默认设置就完全可以实现，如图 3-20 所示。

3.7.5　宏程序 P0015 预设值 17

P0015 的预设值还可以等于 17，也是模拟量调速，但和预设值 12 不同的是，此时具有正反向两个起停命令输入端，分别是 DI0 和 DI1 端子，如图 3-21 所示。

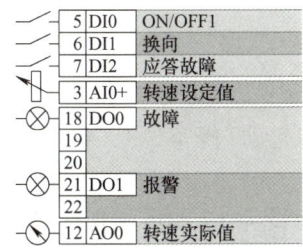

图 3-20　P0015 等于 12 的端子功能图

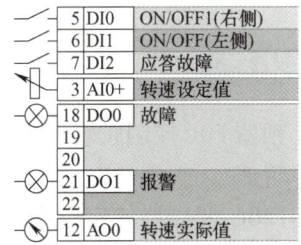

图 3-21　P0015 等于 17 的端子功能图

任务实施

1）按照图 3-22 所示电路搭建变频调速系统。

2）线路检查无误后，接通变频器电源，观察变频器 BOP-2 操作面板显示是否正常。

3）设置变频器参数，完成表 3-14 中变频器参数的设置。

4）闭合 DI0 端子外接开关，观察电动机运行情况。

5）闭合 DI4 端子外接开关，观察电动机运行情况。

6）断开 DI4 端子外接开关，闭合 DI5 端子外接开关，观察电动机运行情况。

7）断开 DI0 端子外接开关，观察电动机运行情况。

8）闭合 DI1 端子外接开关，观察电动机运行情况。

9）闭合 DI4 端子外接开关，观察电动机运行情况。

10）断开 DI4 端子外接开关，闭合 DI5 端子外接开关，观察电动机运行情况。

11）断开 DI1 端子外接开关，观察电动机运行情况。

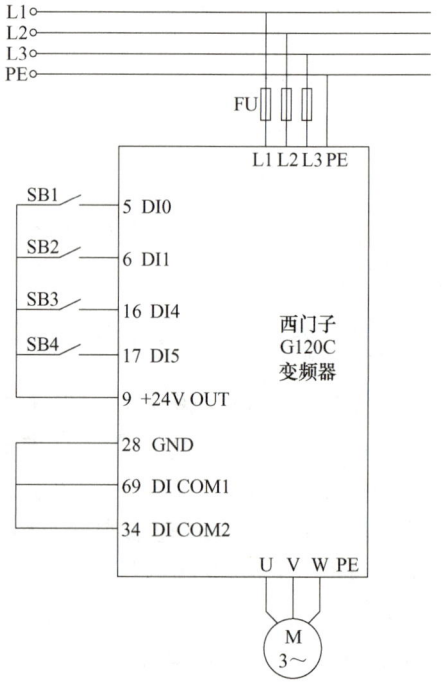

图 3-22　宏程序输出 2 段速调速系统电路图

表 3-14　宏程序输出 2 段速参数设置

参数号	参数值	功能
P0010	1	进入参数调试状态
P0015	1	输出 2 档固定转速
P1003	100	固定转速设定值，对应输入端子 DI4
P1004	500	固定转速设定值，对应输入端子 DI5
P0010	0	变频器控制就绪

任务拓展

利用变频器 DI0 控制正转起动/停车，DI1 控制反转起动/停车，3、4 端输入 0～10V 电压来设定转速。

利用 G120C 变频器的宏程序，将宏程序参数 P0015 设为 17 即可实现。调速系统电路如图 3-23 所示，宏程序参数设置见表 3-15。

项目 3　G120C 变频器的转速给定与运行

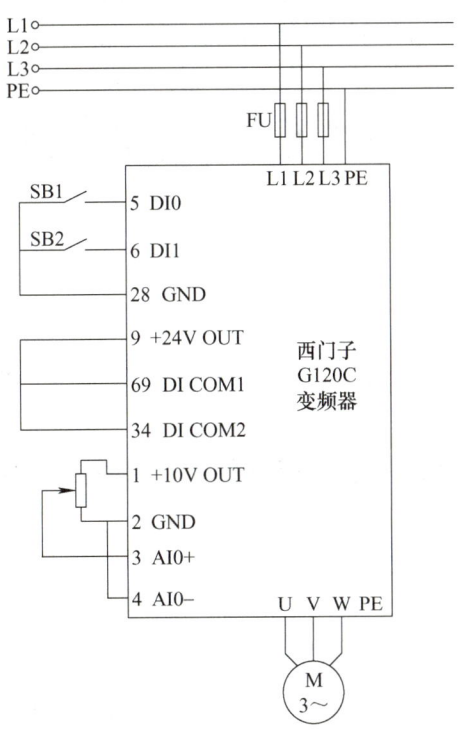

图 3-23　宏程序模拟量调速系统电路图

表 3-15　宏程序模拟量调速参数设置

参数号	参数值	功能
P0010	1	进入参数调试状态
P0015	17	具有正反向起动功能的模拟量调速
P0756	0	单极电压输入（0～+10V）
P0010	0	变频器控制就绪

思考与练习

一、填空题

1. 西门子 G120C 变频器宏程序参数_____。
2. 宏程序参数 P0015 等于 1 最多能输出_____档速度。

二、判断题

1. 利用宏程序功能既可以实现多段速输出也可以实现模拟量调速。　　　　　（　　）
2. 利用宏程序可以同时对多个端子的功能进行设置，省去逐个设置端子功能参数的麻烦，使操作过程更加简便。　　　　　（　　）
3. 宏程序参数 P0015 等于 12 是具有正反转起动功能的模拟量调速。　　　　（　　）

项目 4 基于 PLC 的变频调速系统装调

任务 4.1 PLC-变频器联机实现电动机正反转控制

 **任务描述**

按下正转起动按钮 SB2，PLC 通过变频器控制电动机正转起动，转速为 500r/min，按下停止按钮 SB1，电动机减速停车。按下反转起动按钮 SB3，PLC 通过变频器控制电动机反转起动，转速 500r/min，按下停止按钮 SB1，电动机减速停车。

学习目标

□ 熟悉 PLC 输出信号和变频器输入信号的连接。
□ 熟悉 PLC 输入信号回路的连接。
□ 能够编写 PLC 控制程序。
□ 能够正确设置变频器参数。
□ 具备良好的职业道德操守和行为规范。

 **知识准备**

4.1.1 PLC 的外部接线

变频器的输入信号包括起动/停止、正转/反转、点动等开关量信号，PLC 输出的也是继电器触点或晶体管结构的数字量信号，将 PLC 与变频器正确连接，可以通过 PLC 给变频器发出开关量指令信号，实现生产过程的自动控制。

本项目中所涉及的 PLC 全部采用西门子 S7-1200 PLC。S7-1200 PLC 是西门子公司推出的面向离散自动化系统和独立自动化系统的紧凑型自动化产品，可代替 S7-200 系列 PLC。S7-1200 PLC 的 CPU 包括 1211C/1212C/1214C/1215C/1217C 等多种型号，每一种型号的 CPU 根据电源和输入输出信号类型的不同又分为 AC/DC/RLY、DC/DC/RLY、

DC/DC/DC 三种，其中 AC 表示交流，DC 表示直流，RLY（Relay）表示继电器。以 CPU1212C AC/DC/RLY 为例，外部接线如图 4-1 所示。

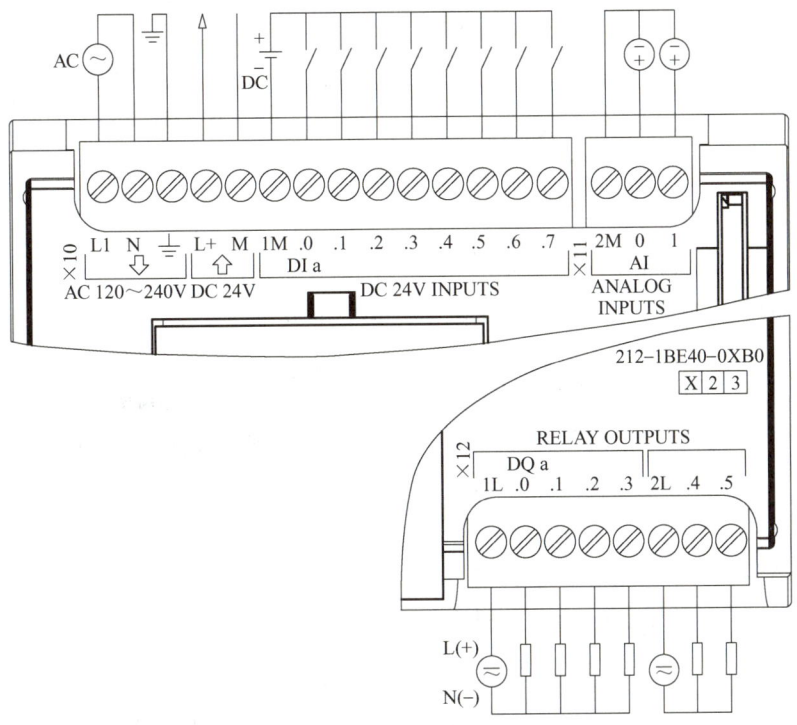

图 4-1　CPU1212C AC/DC/RLY 外部接线图

4.1.2　设计思路

变频器应选择固定转速输出功能，DI0 端子设为起动功能并自带 500r/min 的固定转速，DI1 端子设为反转切换。按下 PLC 外接的正转起动按钮时，PLC 控制变频器 DI0 端子得电，变频器起动并输出 500r/min 的速度；按下停止按钮，PLC 控制变频器 DI0 端失电，电动机减速停车；按下 PLC 外接的反转起动按钮时，PLC 控制变频器 DI0 和 DI1 端子同时得电，电动机反转起动，转速仍为 500r/min。

任务实施

1）根据控制要求和设计思路，对 PLC 的输入输出信号进行分配，见表 4-1。

表 4-1　PLC 的 I/O 地址分配

输入		输出	
正转起动按钮 SB2	I0.1	变频器数字输入 DI0	Q0.0
反转起动按钮 SB3	I0.2	变频器数字输入 DI1	Q0.1
停止按钮 SB1	I0.0		

2）设计变频调速系统电路图，如图4-2所示，并按照电路图连接PLC、变频器、电动机和控制开关等设备。

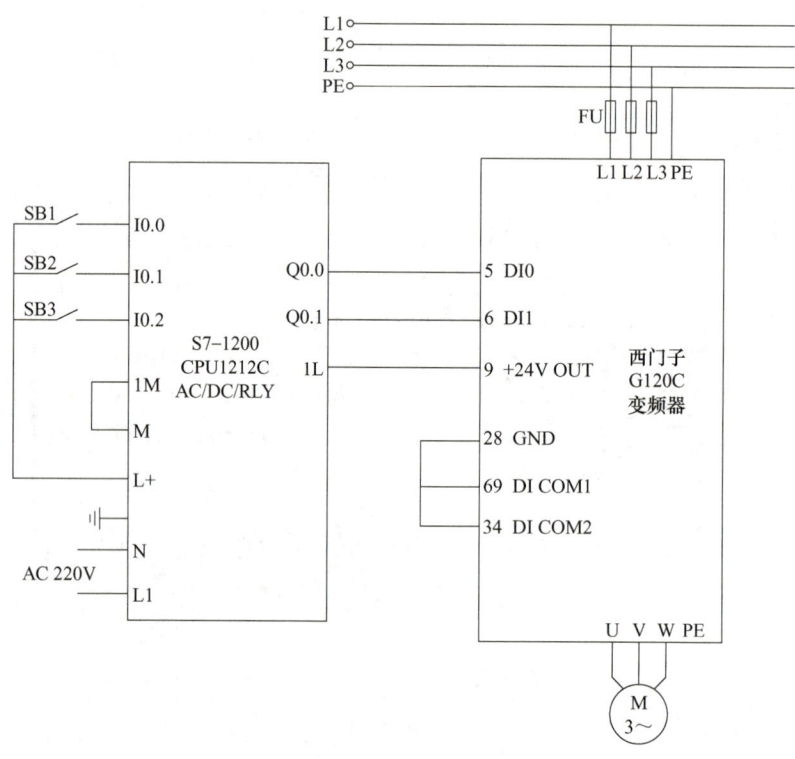

图4-2　PLC-变频器联机控制电动机正反转电路图

3）线路检查无误后，接通PLC电源，打开博途软件，创建工程，完成设备组态，编写PLC控制程序。参考程序如图4-3所示。

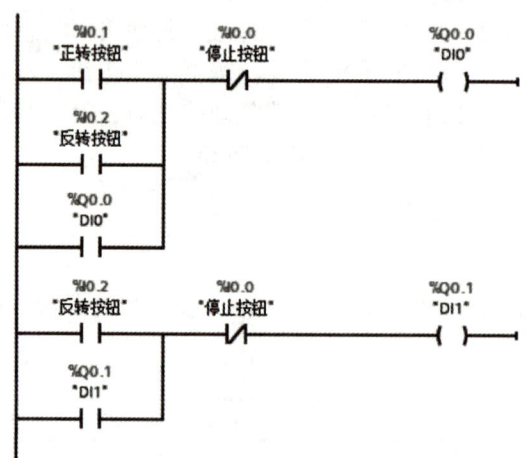

图4-3　PLC-变频器联机控制电动机正反转程序

4）下载PLC程序，运行调试。
5）接通变频器电源，待变频器BOP-2操作面板显示正常后按照表4-2设置变频器参数。

表 4-2　PLC- 变频器联机控制电动机正反转参数设置

参数号	参数值	功能
P0010	1	开始快速调试
P0304	380V	电动机额定电压
P0305	0.63A	电动机额定电流
P0307	0.18kW	电动机额定功率
P0310	50Hz	电动机额定频率
P0311	1400r/min	电动机额定转速
P1900	0	电动机数据检测禁用
P3900	1	快速调试完成
P0840	r722.0	DI0 控制起停
P1113	r722.1	DI1 控制反向
P1000	3	转速固定设定值
P1016	1	直接选择法输出固定转速
P1070	r1024	固定转速与主设定值关联
P1020	r722.0	固定转速设定位 0
P1001	500	固定转速 1

6）按下正转起动按钮 SB2，观察电动机运行情况。
7）按下停止按钮 SB1，观察电动机运行情况。
8）按下反转起动按钮 SB3，观察电动机运行情况。
9）按下停止按钮 SB1，观察电动机运行情况。

任务拓展

1）PLC 与变频器之间还可以怎样接线？
2）如果使用 DC/DC/DC 型 PLC，如何与变频器接线？
3）变频器若采用二进制编码输出固定转速，如何实现本任务？

思考与练习

一、填空题

1. CPU 为 AC/DC/RLY 型的 PLC 工作电源为_____。
2. CPU 为 DC/DC/DC 型的 PLC 输出端能够驱动的负载类型为_____。
3. 西门子 G120C 变频器设定值取反的参数是_____。

二、判断题

1. 变频器的 DI 端可以与 PLC 的输出端直接连接。　　　　　　　　　　　　（　　）

2. PLC 与变频器的连接可以使用变频器输出 DC 24V 电源也可以使用外部电源。
(　　)

任务 4.2　龙门刨床工作台变频调速控制系统装调

某龙门刨床工作台变频调速控制系统工作过程如下：

先起动风机，然后接通 G120C 变频器电源。SB5 为风机起动按钮，SB4 为风机停止按钮；SB3 为变频器电源起动按钮，SB2 为变频器电源停止按钮。变频器主电路通电后，变频器方可开始运行，实现多段速输出，使电动机带动机床工作台在多档转速下运行。工作台运行速度示意图如图 4-4 所示。当按下起动按钮 SB1 时，变频器输出转速 200r/min，工作台前进起动，慢速切入；当压下行程开关 SQ2 时，工作台前进加速，速度升到 1000r/min，高速前进；当压下行程开关 SQ3 时，工作台前进减速，转速降到 200r/min；当压下行程开关 SQ4 时，工作台加速后退，转速变为 -1200r/min；当后退压下行程开关 SQ2 时，工作台减速后退，电动机转速降为 -500r/min；当压下行程开关 SQ1 时，工作台停止。通过 PLC 和变频器的联机实现龙门刨床工作台的多段速运行。

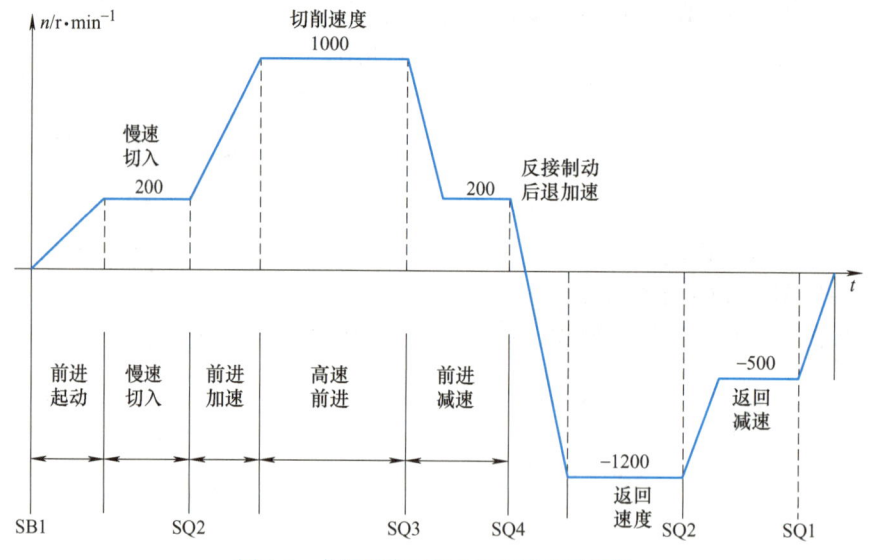

图 4-4　龙门刨床工作台运行速度示意图

龙门刨床工作台变频调速系统设计

学习目标

□ 熟悉 PLC 输出信号和变频器输入信号的连接。
□ 熟悉 PLC 输入信号回路的连接。

项目 4　基于 PLC 的变频调速系统装调

☐ 能够熟练编写 PLC 控制程序。
☐ 能够正确设置变频器参数。
☐ 具有发散思维和创新意识。

知识准备

设计思路如下：

变频器应选择固定转速输出功能，DI0 端子设为起动功能，DI1、DI2、DI3 端子作为固定转速输出端。首先控制风机起动，只有风机起动后才能给变频器上电，然后按下变频器电源起动按钮，变频器电源接触器得电，变频器上电。按下起动按钮，PLC 控制变频器 DI0 端子得电，变频器起动，同时 DI1 端子也得电，输出 200r/min 的速度；行程开关 SQ2 动作时，变频器 DI0、DI2 端子得电，DI1 端子失电，速度切换为 1000r/min；行程开关 SQ3 动作时，又变为 DI0 和 DI1 端子同时得电，速度降为 200r/min，行程开关 SQ4 动作时，变频器 DI0、DI1、DI2 端子同时得电，电动机运行速度 -1200r/min，工作台后退；后退过程中 SQ2 再次动作，转速变为 -500r/min；退回原位，原位行程开关 SQ1 动作，电动机减速停车。

任务实施

1）根据控制要求，对 PLC 的输入输出信号进行分配，见表 4-3。

表 4-3　龙门刨床工作台变频调速系统 I/O 分配表

输入		输出	
I0.0	起动按钮 SB1	Q0.0	变频器数字输入 DI0（起动）
I0.1	变频器电源停止按钮 SB2	Q0.1	变频器数字输入 DI1（固定速度设定位 0）
I0.2	变频器电源起动按钮 SB3	Q0.2	变频器数字输入 DI2（固定速度设定位 1）
I0.3	风机停止按钮 SB4	Q0.3	变频器数字输入 DI3（固定速度设定位 2）
I0.4	风机起动按钮 SB5	Q0.4	变频器电源接触器线圈 KM1
I0.5	原位行程开关 SQ1	Q0.5	风机接触器线圈 KM2
I0.6	行程开关 SQ2		
I0.7	行程开关 SQ3		
I1.0	行程开关 SQ4		

2）设计变频调速系统电路图，如图 4-5 所示，并按照电路图连接 PLC、变频器、电动机和控制开关等设备。

3）线路检查无误后，接通 PLC 电源，打开博途软件，创建工程，完成设备组态，编写 PLC 控制程序。参考程序如图 4-6 所示。

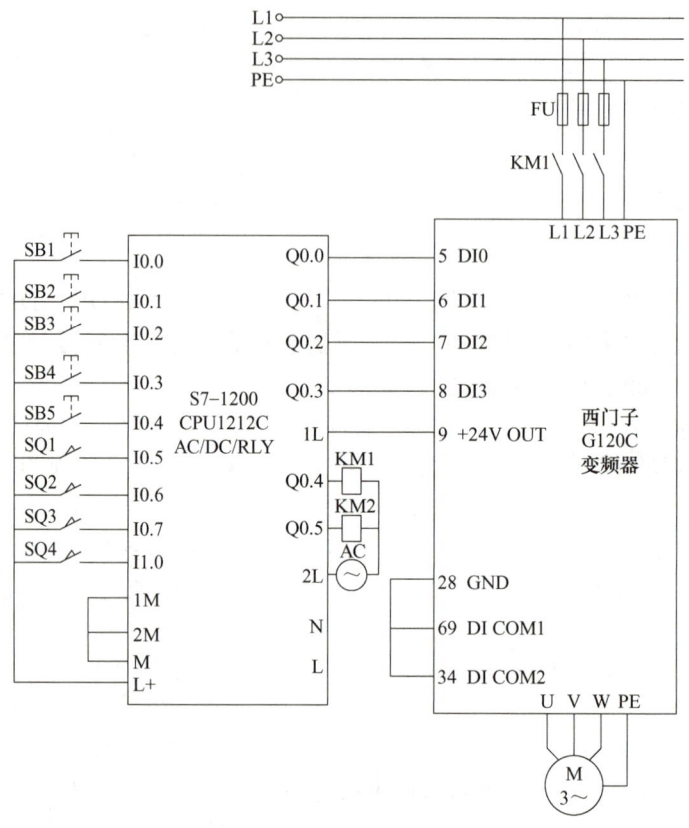

图 4-5 龙门刨床工作台变频调速系统电路图

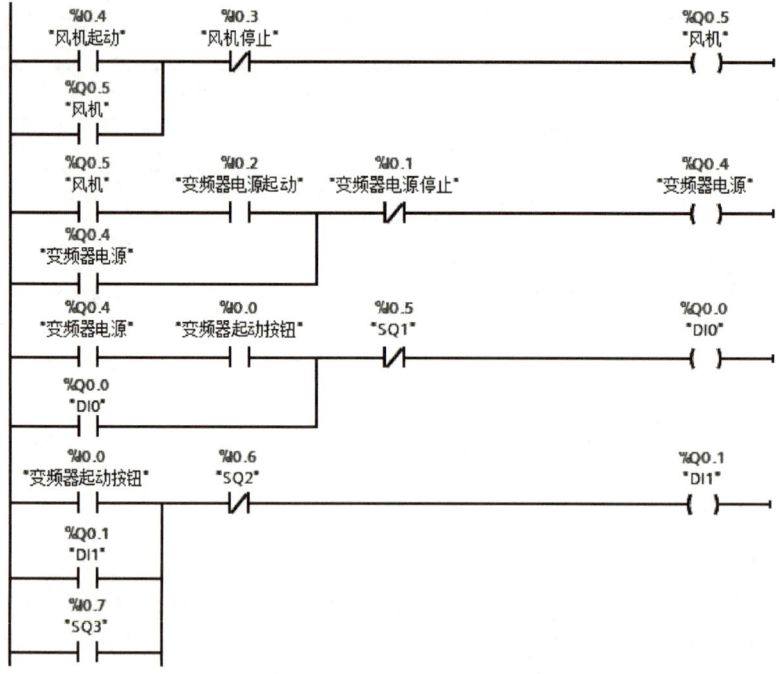

图 4-6 龙门刨床工作台变频调速系统 PLC 控制程序

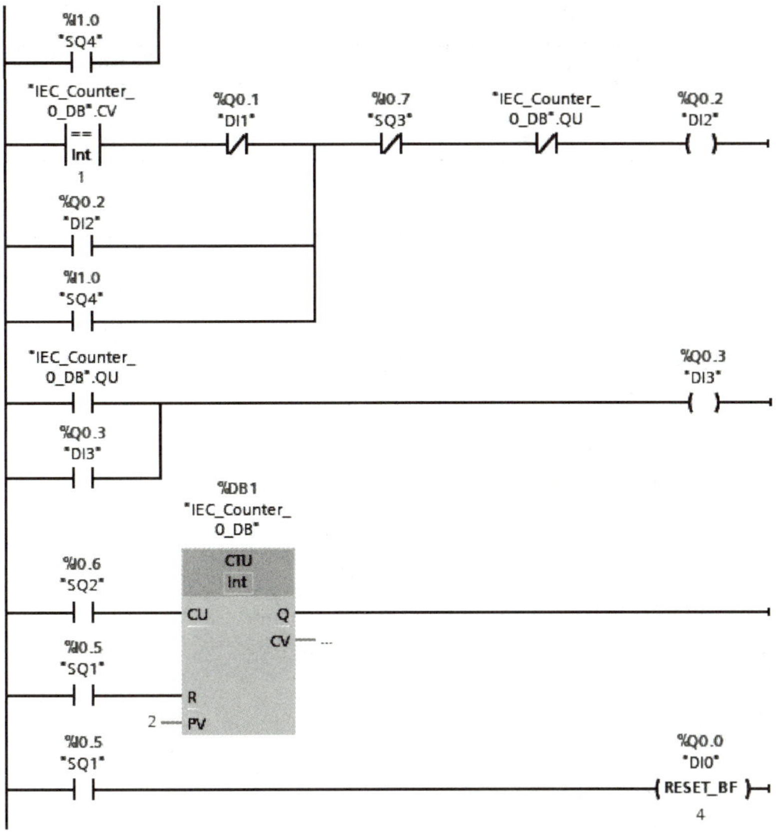

图 4-6　龙门刨床工作台变频调速系统 PLC 控制程序（续）

4）下载 PLC 控制程序，运行调试。

5）接通变频器电源，待变频器 BOP-2 操作面板显示正常后按照表 4-4 设置变频器参数。

表 4-4　龙门刨床工作台变频调速系统参数设置

参数号	参数值	功能
P0010	1	开始快速调试
P0304	380V	电动机额定电压
P0305	0.63A	电动机额定电流
P0307	0.18kW	电动机额定功率
P0310	50Hz	电动机额定频率
P0311	1400r/min	电动机额定转速
P1900	0	电动机数据检测禁用
P3900	1	快速调试完成
P0840	r722.0	DI0 控制起停
P1113	0	关闭 DI1 反转功能
P1000	3	转速固定设定值
P1016	2	二进制编码输出固定转速
P1070	r1024	固定转速与主设定值关联
P1020	r722.1	DI1 为固定转速设定位 0

（续）

参数号	参数值	功能
P1021	r722.2	DI2 为固定转速设定位 1
P1022	r722.3	DI3 为固定转速设定位 2
P1001	200	固定转速 1
P1002	1000	固定转速 2
P1003	−1200	固定转速 3
P1004	−500	固定转速 4

6）按下风机起动按钮，观察 PLC 输出情况。
7）按下变频器电源起动按钮，观察电动机运行情况。
8）按下变频器起动按钮 SB1，观察电动机运行速度。
9）压下行程开关 SQ2，观察电动机运行情况。
10）压下行程开关 SQ3，观察电动机运行情况。
11）压下行程开关 SQ4，观察电动机运行情况。
12）再次压下行程开关 SQ2，观察电动机运行情况。
13）压下原位行程开关 SQ1，观察电动机运行情况。

任务拓展

1）PLC 与变频器之间还可以怎样接线？
2）变频器若采用直接选择法输出固定转速，如何实现本任务？

思考与练习

一、填空题

1. SM1223 是具有_____个数字输入和_____个数字输出的数字量信号模块。
2. G120C 变频器输出 4 段速至少需要_____个数字输入端与之对应。

二、判断题

1. 龙门刨床是集刨、铣、磨于一体的机床，主要用于刨削大型工件。　　　　（　　）
2. 扩展模块的 I/O 地址必须和程序中相应的信号地址一致，否则程序无法下载。（　　）
3. 反转切换命令参数 P1113 设为 0 即关闭反转切换功能。　　　　　　　　（　　）

任务 4.3　基于 PLC 的工变频切换控制系统装调

任务描述

用 PLC 控制实现电动机的工频与变频切换。控制要求如下：

项目 4　基于 PLC 的变频调速系统装调

1. PLC 控制电动机可以在工频方式下运行。

2. 电动机也可以在变频方式下运行。变频运行时为了实现先接通变频器至电动机，再接通主电源至变频器，需利用定时器进行延时控制。

3. 在变频运行过程中，一旦变频器出现故障，通过变频器数字故障输出端子 19、20 向 PLC 发送故障信号，PLC 输出声光报警信号，同时变频器与电源断开、与电动机断开，使变频器停止运行，同时启动定时器，延时 5s 后自动切换到工频下运行。

接触器 KM1 用于将电源接至变频器的输入端；KM2 用于将变频器的输出接至电动机；KM3 用于将工频电源直接接到电动机；热继电器 FR 用于工频运行时的过载保护。要求 KM2 和 KM3 不能同时接通，必须有可靠的联锁保护。变频器由电位器 R_p 进行频率设定；变频器 DI0 端子输入 ON/OFF 信号，控制变频器起动/停止；由 19、20 输出报警信号。PLC 侧 SB5 为工频运行方式选择开关，SB6 为变频运行方式开关。SB1、SB2 为工频运行时的起动/停止按钮，变频运行时作为变频器电源起动/停止按钮；SB3、SB4 为变频器起动/停止按钮。

学习目标

- □ 熟悉 PLC 输出信号和变频器输入信号的连接。
- □ 熟悉 PLC 输入信号回路的连接。
- □ 能够熟练编写 PLC 控制程序。
- □ 正确设置变频器参数。
- □ 树立科学严谨的工作态度。

工变频切换控制系统设计

知识准备

设计思路如下：

选择工频运行时，按下工频/变频电源起动 SB1，只需要让 PLC 控制接触器 KM3 得电，将工频电源接入变频器，交流电动机就会在工频电源下工作；变频运行时，按下工频/变频电源起动按钮 SB1，PLC 先控制接触器 KM2 得电，将电动机连接至变频器输出端，延时 5s 接触器 KM1 得电，变频器接通电源，做好起动准备。注意 KM2 和 KM3 两个接触器一定要可靠互锁。变频器上电后，按下变频器起动按钮 SB3，PLC 通过 Q0.0 端子给变频器输出一个起动信号，调节电位器旋钮改变输入的模拟电压信号，就可以调节变频器输出转速，驱动电动机运行。在变频运行过程中，一旦变频器出现故障，会发出声光报警信号，同时接触器 KM1、KM2 都失电，使变频器与电动机切除，Q0.0 也失电，延时 5s KM3 得电，自动切换到工频电源下运行。可以把变频器的一组故障输出端 19、20 连接到 PLC 的输入端上，给 PLC 提供故障输入信号。

本项目关于变频器部分内容较为简单，重点考核 PLC 程序设计。

任务实施

1) 根据控制要求和系统硬件设计方案，对 PLC 的输入输出信号进行分配，见表 4-5。

105

表 4-5　PLC 控制工变频切换 I/O 分配表

输入		输出	
I0.0	工频运行方式选择按钮 SB5	Q0.0	变频器起动
I0.1	变频运行方式选择按钮 SB6	Q0.1	接通主电源至变频器 KM1
I0.2	工频/变频电源起动 SB1	Q0.2	接通变频器输出电源至电动机 KM2
I0.3	工频/变频电源停止 SB2	Q0.3	接通工频电源至电动机 KM3
I0.4	变频器起动 SB3	Q0.4	灯光报警 HL
I0.5	变频器停止 SB4	Q0.5	声音报警 HA
I0.6	热继电器 FR		
I0.7	系统异常		

2）设计变频调速系统电路图，如图 4-7 所示，并按照电路图连接 PLC、变频器、电动机和控制开关等设备。

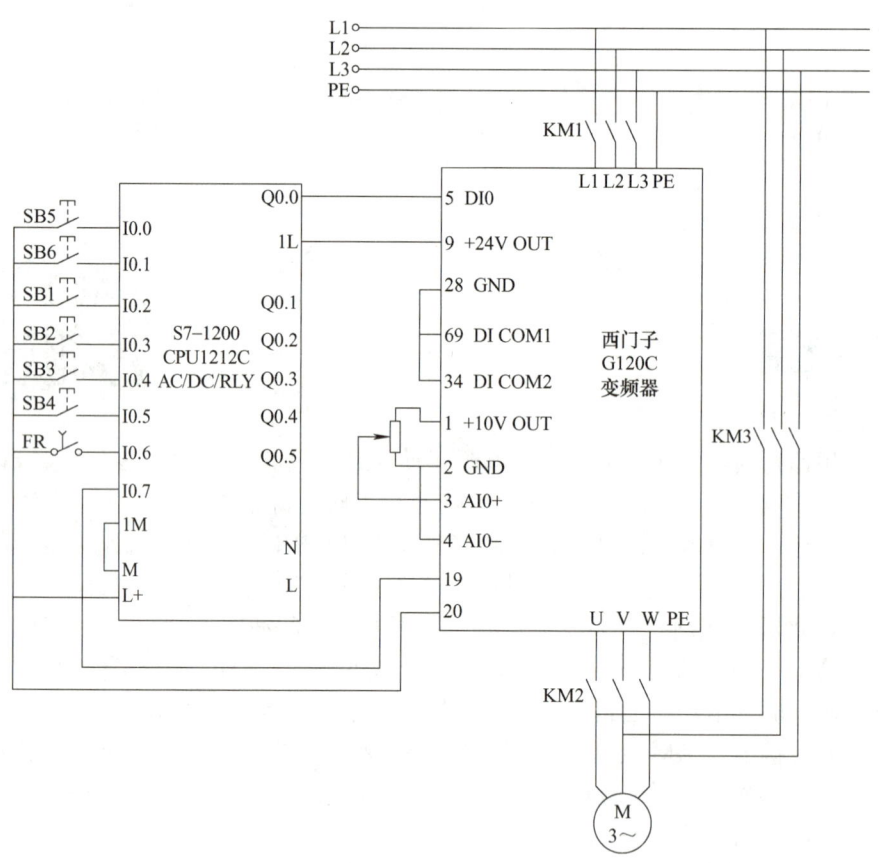

图 4-7　基于 PLC 控制的电动机工变频切换电路

3）线路检查无误后，接通 PLC 电源，打开博途软件，创建工程，完成设备组态，编写 PLC 控制程序。参考程序如图 4-8 所示。

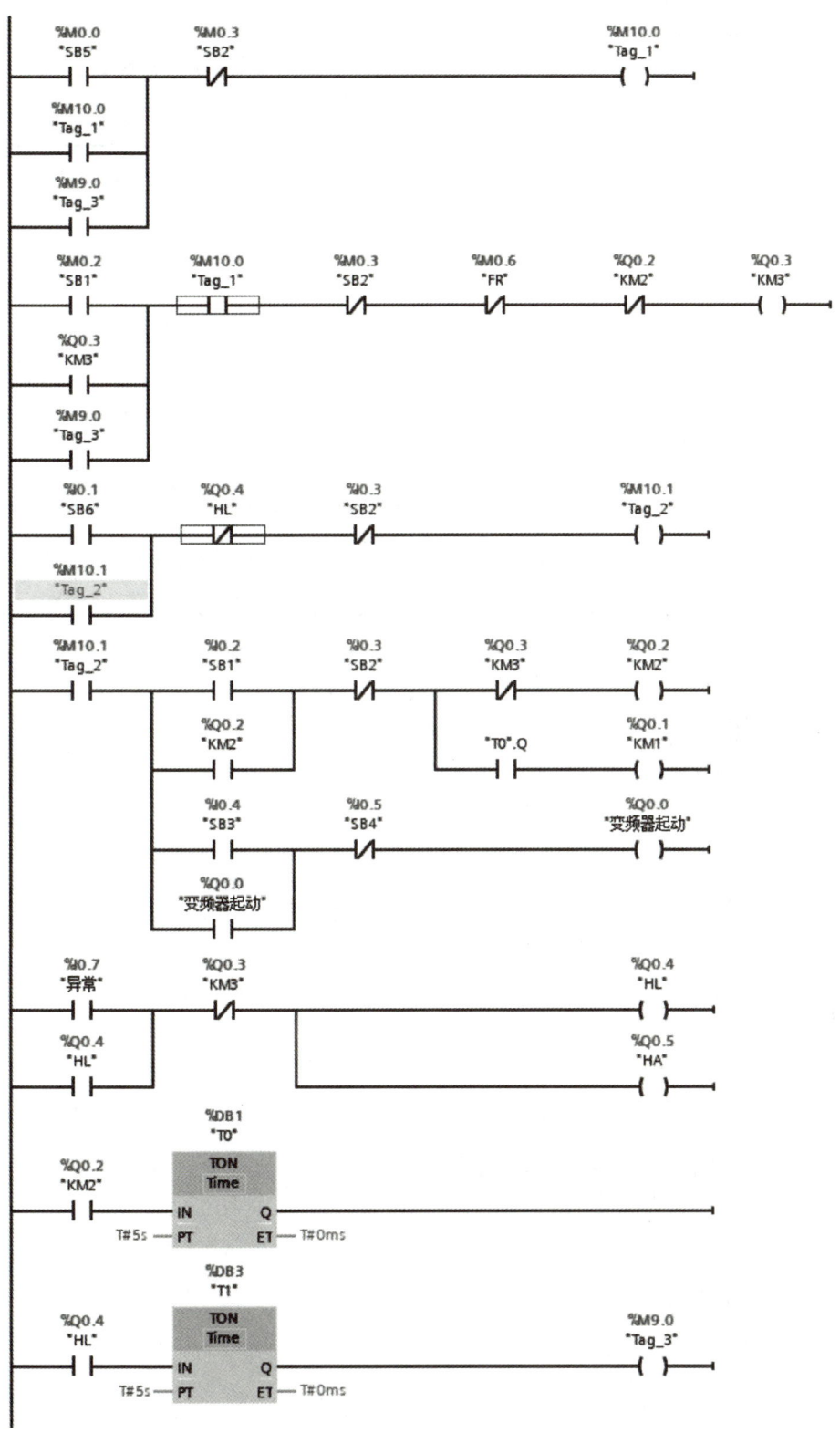

图 4-8 工变频切换 PLC 控制程序

4）下载 PLC 控制程序，运行调试。

5）接通变频器电源，待变频器 BOP-2 操作面板显示正常后按照表 4-6 设置变频器参数。

表 4-6 PLC 控制工变频切换参数设置

参数号	参数值	功能
P0010	1	开始快速调试
P0304	380V	电动机额定电压
P0305	0.63A	电动机额定电流
P0307	0.18kW	电动机额定功率
P0310	50Hz	电动机额定频率
P0311	1400r/min	电动机额定转速
P1900	0	电动机数据检测禁用
P3900	1	快速调试完成
P0840	r722.0	DI0 控制起停
P1000	2	模拟量设定速度
P1070	R755.0	模拟量 AI0 作为主设定值
P756	0	模拟量输入 AI0，类型 0~10V

6）选择工频运行，按下工频/变频电源起动按钮 SB1，观察电动机运行情况。

7）选择变频运行，按下工频/变频电源起动按钮 SB1。

8）按下变频器运行起动按钮 SB3，观察电动机运行情况。

9）调节电位器旋钮，观察电动机速度改变情况。

10）模拟变频器故障，观察声光报警情况。

任务拓展

若采用模拟电流信号如何实现本任务？

思考与练习

一、填空题

1. G120C 变频器的 18、19 和 20 端是_____端子，也称为故障输出端。

2. 工频与变频切换电路中需要互锁的接触器是_____和_____。

二、判断题

1. 变频器具有工频与变频切换功能。 (   )

2. 模拟量设定速度，转速设定值选择参数 P1000 要设为 2。 (   )

三、思考题

CPU 为 DC/DC/DC 型的 PLC 如何与变频器接线？

项目 5　变频器工程案例

任务 5.1　恒压供水变频调速系统的实现

 **任务描述**

本任务以恒压供水系统为控制对象，进行 PID 控制硬件接线、参数设置和系统调试，要求 PID 参数设置合理，变频器在 PID 控制功能下输出频率能最快速接近目标值，稳定运行在设定的固定频率上。

 **学习目标**

- □ 了解 PID 控制的原理及特点。
- □ 了解 PID 的主要控制参数。
- □ 能够进行 PID 控制功能的调试。
- □ 具有团队协作意识。

知识准备

5.1.1　恒压供水的意义

所谓恒压供水是指通过闭环控制，使供水的压力自动保持恒定。恒压供水系统对于用户是非常重要的。在生产、生活供水时，若自来水供水因压力不足或短时断水，可能影响生活质量，严重时会影响生存安全。如发生火灾时，若因供水压力不足或无水供应而不能迅速灭火，可能引起重大经济损失和人员伤亡。所以，用水区域采用恒压供水系统，可使供水和用水之间保持平衡，即用水多时供水也多，用水少时供水也少，从而提高了供水的质量，产生较大的经济效益和社会效益。

随着变频调速技术的完善，以变频调速为核心的智能供水控制系统取代了以往高位水箱和压力罐等供水设备，起动平稳，起动电流可限制在额定电流以内，从而避免了起动时对电网的冲击；由于泵的平均转速降低了，从而可延长泵和阀门等设备的使用寿命；供水设备还可以消除起动和停机时的水锤效应。恒压供水系统具有运行性能安全稳定、操作方式简单方便、功能完善等众多特点，实现了省水、省电、省人力，最终达到高效运行的目的。

5.1.2 恒压供水原理

某一拖二恒压供水系统，采用变频器驱动，内部有 PID 调节器，可以构成 PID 闭环控制。现用变频器进行恒压 PI 调节，同时当变频器频率达到 50Hz 时进行加泵切换。通过变频器参数设置和外部端子接线来实现变频器的运行，使输出与给定之间自动调节以达到被控对象的相对稳定。变频恒压供水系统结构如图 5-1 所示，变频器有目标信号和反馈信号这两个控制信号。目标信号是一个与压力的控制目标相对应的值，通常用百分数表示。目标信号也可以用键盘直接给定，而不必通过外接电路来给定。反馈信号是压力变送器 PS 反馈回来的信号，该信号反映实际压力的信号。

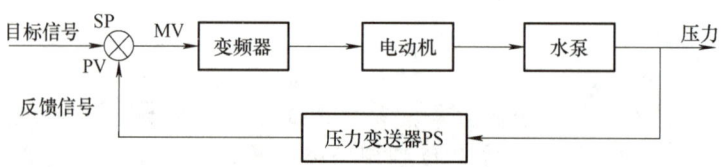

图 5-1 变频恒压供水系统框图

通常在同一路供水系统中，设置两台常用泵，供水量大时开 2 台，供水量小时开 1 台。在采用变频调速进行恒压供水时，为节省设备投资，一般采用 1 台变频器控制 2 台电动机，主电路如图 5-2 所示，图中没有画出用于过载保护的热继电器。

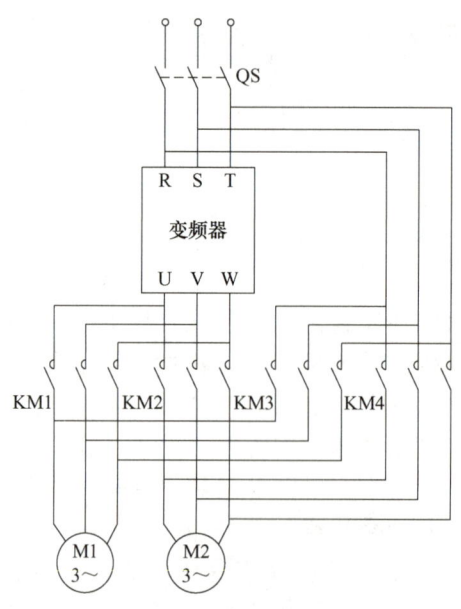

图 5-2 恒压供水主电路图

控制过程为：用水少时，由变频器控制电动机 M1 进行恒压供水控制，当用水量逐渐增加时，M1 的工作频率亦增加，当 M1 的工作频率达到最高工作频率 50Hz，而供水压力仍达不到要求时，将 M1 切换到工频电源供电。同时将变频器切换到电动机 M2 上，由 M2 进行补充供水。当用水量逐渐减小，即使 M2 的工作频率已降为 0Hz，而供水压力仍偏大时，则关掉由工频电源供电的 M1，同时迅速升高 M2 的工作频率，进行恒压控制。如果用水量恰巧在一台泵全速运行的上下波动时，将会出现供水系统频繁切换的状态，这对于变频器控制元器件及电动机都是不利的。为了避免这种现象的发生，可设置压力控制的"切换死区"。如所需压力为 0.3MPa，则可设定切换死区范围为 0.3～0.35MPa。控制方式是当 M1 的工作频率上升到 50Hz 时，如压力低于 0.3MPa，则进行切换，使 M1 全速运行，M2 进行补充。当用水量减少，M2 已完全停止，但压力仍超过 0.3MPa 时，暂不切换，直至压力超过 0.35MPa 时再行切换。

另外，两台电动机可以用两台变频器分别控制，也可以用一台容量较大的变频器同时控制。前者机动性好，但设备费用较贵，后者控制较为简单。多台电动机使用一台变频器的切换方式与上述类似。

5.1.3 PID 控制系统的构成

图 5-3 是采用了 PID 调节的恒压供水系统控制线路示意图。供水压力由压力变送器转换成电流量或电压量，反馈到 PID 调节器，PID 调节器将压力反馈信号与压力给定信号相比较，并经比例（P）、积分（I）、微分（D）诸环节调节后得到频率给定信号，控制变频器的工作频率，从而控制了水泵的转速和供水量。

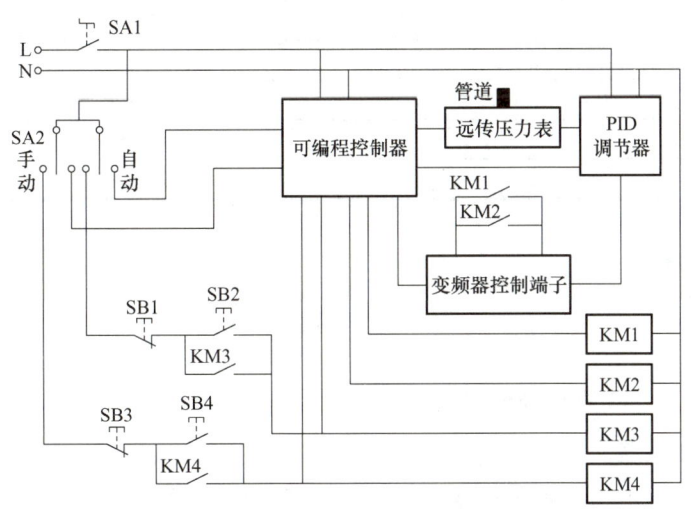

图 5-3 恒压供水系统控制线路示意图

PID 调节器的功能在项目 4 中已有介绍，不再赘述。水泵电动机 M1 和 M2 的工作状态由 PLC 控制与切换。为了使变频器发生故障时不影响正常供水，系统增加了手动功能，只要将转换开关拨到"手动"，M1 与 M2 就转换到工频电源供电，且开停完全由手动控制。

5.1.4 变频器闭环 PID 控制功能

PID 控制原理简单说明：

变频器闭环 PID 控制又称作工艺控制器，可以实现所有类型的简单过程控制，例如压力控制、液位控制、流量控制等。PID 控制功能，使控制系统的被控量迅速而准确地接近目标值，它实时地将传感器反馈回来的信号与被控量的目标信号相比较，如果有偏差，通过 PID 控制器使偏差趋于 0。变频器 PID 控制原理如图 5-4 所示。

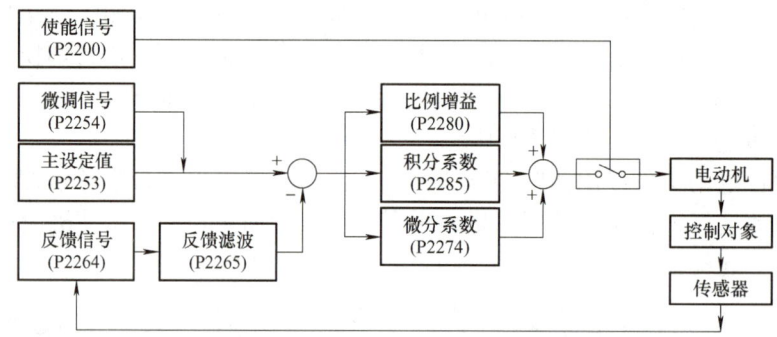

图 5-4 变频器 PID 控制原理图

PID 控制功能主要参数见表 5-1。

表 5-1 PID 控制功能参数

序号	参数号	功能说明
1	P2200	使能 PID 功能
2	P2253	PID 设定值
3	P2264	PID 反馈值
4	P2280	PID 比例增益系数
5	P2285	PID 积分时间
6	P2274	PID 微分时间

1. 安装接线

按照图 5-2、图 5-3 进行硬件接线。

2. 变频器参数设置

PID 控制功能在恒压供水中应用，由系统内置电位器作为压力给定，模拟量通道 2 接入压力反馈信号，根据 PID 功能的需要设置变频器参数，见表 5-2。

3. PLC 程序设计（略）

4. 运行调试

（1）逻辑关系的预置

逻辑关系由参数 P2271 决定，参数 P2271 的功能是选择工艺控制器的实际值信号是否取反。如果希望电动机转速越高,实际值越高,应设置 P2271=0(无取反);如果希望电动机转速越高,实际值越低,应设置 P2271=1(取反实际值信号)。即当 P2271=0(默认值)时是正逻辑(负反馈);当 P2271=1 时是负逻辑(正反馈)。恒压供水调试过程默认选择正逻辑。

表 5-2 恒压供水系统变频器参数设置

序号	参数号	参数值	功能说明
1	P0700	2	控制命令来源于端子
2	P0840	r722.0	DI0(5#)端子作为起动信号
3	P2200	1	使能 PID
4	P2253	2900	PID 设定值来源于固定值
5	P2900	X	为用户压力设定值的百分比
6	P2264	r755.0	PID 反馈值来源于模拟输入通道 1(AI0)
7	P2280	0.5	PID 比例增益系数(根据现场工艺情况设定)
8	P2285	15	PID 积分时间(根据现场工艺情况设定)
9	P2274	0	PID 微分时间(根据现场工艺情况设定)

注:用户设定的百分比值,基准为反馈通道 100% 对应的压力值,需要用户自行计算;比例增益与积分时间设置需要根据现场情况综合调整,比例越大,积分越小,系统响应越快,稳定性越差;对于恒压供水工艺一般不采用微分设置,通常将微分时间参数设置为 0。

(2)比例增益与积分时间的调试

1)手动模拟调试。在系统运行之前,可以先用手动模拟的方法对 PID 功能进行初步调试。首先,将目标值预置到实际需要的数值,将一个手控的电压或电流信号接至变频器的反馈信号输入端。缓慢地调节目标信号,正常情况是当目标信号超过反馈信号时,变频器的输入频率将不断地上升,直至最高频率;反之,当反馈信号高于目标信号时,变频器的输入频率将不断下降,直至频率为 0Hz。上升或下降的快慢,反映了积分时间的大小。

2)P、I、D 参数调试。由于 P、I、D 的取值与系统的惯性大小有很大的关系。因此很难一次调定。首先将微分功能 D 调为 0。在许多要求不高的控制系统中,微分功能 D 可以不用,在初次调试时,P 可按中间偏大值来预置;保持变频器的出厂设定值不变,使系统运行起来,观察其工作情况,如果在压力下降或上升后难以恢复,说明反应太慢,则应加大比例增益 Kp,在增大 Kp 后,虽然反应快了,但却容易在目标值附近波动,说明应加大积分时间 Ts,直至基本不振荡为止。

总之,在反应太慢时,就调大 Kp,或减小积分时间 Ts,在发生振荡时,应调小 Kp,或加大积分时间 Ts。在有些对反应速度要求较高的系统中,可考虑加微分环节 D。

(3)模拟信号调试

将模拟输入端子 3、4 并联一个可调的电流信号,进行手动调试。首先闭合 DI0 端子外接开关,起动变频器,观察变频器的输出转速及电动机的运行情况。然后通过外加电流调节反馈信号,先观察电流在某一数值时,变频器的输出转速如何;然后将电流调小,看变频器的输出转速如何变化;再调节电压值,观察变频器的输出转速如何变化。若变频器输出转速能按预期上升/下降,说明选择的控制逻辑正确;否则,需要设置参数 P2271,修改控制逻辑。如果上升/下降的速度慢,可以将参数 P2280 增加;反之,上升/下降速度过快,将参数 P2280 减小。同时可以适当调整参数 P2285,当 P2280 增加时,可以将 P2285 减小;反之,当 P2280 减小时,可以将 P2285 增加,直到变频器的输出频率变化速度合适为止。

(4)系统调试

将模拟输入端子 3、4 并联的可调电流信号拆掉,起动恒压供水系统,通过阀门调节水流量,观察水流量改变时,电动机的转速是否随之发生改变,变频器的输出转速是否改变,变化的速度如何,根据变化情况,调整 P2280、P2285 等相关参数,直到不管阀门如何调节,变频器最终都能快速调节并能稳定在某一固定值。

任务拓展

电动机进行空载试验:变频器的输出端接上电动机,但电动机尽可能与负载脱开,进行通电试验。其目的是观察变频器配上电动机后的工作情况,顺便校准电动机的旋转方向。其试验步骤如下:

1)电动机静止情况下,合上电源后,转速逐渐升高,观察电动机的起转情况,及旋转方向是否正确,如方向相反,则予以纠正。

2)将转速上升至额定转速,让电动机运行一段时间。如一切正常,再选若干常用的工作频率,也使电动机运行一段时间。

3)将速度给定信号突降至零(或按停止按钮),观察电动机的制动情况。

思考与练习

思考题

1. 在多个水泵的恒压供水系统中,PLC 如何实现加泵或减泵?
2. 压力传感器如何实现信号检测?

任务 5.2 料车卷扬变频调速系统的实现

任务描述

某钢铁厂 100m³ 高炉,电动机容量 37kW,转速 740r/min,卷筒直径 500mm,总减速比 15.75,最大钢绳速度 1.5m/s,料车全行程时间 40s 和钢绳全行程 51m。料车在斜桥上的运行分为起动、加速、稳定运行、减速、倾翻和制动六个阶段,整个过程包括一次加速、两次减速,料车运行由变频调速系统进行控制。

学习目标

☐ 了解料车的工作过程及特点。

□ 了解料车卷扬机的控制要求。
□ 了解变频器在料车卷扬机控制系统中的作用。
□ 能对料车卷扬变频调速系统进行设计安装和调试。
□ 具有良好的职业道德操守和行为规范。

5.2.1 系统概述

在冶金高炉炼铁生产线上，一般把准备好的炉料从地面的储矿槽运送到炉顶的生产机械称为高炉上料。主要设备包括料车坑、料车、斜桥、上料机。料车的机械传动系统如图5-5所示。在工作过程中，两个料车交替上料，当装满炉料的料车上升时，空料车下行，空车重量相当于一个平衡锤，平衡了重料车的车厢自重。这样上行或下行时，两个料车由一个料车卷扬机拖动，不但节省拖动电动机的功率，而且当电动机运转时总有一个重料车上行，没有空行程。这样使拖动电动机总是处于电动状态运行，避免了电动机处于发电运行状态所带来的一些问题。

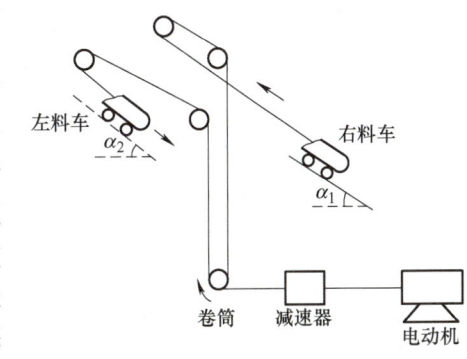

图 5-5 料车的机械传动系统图

料车卷扬机是料车上料机的拖动设备，根据料车的工作过程，料车卷扬机的工作特点主要有：

1）能够频繁起动、制动、停车、反向运行，转速平稳，过渡时间短。

2）能按照一定的速度曲线运行。

3）调速范围广，一般调速范围为 0.5～3.5m/s，目前料车最大线速度可达 3.8m/s。

4）系统工作可靠，料车在进入曲线轨迹段和离开料坑时不能有高速冲击，终点位置能准确停车。

5.2.2 变频器及主要设备的选择

1. 交流电动机的选用

炼铁高炉主卷扬机变频调速拖动系统在选择交流异步电动机时，需要考虑以下问题：应注意低频时有效转矩必须满足的要求；电动机必须有足够大的起动转矩来确保重载起动。针对本系统 100m³ 的高炉，选用 Y280S-8 的三相交流异步电动机，其额定功率为 37kW，额定电流为 78.2A，额定电压为 380V，额定转速为 740r/min，效率为 91%，功率因数为 0.79。

2. 变频器的选择

（1）变频器的容量

高炉主卷扬系统具有恒转矩特性，重载起动时，变频器的容量应按运行过程中可能出

现的最大工作电流来选择,即

$$I_N > I_{Mmax}$$

式中,I_N 为变频器的额定电流;I_{Mmax} 为电动机的最大工作电流。

变频器的过载能力通常为变频器额定电流的 1.5 倍,这只对电动机的起动或制动过程才有意义,不能作为变频器选型时的最大电流。因此所选择的变频器容量应比变频器说明书中的"配用电动机容量"大一档至二档;且应具有无反馈矢量控制功能,使电动机在整个调速范围内具有真正的恒转矩,满足负载特性要求。

本系统变频器选用西门子 G120 或 MM440 系列,额定功率 55kW,额定电流 110A。该系列变频器采用高性能的矢量控制技术,具有超强的过载能力,能提供持续 3s 的 200%过载能力,同时提供低速、高转矩输出和良好的动态特性。

(2) 制动单元

料车在减速或定位停车时,应选择相应的制动单元及制动电阻,使变频器直流回路的泵升电压保持在允许范围内。

(3) 控制与保护

料车卷扬系统是钢铁生产中的重要环节,拖动控制系统应保证绝对安全可靠。同时高炉炼铁生产现场环境较为恶劣,所以系统还应具有必要的故障检测和诊断功能。

3. PLC 的选择

可编程序控制器选用西门子 S7-1200,这种型号的 PLC 具有通用性强、可靠性高、模块化设计的性能特征和紧凑设计模块。可通过数字量扩展模块对 PLC 的 I/O 点数进行扩展。

5.2.3 变频调速系统工作原理

根据料车运行速度要求,电动机在高速、中速、低速段的速度曲线采用变频器设定的固定频率,按速度切换主令控制器发出的信号由 PLC 控制转速的切换。变频调速系统电路原理图如图 5-6 所示。

根据料车运行速度,可画出变频器输出频率曲线,如图 5-7 所示。图中 OA 为料车起动加速段,加速时间为 3s;AB 为料车高速运行段,频率 f_1=50Hz,电动机转速为 740r/min,钢绳速度为 1.5m/s;BC 为料车的第一次减速段,由主令控制器向 PLC 发出第一次减速信号,由 PLC 控制变频器,使其输出频率从 50Hz 下降到 20Hz,电动机转速从 740r/min 下降到 296r/min,钢绳速度从 1.5m/s 下降到 0.6m/s,减速时间为 1.8s;CD 为料车中速运行段,频率 f_2=20Hz;DE 为第二次减速段,由主令控制器向 PLC 发出第二次减速信号,由 PLC 控制变频器,使其输出频率从 20Hz 下降到 6Hz,电动机转速从 296r/min 下降到 88.8r/min,钢绳速度从 0.6m/s 下降到 0.18m/s;EF 为料车低速运行段,频率 f_3=6Hz;FG 为料车制动停车段,当料车运行至高炉顶端时,限位开关发出停车命令,由 PLC 控制变频器完成停车。左右料车运行曲线一致。

采用 PLC 变频调速系统提高了系统运行的平稳性、工作的可靠性,操作与维护也很方便,同时节约了大量电能。由于系统在设置参数 P1300 时采用的是无速度反馈的矢量控制方式对电动机的速度进行控制,可以得到较大的转矩,改善瞬态响应特性,具有良好的速度稳定性,而且在低频时可以提高电动机的转矩。

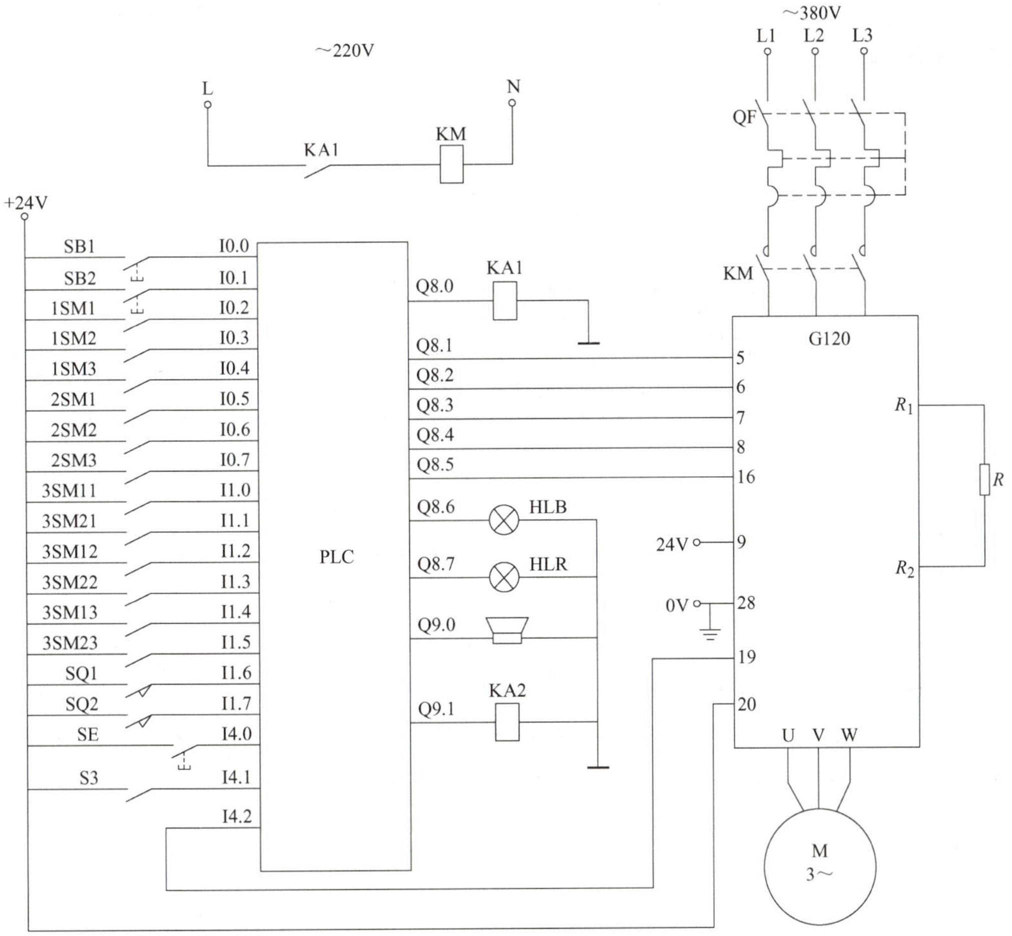

项目 5　变频器工程案例

图 5-6　变频调速系统电路原理图

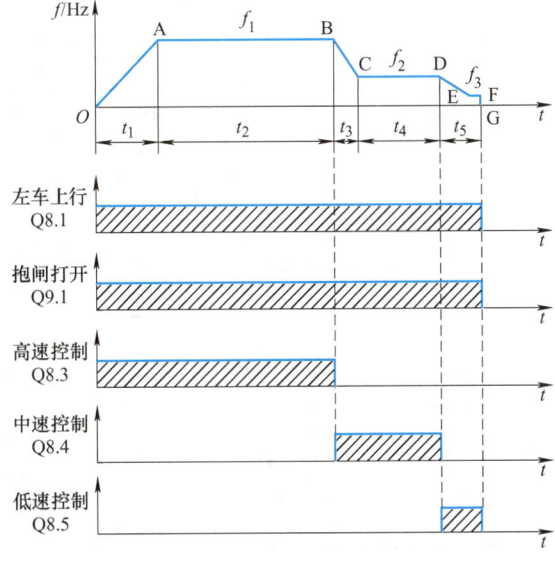

图 5-7　变频器输出频率曲线图

1. 安装接线

按照调速系统原理图 5-6 完成控制系统的接线。

2. 变频器参数设置

合上电源后，首先对变频器进行恢复出厂值设置，即 P0010=30，P0970=1。复位完成后，变频器快速调试和功能调试参数设置见表 5-3。

表 5-3　料车卷扬机调速系统变频器参数设置

参数号	参数值	功能
P0010	1	开始快速调试
P0304	380	电动机额定电压（V）
P0305	78.2	电动机额定电流（A）
P0307	37	电动机额定功率（kW）
P0310	50	电动机额定频率（Hz）
P0311	740	电动机额定转速（r/min）
P1900	0	电动机数据检测禁用
P3900	1	快速调试完成
P0840	r722.0	DI0（5# 端子）控制起停
P1113	r722.1	DI1（6# 端子）反转切换
P0730	r52.3	端子 DO0（NO：K1.19）故障有效
P1000	3	转速固定设定值
P1016	1	直接选择法输出固定转速
P1070	r1024	固定转速与主设定值关联
P1020	r722.2	DI2（7# 端子）为固定转速设定位 0
P1021	r722.3	DI3（8# 端子）为固定转速设定位 1
P1022	r722.4	DI4（16# 端子）为固定转速设定位 2
P1001	740	固定转速 1（r/min）
P1002	296	固定转速 2（r/min）
P1003	88.8	固定转速 3（r/min）
P1082	740	变频器输出上限转速（r/min）
P1080	0	变频器输出下限转速（r/min）
P1120	3	加速时间（s）
P1121	3	减速时间（s）
P1300	20	无编码器的矢量控制

3. PLC 的 I/O 分配

根据系统控制要求，对 PLC 的 I/O 地址进行分配，见表 5-4。

表 5-4　料车卷扬机调速系统 I/O 分配

输入地址分配	I0.0	主接触器合闸按钮 SB1	I0.1	主接触器分闸按钮 SB2
	I0.2	1SM 左车上行触头 1SM1	I0.3	1SM 右车上行触头 1SM2
	I0.4	1SM 手动停车触头 1SM3	I0.5	2SM 手动操作触头 2SM1
	I0.6	2SM 自动操作触头 2SM2	I0.7	2SM 停车触头 2SM3
	I1.0	3SM 左车快速上行触头 3SM11	I1.1	3SM 右车快速上行触头 3SM21
	I1.2	3SM 左车中速上行触头 3SM12	I1.3	3SM 右车中速上行触头 3SM22
	I1.4	3SM 左车慢速上行触头 3SM13	I1.5	3SM 右车慢速上行触头 3SM23
	I1.6	左车限位开关 SQ1	I1.7	右车限位开关 SQ2
	I4.0	急停开关 SE	I4.1	松绳保护开关 S3
	I4.2	变频器故障保护输出 19、20		
输出地址分配	Q8.0	变频器合闸继电器 KA1	Q8.1	左料车上行（变频器 5 端子）
	Q8.2	右料车上行（变频器 6 端子）	Q8.3	高速（变频器 7 端子）
	Q8.4	中速（变频器 8 端子）	Q8.5	低速（变频器 16 端子）
	Q8.6	工作电源指示灯 HLB	Q8.7	故障指示灯 HLR
	Q9.0	蜂鸣器 HA	Q9.1	抱闸继电器 KA2

4. PLC 程序设计

利用博途 V15 编程软件编写 PLC 梯形图程序，对变频器输出给电动机的转速进行控制，梯形图程序略。

5. 系统运行调试

任务拓展

在化工领域常用工业搅拌机，对多种原料进行混合搅拌。工业搅拌机是利用带有叶片的轴在圆筒或槽中旋转的机器。根据生产工艺要求，搅拌机多在不同转速下运行以达到搅拌液体的目的。试设计工业搅拌机多段速运行的变频调速系统。

思考与练习

思考题

1. 调速系统主电路导线如何选择？
2. 变频器控制电路导线如何选择？

项目 6　变频器的选择与安装

任务 6.1　变频调速系统主要器件的选择

 任务描述

根据不同的负载正确选择变频器的类型,根据不同的运行场合选择变频器的容量,根据使用需求选用变频器的外围器件。

 学习目标

□ 了解变频器选型的原则及注意事项。
□ 掌握恒转矩负载、恒功率负载和风机泵类负载的工作特点。
□ 了解变频器的外围器件的选用原则。
□ 树立精益求精的科学探索精神和工程意识。

 知识准备

6.1.1　变频器类型的选择

变频器主要根据负载的要求来进行选择。

1. 风机和泵类负载

$T_L \propto n^2$,低速负载转矩较小,通常可以选择专用或节能型通用变频器。

2. 恒转矩类负载

如挤压机、搅拌机、传送带、起重机的平移机构和起动机构等,可以采用通用变频器,为了实现恒转矩调速,常采用加大电动机和变频器容量的方法,以提高低速转矩。也可以采用具有转矩控制功能的高性能型变频器实现恒转矩类负载的调速运行,这种变频器低速转矩大,静态机械特性硬度大,不怕冲击负载,具有挖土机特性。

3. 恒功率负载

机床主轴和轧钢、造纸机、塑料薄膜生产线中的卷曲机等所要求的转矩,与转速成反比。负载的恒功率性质是就一定的速度变化范围而言的。当速度很低时,受机械强度的限制,负载转矩不可能无限增大,在低速下转变为恒转矩性质。负载的恒功率区和恒转矩区对传动方案的选择有很大影响。

如果电动机的恒转矩和恒功率调速的范围与负载的恒转矩和恒功率范围一致,电动机和变频器的容量均最小。如果负载要求的恒功率范围很宽,要维持低速下的恒功率关系,对变频调速而言,电动机和变频器的容量必须增大。此时要采用折中的方法,适当地缩小恒功率范围,可减小电动机和变频器的容量,降低成本。一般采用 U/f 比控制方式来实现恒功率。

6.1.2 变频器容量的选择

变频器的容量一般用额定输出电流(A)、输出容量(kVA)、适用电动机功率(kW)表示。其中,额定输出电流为变频器可以连续输出的最大交流电流有效值。输出容量是取决于额定输出电流与额定输出电压的三相视在输出功率。适用电动机功率是以 2、4 极的标准电动机为对象,表示在额定输出电流以内可以驱动的电动机功率。6 极以上的电动机和变极电动机等特殊电动机的额定电流比标准电动机大,不能根据适用电动机的功率选择变频器容量。因此,用标准 2、4 极电动机拖动的连续恒定负载,变频器的容量可根据适用电动机的功率选择;对于用 6 极以上和变极电动机拖动的负载,变频器的容量应按运行过程中出现的最大工作电流来选择。

1. 根据电动机电流选择变频器容量

采用变频器对异步电动机进行调速时,在异步电动机确定后,通常根据异步电动机的额定电流来选择变频器,或者根据异步电动机实际运行中的电流值(最大值)来选择变频器。

(1)连续运行的场合

由于变频器供给电动机的电流是脉动电流,其脉动值比工频供电时的电流要大。因此,应将变频器的容量留有适当的裕量。通常应使变频器的额定输出电流≥(1.05~1.1)倍电动机的额定电流(铭牌值)或电动机实际运行中的最大电流。

(2)加、减速时变频器容量的选定

变频器的最大输出转矩是由变频器的最大输出电流决定的。一般情况下,对于短时间的加、减速而言,变频器允许达到额定输出电流的130%~150%(视变频器容量有别)。在短时间加、减速时的输出转矩也可以增大;反之如只需要较小的加、减速转矩时,也可降低选择变频器的容量。由于电流的脉动原因,此时应将变频器的最大输出电流降低10%再进行选定。

(3)频繁加、减速运转时变频器容量的选定

对于频繁加、减速运转时,可根据加速、恒速、减速等各种运行状态下变频器的电流值来确定变频器额定输出电流 I_{INV}。

$$I_{INV} = [(I_1 t_1 + I_2 t_2 + \cdots)/(t_1 + t_2 + \cdots)] K_0 \tag{6-1}$$

式中 I_1、I_2——各运行状态下的平均电流（A）；
  t_1、t_2——各运行状态下的时间（s）；
  K_0——安全系数（频繁运行时 K_0 取 1.2，一般运行时取 1.1）。

（4）电流变化不规则的场合

运行中如果电动机电流不规则变化，此时不易获得运行特性曲线。这时，可使电动机在输出最大转矩时的电流限制在变频器的额定输出电流内进行选定。

（5）电动机直接起动时所需变频器容量的选定

通常，三相异步电动机直接用工频起动时起动电流为其额定电流的 5～7 倍，直接起动时可按下式选取变频器。

$$I_{INV} \geq I_K / K_g \tag{6-2}$$

式中 I_K——在额定电压、额定频率下电动机起动时的堵转电流（A）；
  K_g——变频器的允许过载倍数，通常取 1.3～1.5。

（6）多台电动机由一台变频器供电

多台电动机由一台变频器供电且同时起动时所需的电流最大。一般情况下功率较小的电动机（小于 7.5kW）采用直接起动，功率较大的则使用变频器功能实行软起动，此时变频器输出的额定电流按下式计算。

$$I_{INV} \geq (\sum I_K + \sum I_{MN}) / K_g \tag{6-3}$$

式中 $\sum I_K$——所有直接起动电动机的堵转电流之和；
  $\sum I_{MN}$——所有软起动电动机的额定电流之和。

2. 根据调速系统的不同，选择变频器容量

（1）变频器驱动单台电动机时的容量

连续恒载运行时，变频器的容量 P_{CN} 的计算见式（6-4）和式（6-5）。式（6-4）满足负载的输出要求，式（6-5）实现与电动机容量的匹配。电动机运行时要同时满足两式。

$$P_{CN} \geq \frac{kP_M}{\eta \cos\varphi} \tag{6-4}$$

$$P_{CN} \geq \sqrt{3} k U_M I_M \times 10^{-3} \tag{6-5}$$

式中 P_M——电动机轴上输出的机械功率（kVA）；
  η——电动机的效率；
  $\cos\varphi$——电动机的功率因数；
  U_M——电动机的电压；
  I_M——电动机电流；
  k——电流波形修正系数，PWM 方式通常取 1.0～1.5；
  P_{CN}——变频器的额定容量（kVA）。

（2）变频器驱动多台电动机时的容量

变频器驱动多台电动机时，需要考虑变频器的过载能力，要保证变频器的额定电流大于所有电动机的运行电流之和。设变频器的过载能力为 K_g，允许过载的时间为 1min，如

果电动机的加速时间在 1min 以下时,则变频器的容量按式(6-6)计算,如果电动机的加速时间在 1min 以上时,则变频器的容量按式(6-7)计算。

$$K_g P_{CN} \geq \frac{kP_M}{\eta\cos\varphi}[N_T+N_S(k_S-1)] \tag{6-6}$$

$$P_{CN} \geq \frac{kP_M}{\eta\cos\varphi}[N_T+N_S(k_S-1)] \tag{6-7}$$

式中 N_T——电动机并联的台数;
N_S——电动机同时起动的台数;
k_S——电动机起动电流与电动机额定电流的比值。

(3)大惯量负载起动时变频器的容量

大惯量负载起动时变频器的容量按式(6-8)计算。

$$P_{CN} \geq \frac{kn_M}{9550\eta\cos\varphi}[T_L+GD^2 n_M/375t_A] \tag{6-8}$$

式中 GD^2——换算到电动机轴上的总 GD^2(N·m²);
T_L——负载转矩(N·m);
t_A——根据负载要求电动机的加速时间(s);
n_M——电动机的额定转速(r/min)。

3. 容量选择注意事项

(1)并联追加投入起动

用 1 台变频器使多台电动机并联运行时,如果所有电动机同时起动加速,可按如前所述选择容量。但是对于一小部分电动机开始起动后再追加投入其他电动机起动的场合,此时变频器的电压、频率已经上升,追加投入的电动机将产生大的起动电流。因此变频器容量与同时起动时相比需要大些。

(2)大过载容量

根据负载的种类往往需要过载容量大的变频器。通用变频器过载容量通常多为125%、60s 或 150%、60s,需要超过此值的过载容量时必须增大变频器的容量。

(3)轻载电动机

电动机的实际负载比电动机的额定输出功率小时,则认为可选择与实际负载相称的变频器容量。

(4)输出电压

变频器的输出电压按电动机的额定电压选定。在我国低压电动机多数为380V,可选用 400V 系列变频器。应当注意变频器的工作电压是按 U/f 曲线变化的。变频器规格表中给出的输出电压是变频器的可能最大输出电压,即基频下的输出电压。

(5)输出频率

变频器的最高输出频率根据机种不同而有很大不同,有 50Hz/60Hz、120Hz、240Hz 或更高。50Hz/60Hz 的变频器,以在额定速度以下范围内进行调速运转为目的,大容量通用变频器几乎都属于此类。最高输出频率超过工频的变频器多为小容量。在 50Hz/60Hz 以上区域,由于输出电压不变,为恒功率特性,要注意在高速区转矩的减小。

6.1.3 调速系统中其他外围器件的选择

变频器的运行离不开外围设备，选用外围设备通常是为了提高变频器的某些性能，对变频器和电动机进行保护以及减小变频器对其他设备的影响等。完整的变频调速系统如图 6-1 所示，图中有的电器元件通常是选购件。

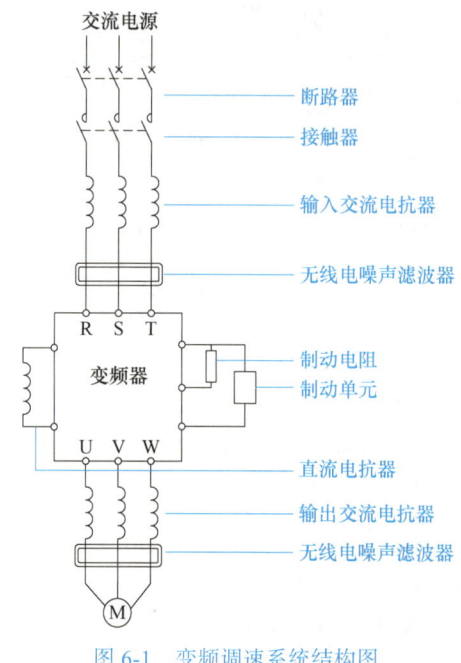

图 6-1 变频调速系统结构图

1. 断路器

（1）断路器功能

1）隔离作用。当变频器进行维修或长时间不用时，将其切断，使变频器与电源隔离，确保安全。

2）保护作用。低压断路器具有过电流及欠电压等保护功能，当变频器的输入侧发生短路或电源电压过低等故障时，可迅速进行保护。由于变频器有比较完善的过电流和过载保护功能，且断路器也具有过电流保护功能，故进线侧可不接熔断器。

（2）断路器的选择

因为低压断路器具有过电流保护功能，为了避免不必要的误动作，选用时应充分考虑电路中是否有正常过电流。在变频器单独控制电路中，属于正常过电流的情况有：

1）变频器刚接通瞬间，对电容器的充电电流可高达额定电流的 2～3 倍。

2）变频器的进线电流是脉冲电流，其峰值经常可能超过额定电流。

一般变频器允许的过载能力为额定电流的 150%，运行 1min。所以为了避免误动作，低压断路器的额定电流 I_{QN} 应选：

$$I_{QN} \geqslant (1.3 \sim 1.4) I_N$$

式中，I_N 为变频器的额定电流。

在电动机要求实现工频和变频的切换控制电路中,断路器应按电动机在工频下的起动电流来进行选择:

$$I_{QN} \geq 2.5 I_{MN}$$

式中,I_{MN} 为电动机的额定电流。

2. 接触器

接触器的功能是在变频器出现故障时切断主电源,并防止掉电及故障后的再起动。接触器根据连接的位置不同,其型号的选择也不尽相同。

1)输入侧接触器的选择原则是,主触点的额定电流 I_{KN} 只需大于或等于变频器的额定电流 I_N 即可。

$$I_{KN} \geq I_N$$

2)输出侧接触器仅用于和工频电源切换等特殊情况,因为输出电流中含有较强的谐波成分,其有效值略大于工频运行时的有效值,故主触点的额定电流 I_{KN} 满足公式:

$$I_{KN} \geq 1.1 I_{MN}$$

式中,I_{MN} 为电动机的额定电流。

3)工频接触器的选择应考虑到电动机在工频下的起动情况,其触点电流通常可按电动机的额定电流再加大一个档次来选择。

3. 输入交流电抗器

输入交流电抗器可抑制变频器输入电流的高次谐波,明显改善功率因数。输入交流电抗器为另购件,在以下情况下应考虑输入交流电抗器:

1)变频器所用之处的电源容量与变频器容量之比为 10∶1 以上。

2)同一电源上接有晶闸管变流器负载或在电源端带有开关控制调整功率因数的电容。

3)三相电源的电压不平衡度较大(≥3%)。

4)变频器的输入电流中含有许多高次谐波成分,这些高次谐波电流都是无功电流,使变频调速系统的功率因数降低到 0.75 以下。

5)变频器的功率 >30kW。

常用交流电抗器的规格见表 6-1。

表 6-1 常用交流电抗器的规格

电动机容量 /kW	30	37	45	55	75	90	110	132	160	200	220
变频器容量 /kW	30	37	45	55	75	90	110	132	160	200	220
电感量 /mH	0.32	0.26	0.21	0.18	0.13	0.11	0.09	0.08	0.06	0.05	0.05

交流电抗器的型号规定:ACL-□,其中型号中的□为使用变频器的容量千瓦数。例如,132kW 的变频器应选择 ACL-132 型交流电抗器。

4. 无线电噪声滤波器

变频器的输入和输出电流中都含有很多高次谐波成分,这些高次谐波电流除了增加输入侧的无功功率、降低功率因数（主要是频率较低的谐波电流）外，频率较高的谐波电流还将以各种方式把自己的能量传播出去，形成对其他设备的干扰，严重的甚至还可能使某些设备无法正常工作。

滤波器就是用来削弱这些较高频率的谐波电流，以防止变频器对其他设备的干扰。滤波器主要由滤波电抗器和电容器组成。图 6-2a 所示为输入侧滤波器，图 6-2b 所示为输出侧滤波器。应注意的是：变频器输出侧的滤波器中，其电容器只能接在电动机侧，且应串入电阻，以防止逆变器因电容器的充、放电而受冲击。滤波电抗器的结构如图 6-2c 所示，由各相的连接线在同一个磁心上按相同方向绕 4 圈（输入侧）或 3 圈（输出侧）构成。需注意三相的连接线必须按相同方向绕在同一个磁心上，这样其基波电流的合成磁场为零，因而对基波电流没有影响。

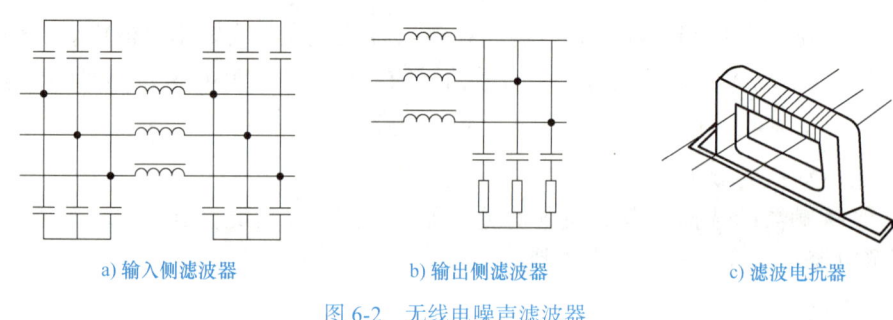

a) 输入侧滤波器　　b) 输出侧滤波器　　c) 滤波电抗器

图 6-2　无线电噪声滤波器

在对防止无线电干扰要求较高及要求符合 CE、UL、CSA 标准的使用场合，或变频器周围有抗干扰能力不足的设备等情况下，均应使用该滤波器。安装时注意接线尽量缩短，滤波器应尽量靠近变频器。

5. 制动电阻及制动单元

制动电阻及制动单元的功能是当电动机因频率下降或重物下降（如起重机械）而处于再生制动状态时，避免在直流回路中产生过高的泵生电压。

（1）制动电阻 R_B 的选择

制动电阻 R_B 的大小 $R_B = U_{DH}/2I_{MN} \sim U_{DH}/I_{MN}$，$U_{DH}$ 为直流回路电压的允许上限值（V），在我国，$U_{DH} \approx 600V$。电阻的功率 $P_B = U_{DH}^2/\gamma R_B$，式中 γ 为修正系数。

在不反复制动的场合，设 t_B 为每次制动所需时间，t_C 为每个制动周期所需时间。如每次制动时间小于 10s，可取 $\gamma=7$；如每次制动时间超过 100s，可取 $\gamma=1$；如每次制动时间在两者之间，则 γ 大体上可按比例算出。

在反复制动的场合，如 $t_B/t_C \leq 0.01$，取 $\gamma=5$；如 $t_B/t_C>0.15$，取 $\gamma=1$；如 $0.01<t_B/t_C<0.15$，则 γ 大体上可按比例算出。

常用制动电阻的阻值与容量的参考值见表 6-2。

由于制动电阻的容量不易准确掌握，如果容量偏小则极易烧坏，所以制动电阻箱内应附加热继电器 KR。

（2）制动单元 VB

一般情况下只需根据变频器的容量进行配置即可。

表 6-2　常用制动电阻的阻值与容量的参考值

电动机容量 /kW	电阻值 /Ω	电阻功率 /kW	电动机容量 /kW	电阻值 /Ω	电阻功率 /kW
0.40	1000	0.14	37	20.0	8
0.75	750	0.18	45	16.0	12
1.50	350	0.40	55	13.6	12
2.20	250	0.55	75	10.0	20
3.70	150	0.90	90	10.0	20
5.50	110	1.30	110	7.0	27
7.50	75	1.80	132	7.0	27
11.0	60	2.50	160	5.0	33
15.0	50	4.00	200	4.0	40
18.5	40	4.00	220	3.5	45
22.0	30	5.00	280	2.7	64
30.0	24	8.00	315	2.7	64

6. 直流电抗器

直流电抗器可将功率因数提高至 0.9 以上。由于其体积较小，因此许多变频器已将直流电抗器直接装在变频器内。

直流电抗器除了提高功率因数外，还可削弱在电源刚接通瞬间的冲击电流。如果同时配用交流电抗器和直流电抗器，则可将变频调速系统的功率因数提高至 0.95 以上。常用直流电抗器的规格见表 6-3。

表 6-3　常用直流电抗器的规格

电动机容量 /kW	30	37～55	75～90	110～132	160～200	220	280
允许电流 /A	75	150	220	280	370	560	740
电感量 /μH	600	300	200	140	110	70	55

7. 输出交流电抗器

输出交流电抗器用于抑制变频器的辐射干扰和感应干扰，还可以抑制电动机的振动。输出交流电抗器是选购件，当变频器干扰严重或电动机振动时，可考虑接入。输出交流电抗器的选择与输入交流电抗器相同。

任务实施

1）正确选择变频器类型。
2）正确选择变频器容量。
3）正确选择变频调速系统的外围器件。

任务拓展

搜索相关网站，查看西门子变频器典型工程应用中的元件选择。

思考与练习

填空题

1. 变频器类型的选择主要根据负载的要求来进行选择。常见的负载类型主要包括_____、_____和_____三种。
2. 变频器的容量一般用_____、_____和_____表示。
3. 变频器的最大输出转矩是由变频器的_____决定的。
4. 多台电动机由一台变频器供电且同时起动时所需的电流最_____。
5. 变频器驱动多台电动机时,需要考虑变频器的过载能力,要保证变频器的额定电流_____所有电动机的运行电流之和。

任务 6.2　变频器的储存与安装

任务描述

对照变频器安装工艺及布线原则,对"基于 PLC 的工变频切换"项目进行安装,并分析点评安装工艺。

学习目标

☐ 掌握变频器的安装方法。
☐ 掌握变频器布线原则。
☐ 能够按照安装工艺和布线原则进行简单变频调速系统的电气安装。
☐ 增强安全意识。

知识准备

6.2.1　变频器的储存

1)必须放置于无尘垢、干燥的位置。
2)储存位置的环境温度必须在 -20 ~ 65℃ 范围内。
3)储存位置的相对湿度必须在 0% ~ 95% 范围内,且无结露。
4)避免储存于含有腐蚀性气体、液体的环境中。
5)最好适当包装存放在架子或台面上。
6)长时间存放会导致电解电容的劣化,必须保证在 6 个月之内通一次电,通电时间至少 5h,输入电压必须用调压器缓缓升高至额定值。

6.2.2 变频器的安装

1. 安装场所

装设变频器的场所须满足以下条件：变频器装设的电气室应湿气少、无水浸入；无爆炸性、可燃性或腐蚀性气体和液体，粉尘少；装置容易搬入安装；有足够的空间，便于维修检查；备有通风口或换气装置以排出变频器产生的热量；与易受变频器产生的高次谐波和无线电干扰影响的装置分离。若安装在室外，必须单独按照户外配电装置设置。

2. 安装方法

1）把变频器用螺栓垂直安装到坚固的物体上，而且从正面就可以看见变频器操作面板的文字位置，不要上下颠倒或平放安装。

2）变频器在运行中会发热，为确保冷却风道畅通，按图6-3所示的空间安装（电线、配线槽不要通过这个空间）。由于变频器内部热量从上部排出，所以不要安装到不耐热的机器下面。

3）变频器运行时，散热片的附近温度可上升到90℃，故变频器背面要使用耐温材料。

4）安装在控制箱（柜）内时，可以通过将发热部分露于箱（柜）之外的方法降低箱（柜）内温度，若不具备将发热部分露于箱（柜）外的条件，可装在箱（柜）内，但要充分注意换气，防止变频器周围温度超过额定值，如图6-3所示，不要放在散热不良的小密闭箱（柜）内。

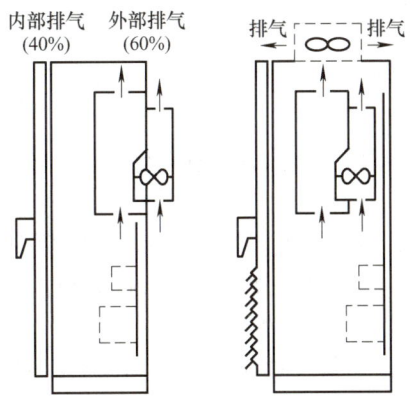

图6-3 变频器的安装空间

5）变频器可以一个一个地安装，但是，如果一个变频器安装在另一个变频器的上方时，它们之间必须留有至少100mm的间距，如图6-4所示。

3. 接线

（1）主回路电缆

选择主回路电缆时，须考虑电流容量、短路保护、电缆压降等因素。一般情况下，变频器输入电流的有效值比电动机电流大。变频器的变流回路的电路形式不同，输入功率因数就不同，使用交流电抗器和直流电抗器的情况下有不同的功率因数。变频器与电动机之间的连接电缆要尽量短。

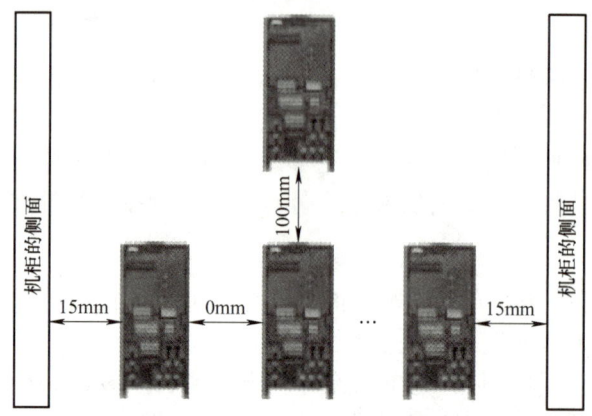

图 6-4　变频器之间的安装间距图

（2）控制回路电缆

变频器控制回路的控制信号均为微弱的电压、电流信号，控制回路易受外界强电场或高频杂散电磁波的影响，易受主电路的高次谐波场的辐射及电源侧振动的影响，因此，必须对控制回路采取适当的屏蔽措施。

4. 使用环境

（1）环境温度

变频器运行中环境温度的容许值一般为 –10～40℃，避免阳光直射。

（2）环境湿度

变频器安装环境湿度在 40%～90% 为宜。

（3）周围气体

室内设置，其周围不可有腐蚀性、爆炸性或可燃性气体，还需满足粉尘和油雾少的要求。

（4）振动

耐振性因机种的不同而不同，设置场所的振动加速度多被限制在 0.3～0.6g/s^2 以下。对于机床、船舶等事先能预测振动的场合，必须选择有耐振措施的机种。

（5）抗干扰

为防止电磁干扰，控制线应有屏蔽措施，母线与动力线要保持不小于 100mm 的距离。

任务实施

对照变频器安装工艺及布线原则，安装"基于 PLC 的工变频切换"电气控制线路，小组间相互分析点评安装工艺。

任务拓展

对照变频器安装工艺及布线原则，完成龙门刨床工作台变频调速系统的电气控制线路安装。

思考与练习

一、填空题

1. 变频器选择主回路电缆时，须考虑_____、_____和_____等因素。
2. 变频器控制回路的控制信号均为微弱的_____和_____信号。

二、判断题

1. 把变频器用螺栓垂直安装到坚固的物体上，而且从正面就可以看见变频器操作面板的文字位置，不要上下颠倒或平放安装。（ ）
2. 变频器安装环境湿度在 40%～90% 为宜。（ ）
3. 为防止电磁干扰，控制线应有屏蔽措施，母线与动力线要保持不小于100m 的距离。
（ ）

任务 6.3　变频器的维护

任务描述

对实训室使用的变频器进行一次日常检查和定期检查维护，并填写维护记录单。

学习目标

□ 掌握变频器的日常检查内容。
□ 掌握变频器的定期检查内容。
□ 会进行变频器的日常检查和定期检查。
□ 树立安全责任意识。

知识准备

6.3.1　日常维护与检查

日常检查包括不停止通用变频器运行或不拆卸其盖板进行通电和起动试验，通过目测通用变频器的运行状况，确认有无异常情况，通常检查如下内容：

1）键盘面板显示是否正常，有无缺少字符。仪表指示是否正确，是否有振动、振荡等现象。
2）冷却风扇部分是否运转正常，是否有异常声音等。
3）变频器及引出电缆是否有过热、变色、变形、异味、噪声、振动等异常情况。
4）变频器周围环境是否符合标准规范，温度与湿度是否正常。

5）变频器的散热器温度是否正常，电动机是否有过热、异味、噪声、振动等异常情况。

6）变频器控制系统是否有集聚尘埃的情况。

7）变频器控制系统的各连接线及外围电器元件是否有松动等异常现象。

8）检查变频器的进线电源是否异常，电源开关是否有电火花、缺相，引线压接螺栓是否松动，电压是否正常等。

6.3.2 定期检查

变频器需要作定期检查时，须在停止运行后切断电源打开机壳后进行。但必须注意，变频器即使切断了电源，主电路直流部分滤波电容器放电也需要时间，须待充电指示灯熄灭后，用万用表等确认直流电压已降到安全电压（DC 25V 以下），然后再进行检查。

运行期间应定期（如每 3 个月或 1 年）停机检查以下项目：

1）功率元器件、印制电路板、散热片等表面有无粉尘、油雾吸附，有无腐蚀及锈蚀现象。

2）检查滤波电容和印制电路板上电解电容有无鼓肚变形现象，有条件时可测定实际电容值。

3）散热风机和滤波电容器属于变频器的损耗件，有定期强制更换的要求。

任务实施

1. 对变频器进行一次日常检查和定期检查维护，并填写检查任务单。

2. 以小组为单位，设计并制作"工变频切换系统"的维护保养手册，小组间相互模拟用户，展示并介绍变频器的保养方法。

任务拓展

变频器有哪些防尘方法？

思考与练习

一、判断题

1. 日常检查包括不停止通用变频器运行或不拆卸其盖板进行通电和起动试验。（ ）

2. 日常检查包括冷却风扇部分是否运转正常，是否有异常声音等。（ ）

3. 变频器需要做定期检查时，不必停止运行后切断电源打开机壳后进行。（ ）

4. 定期检查滤波电容和印制电路板上电解电容有无鼓肚变形现象，有条件时可测定实际电容值。（ ）

5. 变频器控制系统的各连接线及外围电器元件是否有松动等异常现象属于定期检查。（ ）

二、思考题

变频器的安装方式有哪些？

项目 7　交流伺服驱动系统的装调

伺服控制系统作为现代工业生产设备的控制系统之一，是工业自动化不可缺少的环节。伺服系统又称随动系统，是一种能够使物体的位置、速度等输出量自动跟随输入目标（或给定值）的变化而改变的自动控制系统。它的主要任务是按照控制命令的要求，对功率进行放大、变换等处理，使驱动装置输出的力矩、速度和位置等信号非常灵活方便地得以控制。

任务 7.1　初识交流伺服控制系统

任务描述

本次任务是初识交流伺服控制系统，了解交流伺服控制系统的发展、组成及控制方式。

学习目标

- □ 了解伺服控制系统的发展。
- □ 了解交流伺服控制系统的组成。
- □ 熟悉交流伺服电动机的结构。
- □ 掌握交流伺服系统的控制方式。
- □ 增强创新思维，提高创新能力，弘扬时代精神。

知识准备

7.1.1　伺服控制系统的分类

伺服来自英文单词 Servo，是指系统跟随外部指令进行人们所期望的运动，运动要素包括位置、速度和力矩。伺服系统的发展经历了从液压、气动到电气的过程，而电气伺服系统根据所驱动的电动机类型分为直流（DC）伺服系统和交流（AC）伺服系统。

1. 直流伺服系统

在 20 世纪 50 年代，无刷电动机和直流电动机实现了产品化，并在计算机外围设备和机械设备上获得了广泛的应用，20 世纪 70 年代则是直流伺服电动机应用最为广泛的时代。但由于直流伺服电动机存在机械结构复杂、维护工作量大等缺点，在运行过程中转子容易发热，影响了与其连接的其他机械设备的精度，难以应用到高速及大容量的场合，机械换向器则成为直流伺服驱动技术发展的瓶颈。

2. 交流伺服系统

从 20 世纪 70 年代后期到 20 世纪 80 年代初期，随着微处理器技术、大功率高性能半导体功率器件技术和电动机永磁材料制造工艺的发展及其性能价格比的日益提高，交流伺服电动机和交流伺服控制系统逐渐成为主导产品。交流伺服电动机克服了直流伺服电动机存在的电刷、换向器等机械部件所带来的各种缺点，特别是交流伺服电动机的过负荷特性和低惯性更体现出交流伺服系统的优越性，所以在工厂自动化（FA）等各个领域得到了广泛的应用。虽然采用功率步进电动机直接驱动的开环伺服系统曾经在 20 世纪 90 年代的经济型数控领域获得广泛使用，但是迅速被交流伺服所取代。

进入 21 世纪，交流伺服系统越来越成熟，市场呈现快速多元化发展，国内外众多品牌进入市场竞争。目前交流伺服技术已成为工业自动化的支撑性技术之一。从伺服驱动产品当前的应用来看，直流伺服产品正逐渐减少，交流伺服产品则日渐增加，市场占有率逐步扩大。在实际应用中，精度更高、速度更快、使用更方便的交流伺服产品已经成为主流产品。

7.1.2 伺服控制系统的发展

1. 伺服系统在我国的发展

我国从 20 世纪 70 年代开始跟踪开发交流伺服技术，主要研究力量集中在高等院校和科研单位，以军工、宇航卫星为主要应用方向，不考虑成本因素。20 世纪 80 年代之后开始进入工业领域，直到 2000 年，国产伺服停留在小批量、高价格、应用面狭窄的状态，技术水平和可靠性难以满足工业需要。2000 年之后，随着中国变成世界工厂，制造业的快速发展为交流伺服提供了越来越大的市场空间，国内几家单位开始推出自己品牌的交流伺服产品。目前国内主要的伺服品牌或厂家有汇川、台达、森创（和利时电动机）、华中数控、广州数控、南京埃斯顿等。

2. 伺服系统的发展趋势

从前面的讨论可以看出，数字化交流伺服系统的应用越来越广，用户对伺服驱动技术的要求越来越高。总的来说，伺服系统的发展趋势可以概括为以下几个方面。

（1）交流化

伺服技术将继续迅速地由 DC 伺服系统转向 AC 伺服系统。从目前国际市场的情况看，几乎所有的新产品都是 AC 伺服系统。在工业发达国家，AC 伺服电动机的市场占有率已经超过 80%。在国内生产 AC 伺服电动机的厂家也越来越多，正在逐步超过生产 DC 伺服电动机的厂家。可以预见，在不远的将来，除了在某些微型电动机领域之外，AC 伺服电动机将完全取代 DC 伺服电动机。

（2）全数字化

采用新型高速微处理器和专用数字信号处理机（DSP）的伺服控制单元将全面代替以模拟电子器件为主的伺服控制单元，从而实现完全数字化的伺服系统。全数字化的实现，将原有的硬件伺服控制变成了软件伺服控制，从而使在伺服系统中应用现代控制理论的先进算法（如最优控制、人工智能、模糊控制、神经元网络等）成为可能。

（3）采用新型电力电子半导体器件

目前，伺服控制系统的输出器件越来越多地采用开关频率很高的新型功率半导体器件，主要有大功率晶体管（GTR）、功率场效应晶体管（MOSFET）和绝缘门极晶体管（IGBT）等。这些先进器件的应用显著地降低了伺服单元输出回路的功耗，提高了系统的响应速度，降低了运行噪声。尤其值得一提的是，最新型的伺服控制系统已经开始使用一种把控制电路功能和大功率电子开关器件集成在一起的新型模块，称为智能控制功率模块（Intelligent Power Modules，简称 IPM）。这种器件将输入隔离、能耗制动、过温、过电压、过电流保护及故障诊断等功能全部集成于一个不大的模块之中。其输入逻辑电平与 TTL 信号完全兼容，与微处理器的输出可以直接接口。它的应用显著地简化了伺服单元的设计，并实现了伺服系统的小型化和微型化。

（4）高度集成化

新的伺服系统产品改变了将伺服系统划分为速度伺服单元与位置伺服单元两个模块的做法，代之以单一的、高度集成化、多功能的控制单元。同一个控制单元，只要通过软件设置系统参数，就可以改变其性能，既可以使用电动机本身配置的传感器构成半闭环调节系统，又可以通过接口与外部的位置、速度或力矩传感器构成高精度的全闭环调节系统。高度的集成化还显著地缩小了整个控制系统的体积，使得伺服系统的安装与调试工作都得到了简化。

（5）智能化

智能化是当前一切工业控制设备的流行趋势，伺服驱动系统作为一种高级的工业控制装置当然也不例外。最新数字化的伺服控制单元通常都设计为智能型产品，它们的智能化特点表现在以下几个方面：首先它们都具有参数记忆功能，系统的所有运行参数都可以通过人机对话的方式由软件来设置，保存在伺服单元内部，通过通信接口，这些参数甚至可以在运行途中由上位计算机加以修改，应用起来十分方便；其次它们都具有故障自诊断与分析功能，无论什么时候，只要系统出现故障，就会将故障的类型以及可能引起故障的原因通过用户界面清楚地显示出来，这就简化了维修与调试的复杂性；除以上特点之外，有的伺服系统还具有参数自整定的功能。众所周知，闭环调节系统的参数整定是保证系统性能指标的重要环节，也是需要耗费较多时间与精力的工作。带有自整定功能的伺服单元可以通过几次试运行，自动将系统的参数整定出来，并自动实现其最优化。对于使用伺服单元的用户来说，这是新型伺服系统最具吸引力的特点之一。

（6）模块化和网络化

在国外，以工业局域网技术为基础的工厂自动化（Factory Automation，简称 FA）工程技术在最近十年来得到了长足的发展，并显示出良好的发展势头。为适应这一发展趋势，最新的伺服系统都配置了标准的串行通信接口（如 RS-232C 或 RS-422 接口等）和专用的局域网接口。这些接口的设置，显著地增强了伺服单元与其他控制设备间的互联能力，只需要一根电缆或光缆，就可以将数台，甚至数十台伺服单元与上位计算机连接成为整个数控系统。也可以通过串行接口，与可编程控制器（PLC）的数控模块相连。

综上所述，伺服系统将向两个方向发展，一个是满足一般工业应用要求，对性能指标要求不高的应用场合，追求低成本、少维护、使用简单等特点的驱动产品，如变频电动机、变频器等；另一个就是代表着伺服系统发展水平的主导产品——伺服电动机、伺服控制器，追求高性能、高速度、数字化、智能型、网络化的驱动控制，以满足用户较高的应用要求。

7.1.3 交流伺服控制系统结构

交流伺服控制系统主要由交流伺服电动机与交流伺服驱动器两大部分构成。

1. 交流伺服电动机的结构

在交流伺服系统中，交流伺服电动机的类型有永磁同步交流伺服电动机（PMSM）和异步交流伺服电动机（IM），其中，永磁同步电动机具备十分优良的低速性能，可以实现弱磁高速控制，调速范围宽广、动态特性和效率都很高，已经成为伺服系统的主流之选。而异步伺服电动机虽然结构坚固、制造简单、价格低廉，但是在特性上和效率上存在差距，只在大功率场合得到重视。此外，永磁交流伺服电动机同直流伺服电动机比较，主要存在以下优点：

伺服电动机结构动画

1）无电刷和换向器，因此工作可靠，对维护和保养要求低。
2）定子绕组散热比较方便。
3）惯量小，易于提高系统的快速性。
4）能适应高速大力矩工作状态。
5）同功率下有较小的体积和重量。

这里以永磁同步交流伺服电动机为例介绍一下电动机的结构。如图 7-1 所示为永磁同步交流伺服电动机的外形。

图 7-1 永磁同步交流伺服电动机外形

永磁同步交流伺服电动机主要由定子、转子和编码器三部分构成，如图 7-2 所示。

项目 7　交流伺服驱动系统的装调

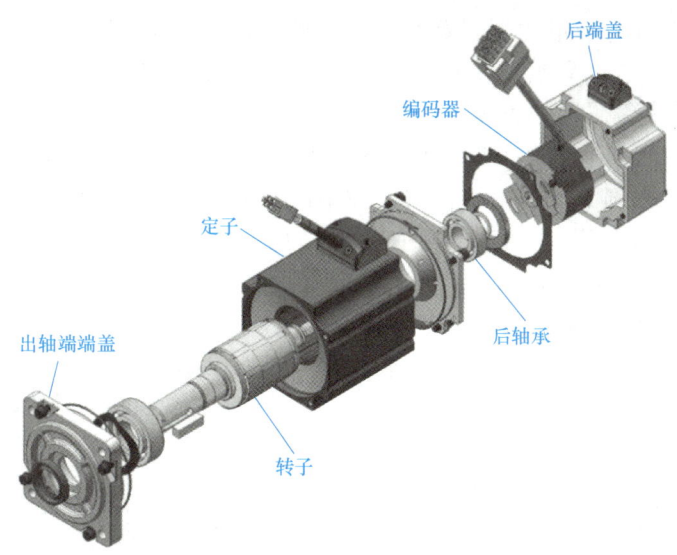

图 7-2　交流伺服电动机的结构

（1）定子

交流伺服电动机定子的结构如图 7-3 所示，主要由铁心和线圈构成。定子有齿槽，内有三相绕组，通三相交流电后产生一个旋转磁场，工作原理和普通三相电动机一样。但其外圆多呈多边形，且无外壳，以利于散热，避免电动机发热对精度参数产生影响。

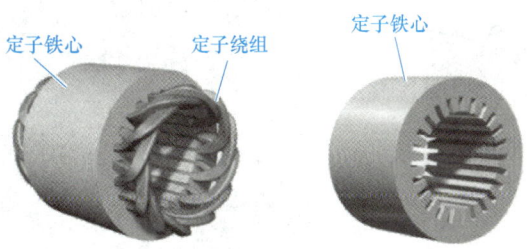

图 7-3　交流伺服电动机定子结构

（2）转子

交流伺服电动机转子的结构如图 7-4 所示，伺服电动机内部的转子是永磁铁，在定子产生的旋转磁场作用下，转子和磁场同步旋转。

（3）编码器

伺服电动机的编码器套在电动机转子的转轴上，编码器外形如图 7-5 所示。它是一种旋转式脉冲发生器，能把机械转角变成电脉冲，也是数控机床上使用很广泛的位置检测装置。当转子转动时，编码器的码盘也跟着旋转，输出脉冲信号反馈至伺服驱动器。

图 7-4　交流伺服电动机转子结构

图 7-5　编码器外形

137

编码器的类型分为增量式编码器和绝对式编码器,增量式编码器又称为相对式编码器。增量式编码器主要由码盘、发光管、光电接收管和放大整形电路四部分构成。

如图 7-6 所示是编码器的码盘,码盘通常由一块玻璃构成,在玻璃的表面镀了一层金属铬,然后采用激光技术把这个玻璃盘刻成一个个明暗相间的条纹。从图中也可以看出,在这个码盘当中外围刻了一圈条纹,假设为编码器输出的 A 相脉冲,向内还有一圈条纹相当于编码器输出的 B 相脉冲,最里面一环只刻了一条条纹,这就是编码器输出的 Z 相脉冲。编码器的分辨率越高,码盘上刻的条纹就越多。Z 相脉冲一般只有一个条纹,也就是说编码器旋转一周,Z 相只输出一个脉冲。

编码器的工作原理如图 7-7 所示,发光管发光通过玻璃码盘的条纹由光电接收管接收,当电动机旋转时码盘跟着转动,由于码盘上是一些明暗相间的条纹,所以光电接收管接收到的就是一些光脉冲,光电接收管把光信号转换成电信号,电信号再通过放大整形电路转换成需要的矩形脉冲。由于码盘上 A 相和 B 相所刻的条纹是相间隔的,因此放大整形电路输出的 A 相和 B 相脉冲存在一个相位差,这里要求 A 相和 B 相脉冲的相位差为 90°。由于码盘上 Z 相只刻有一个条纹,所以电动机旋转一周只产生一个 Z 相脉冲。这里所讲的编码器为相对式编码器,有些伺服电动机也会采用绝对式编码器。当旋转编码器随转子旋转时,发光管发光透过码盘后,由光电接收管将接收的光信号转化成电信号,再通过整形电路变成矩形脉冲。

图 7-6 编码器码盘

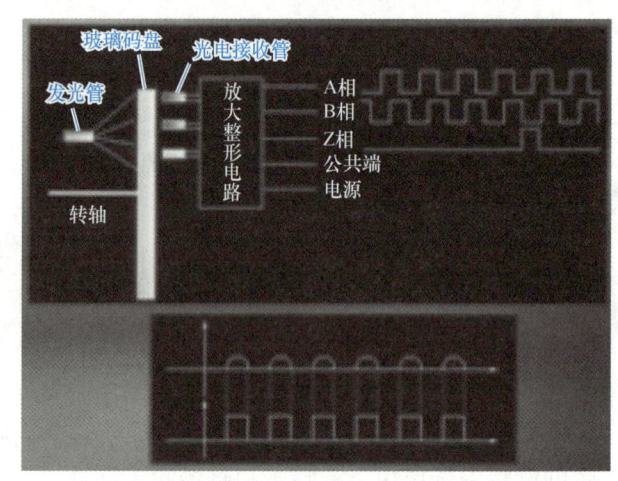

图 7-7 编码器工作原理

编码器的作用:作为伺服系统的速度反馈和位置反馈元件。

2. 交流伺服驱动器的结构

伺服电动机工作原理

交流伺服驱动器的结构,将以台达 ASD-B2 系列伺服驱动器为例做详细介绍,参阅任务 7.2。

7.1.4 交流伺服系统的控制方式

一般的交流伺服系统都包含三种控制方式:位置控制方式、速度控制方式和转矩控制方式。

1. 位置控制方式

位置控制方式一般是通过外部输入的脉冲频率来确定转动速度的大小，通过脉冲的个数来确定转动的角度，也有些伺服可以通过通信方式直接对速度和位移进行赋值。由于位置模式可以对速度和位置都有很严格的控制，可实现精确的定位控制。

2. 速度控制方式

通过模拟量的输入或脉冲的频率都可以进行转动速度的控制，在有上位控制装置的外环 PID 控制时速度控制方式也可以进行定位，但必须把电动机的位置信号或直接负载的位置信号给上位反馈以做运算用。位置控制方式也支持直接负载外环检测位置信号，此时的电动机轴端的编码器只检测电动机转速，位置信号就由最终负载端的检测装置来提供了，这样的优点在于可以减少中间传动过程中的误差，增加了整个系统的定位精度。

3. 转矩控制方式

转矩控制方式是通过外部模拟量的输入或直接的地址赋值来设定电动机轴对外的输出转矩的大小，如 10V 对应 5N·m 的话，当外部模拟量设定为 5V 时电动机轴输出为 2.5N·m，如果电动机轴负载低于 2.5N·m 时电动机正转，外部负载等于 2.5N·m 时电动机不转，大于 2.5N·m 时电动机反转（通常在有重力负载情况下产生）。可以通过即时改变模拟量的设定来改变设定的力矩大小，也可通过通信方式改变对应地址的数值来实现。主要应用在对材质的受力有严格要求的缠绕和放卷的装置中，例如绕线装置或拉光纤设备，转矩的设定要根据缠绕半径的变化随时更改以确保材质的受力不会随着缠绕半径变化而改变。

伺服驱动器既可使用单一控制方式，即固定在一种控制方式上，也可选择用混合方式来进行控制，如位置－速度混合方式、位置－转矩混合方式、速度－转矩混合方式。

任务实施

1）描述图 7-8 所示台达交流伺服驱动器铭牌参数。

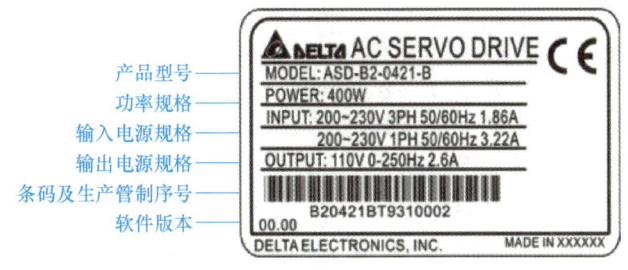

图 7-8　台达交流伺服驱动器铭牌参数

2）比较交流伺服驱动器与变频器在主要技术指标上的区别。

任务拓展

列举国内外常用的伺服品牌。

思考与练习

一、填空题

1. 伺服运动要素包括_____、_____和_____。
2. 电气伺服系统根据所驱动的电动机类型分为_____伺服系统和_____伺服系统。
3. 交流伺服控制系统主要由_____、_____两大部分构成。
4. 永磁同步交流伺服电动机主要由_____、_____和_____三部分构成。
5. 伺服电动机的编码器套在电动机转子的转轴上，能把机械转角变成_____。
6. 一般的交流伺服系统都包含三种控制方式_____、_____和_____。

二、思考题

交流伺服电动机的转子与三相交流异步电动机相比有哪些特点？

任务7.2　ASD-B2伺服驱动器寸动控制

任务描述

了解 ASD-B2 伺服驱动器结构和功能，能够正确使用 ASD-B2 伺服驱动器以 50r/min 的速度实现寸动控制。

学习目标

- □ 了解 ASD-B2 伺服驱动器的结构。
- □ 熟悉 ASD-B2 伺服驱动器的端口功能。
- □ 了解 ASD-B2 伺服驱动器的安装与接线。
- □ 会设置 ASD-B2 伺服驱动器参数。
- □ 能够实现 ASD-B2 伺服驱动器寸动控制。
- □ 树立实事求是的科学探究精神。

知识准备

7.2.1　设备型号

1. ASD-B2 伺服驱动器型号

伺服驱动器的铭牌标识中标注了伺服驱动器的型号、功率、输入电源、输出电源规格等，如图 7-9 所示为台达 ASD-B2 伺服驱动器的产品型号说明。

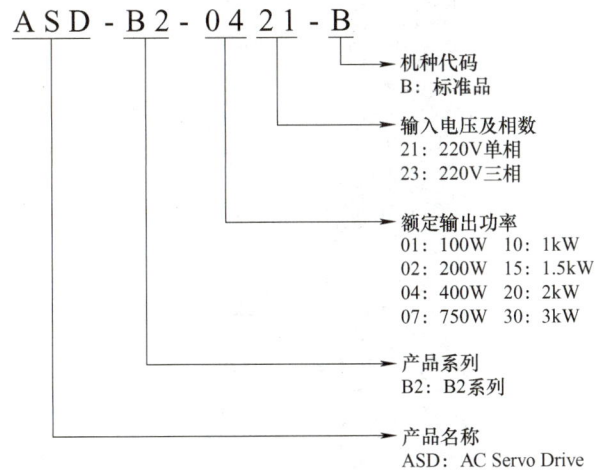

图 7-9 台达 ASD-B2 伺服驱动器的产品型号说明

2. 台达伺服电动机型号

台达伺服电动机型号如图 7-10 所示。

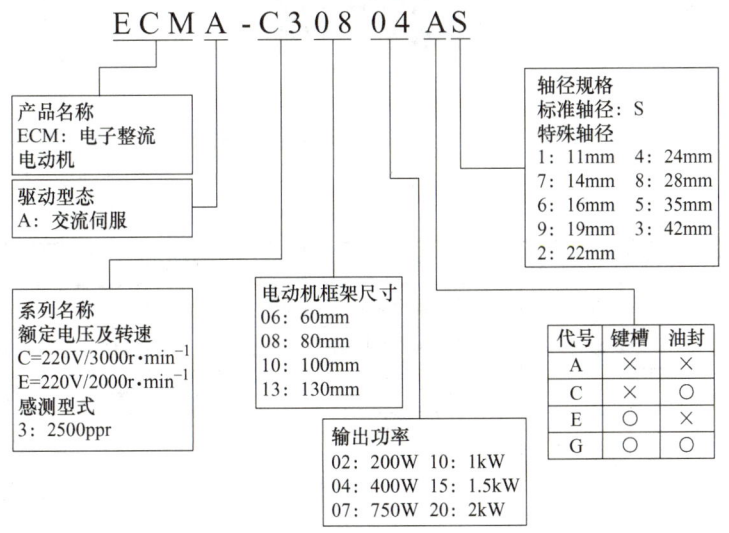

图 7-10 台达伺服电动机型号

7.2.2 伺服驱动器外部结构

ASD-B2 系列伺服驱动器的外部结构如图 7-11 所示。

1. 电源输入输出接线端子

电源输入输出接线端子中包含主电路的接线端子及控制回路的电源输入端，各端子名称及功能见表 7-1。

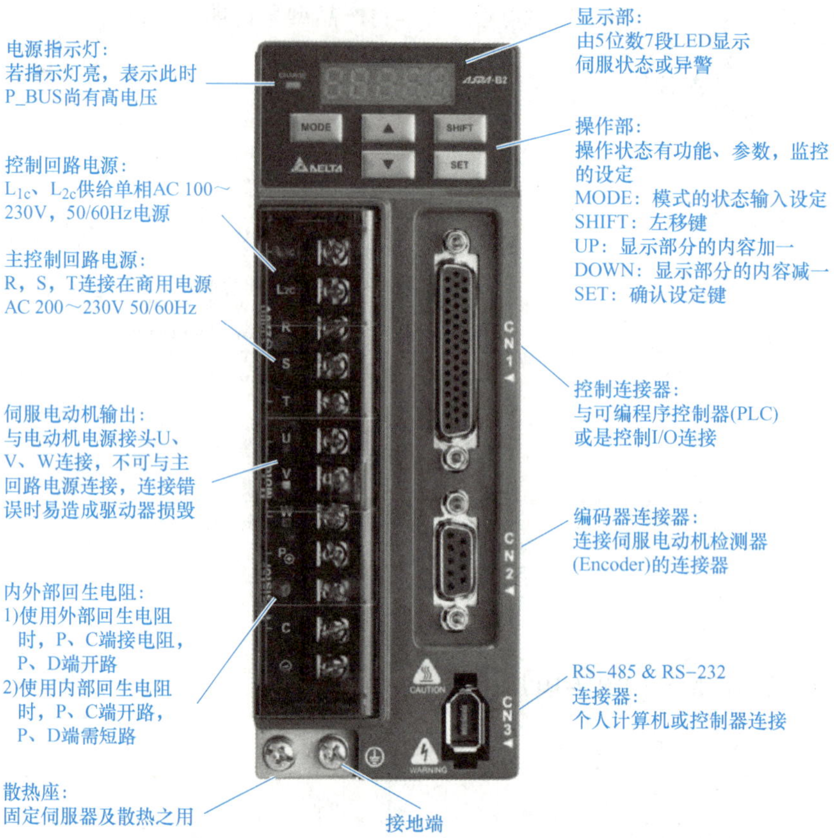

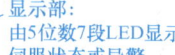

电源指示灯：
若指示灯亮，表示此时P_BUS尚有高电压

控制回路电源：
L₁c、L₂c供给单相AC 100～230V，50/60Hz电源

主控制回路电源：
R，S，T连接在商用电源AC 200～230V 50/60Hz

伺服电动机输出：
与电动机电源接头U、V、W连接，不可与主回路电源连接，连接错误时易造成驱动器损毁

内外部回生电阻：
1) 使用外部回生电阻时，P、C端接电阻，P、D端开路
2) 使用内部回生电阻时，P、C端开路，P、D端需短路

散热座：
固定伺服器及散热之用

显示部：
由5位数7段LED显示伺服状态或异警

操作部：
操作状态有功能、参数，监控的设定
MODE：模式的状态输入设定
SHIFT：左移键
UP：显示部分的内容加一
DOWN：显示部分的内容减一
SET：确认设定键

控制连接器：
与可编程序控制器(PLC)或是控制I/O连接

编码器连接器：
连接伺服电动机检测器(Encoder)的连接器

RS-485 & RS-232
连接器：
个人计算机或控制器连接

接地端

图 7-11　ASD-B2 系列伺服驱动器的外部结构

表 7-1　驱动器接线端子名称及功能

端子标记	端子名称	功能说明	
L_{1d}、L_{2c}	控制回路电源输入端	连接单相交流电源（根据产品型号，选择适当的电压规格）	
R、S、T	主控回路电源输入端	连接三相交流电源（根据产品型号，选择适当的电压规格）	
U、V、W FG	电动机连接线	连接至电动机	
		端子记号	线色
		U	红
		V	白
		W	黑
		FG	绿（连接至驱动器的接地端）
P⊕、D、C	回生电阻端子或刹车单元	使用内部回生电阻时，P⊕、D端短路，P⊕、C端开路	
		使用外部回生电阻时，电阻接于P⊕、C两端，且P⊕、D端开路	
		使用外部制动单元时，电阻接于P⊕、⊖两端，且P⊕、D端与P⊕、C端开路	
⏚两处	接地端子	连接至电源地线以及电动机的地线	

2. I/O 接口 CN1

（1）CN1 接口引脚设置

CN1 接口主要用于连接 PLC 等上位控制器，共设置 44 个引脚，包含了可任意规划的 9 个数字输入端和 6 个数字输出端。除此之外，还提供差动输出的编码器 A+、A−、B+、B−、Z+、Z−信号接点，以及模拟转矩指令输入、模拟速度/位置指令输入和脉冲位置指令输入的控制接点。将其分为一般信号、DI 信号和 DO 信号三种类型。

1）一般信号。一般信号对应的端子共计 23 个，信号名称、引脚号及功能见表 7-2。

表 7-2　CN1 接口的一般信号

信号名称		Pin No	功能
模拟指令（输入）	V_REF	20	（1）电动机的速度指令 −10～10V，代表 −3000～3000r/min 的转速命令（预设），可通过参数改变对应的范围 （2）电动机的位置指令 −10～10V，代表 −3～3 圈的位置指令（默认）
	T−REF	18	电动机的扭矩指令 −10～10V，代表 −100%～100% 的额定扭矩指令
位置脉冲指令（输入）	PULSE	43	位置脉冲可以用差动（Line Driver）或集电极开路方式输入，命令的形式也可分成三种（正逆转脉冲、脉冲与方向、AB 相脉冲），可由参数 P1-00 来选择 当位置脉冲使用集电极开路方式输入时，必须将本端子连接至一外加电源，作为提升准位用
	/PULSE	41	
	SIGN	39	
	/SIGN	37	
	PULL HI	35	
高速位置脉冲指令（输入）	HPULSE	38	高速位置脉冲，只接受差动（5V，Line Drive）方式输入，单相最高脉冲频率 4MHz，指令的形式有三种不同的脉冲方式，AB 相、CW+CCW 与脉冲加方向，参考参数 P1-00
	/HPULSE	36	
	HSIGN	42	
	/HSIGN	40	
位置脉冲指令（输出）	OA	21	将编码器的 A、B、Z 信号以差动（Line Driver）方式输出
	/OA	22	
	OB	25	
	/OB	23	
	OZ	13	
	/OZ	24	
	OCZ	44	编码器 Z 相，开集电极输出
电源	VDD	17	VDD 是驱动器所提供的 24V 电源，用以提供 DI 与 DO 信号使用，可承受 500mA
	COM+COM−	11 14	COM+ 是 DI 与 DO 的电压输入共同端，当电压使用 VDD 时，必须将 VDD 连接至 COM+。若不使用 VDD 时，必须由使用者提供外加电源（12～24V），此外加电源的正端必须连至 COM+，而负端连接至 COM−
	GND	19（29）	模拟输入信号的地

2）DI 信号。驱动器提供了 9 个数字输入 DI 信号，这些 DI 引脚可任意规划其功能，分别对应参数 P2-10～P2-17、P2-36，信号名称、引脚号及对应参数见表 7-3。DI 功能代码及预设见表 7-4。

表 7-3　CN1 接口 DI 信号

信号名称	Pin No	对应参数	信号名称	Pin No	对应参数
DI1	9	P2-10	DI6	32	P2-15
DI2	10	P2-11	DI7	31	P2-16
DI3	34	P2-12	DI8	30	P2-17
DI4	8	P2-13	DI9	12	P2-36
DI5	33	P2-14			

表 7-4　CN1 接口 DI 信号的默认设置

信号名称	操作模式	Pin No	功能代码	功能			
SON	ALL	DI1（9）	0x01	伺服起动，当 ON 时，伺服回路起动，电动机线圈励磁			
ARST	ALL	DI5（33）	0x02	异常重置，当异警（ALRM）发生后，此信号用来重置驱动器，使 Ready（SRDY）信号重新输出			
GAINUP	ALL	—	0x03	增益切换			
CCLR	PT	DI2（10）	0x04	脉冲清除，清除偏差计数器			
ZCLAMP	S, T	—	0x05	零速度钳制，当此信号 ON，且电动机速度小于参数 P1-38 时，将电动机位置锁定于信号发生的瞬间位置			
CMDINV	T, S	—	0x06	命令输入反向控制，当此信号 ON，电动机运动方向反转			
TRQLM	S, Sz	—	0x09	扭矩限制，ON 代表扭矩限制命令有效			
SPDLM	T, Tz	—	0x10	速度限制，ON 代表速度限制命令有效			
STP	—	—	0x46	电动机停止			
SPD0	S, Sz, PT-S, S-T	DI3（34）	0x14	选择速度命令的来源：			
				SPD1	SPD0	命令来源	
				0	0	S 模式为仿真输入 Sz 模式为 0	
				0	1	P1-09	
SPD1		DI4（8）	0x15	1	0	P1-10	
				1	1	P1-11	
TCM0	PT, T, Tz, PT-T S-T	DI3（34）	0x16	选择扭矩命令的来源：			
				TCM1	TCM0	命令来源	
				0	0	T 模式为仿真输入 Tz 模式为 0	
				0	1	P1-12	
TCM1		DI4（8）	0x17	1	0	P1-13	
				1	1	P1-14	
S-P	PT-S	DI7（31）	0x18	混合模式切换。OFF：速度。ON：位置			
S-T	S-T	DI7（31）	0x19	混合模式切换。OFF：速度。ON：扭矩			
T-P	TP-P	DI7（31）	0x20	混合模式切换。OFF：扭矩。ON：位置			
EMGS	ALL	DI8（30）	0x21	为 B 接点，必须时常导通（ON），否则驱动器显示异警（ALRM）			

(续)

信号名称	操作模式	Pin No	功能代码	功能
NL（CWL）	ALL	DI6（32）	0x22	逆向运转禁止极限，为 B 接点，必须时常导通（ON），否则驱动器显示异警（ALRM）
PL（CCWL）	ALL	DI7（31）	0x23	正向运转禁止极限，为 B 接点，必须时常导通（ON），否则驱动器显示异警（ALRM）
TLLM	无	—	0x25	反方向运转扭矩限制（P1-02 开启扭矩限制功能才有效）
TRLM	无	—	0x26	正方向运转扭矩限制（P1-02 开启扭矩限制功能才有效）
JOGU	ALL	—	0x37	正转点动输入，此信号接通时，电动机正方向寸动转动
JOGD	ALL	—	0x38	反转点动输入，此信号接通时，电动机反方向寸动转动
GNUM0	PT, PT-S,	—	0x43	电子齿轮比分子选择 0（可选择的齿轮比分子值参考 P2-60 ~ P2-62）
GNUM1	PT, PT-S,	—	0x44	电子齿轮比分子选择 1（可选择的齿轮比分子值参考 P2-60 ~ P2-62）
INHP	PT, PT-S	—	0x45	脉冲禁止输入。在位置模式下，此信号接通时，外部脉冲输入指令无作用

3）DO 信号。驱动器 6 个输出端亦可任意规划其功能，分别对应参数 P2-18 ~ P2-22、P2-37，信号名称与引脚号及对应参数见表 7-5。CN1 接口 DO 信号的默认设置见表 7-6。

表 7-5　CN1 接口 DO 信号

信号名称	Pin No	对应参数	信号名称	Pin No	对应参数
DO1+	7	P2-18	DO4+	1	P2-21
DO1-	6		DO4-	26	
DO2+	5	P2-19	DO5+	28	P2-22
DO2-	4		DO5-	27	
DO3+	3	P2-20	DO6+	16	P2-37
DO3-	2		DO6-	15	

表 7-6　DO 输出功能默认值定义表

信号名称	操作模式	DO 码	输出功能	Pin No	
SRDY	ALL	0x01	伺服准备	7	6
SON	无	0x02	伺服起动	—	—
ZSPD	ALL	0x03	零速度检出	5	4
TSPD	ALL	0x04	目标速度到达	—	—
TPOS	PT, PT-S, PT-T	0x05	目标位置到达	1	26

（续）

信号名称	操作模式	DO 码	输出功能	Pin No	
TQL	ALL（T，TZ 除外）	0x06	扭矩限制中	—	—
ALRM	ALL	0x07	伺服警示	28	27
BRKR	ALL	0x08	电磁制动		
OLW	ALL	0x10	电动机过载输出警告	—	—
WARN	ALL	0x11	伺服警告	—	—
SNL（SCWL）		0x14	软件极限（反转方向）		
SPL（SCCWL）		0x13	软件极限（正转方向）		
SP_OK		0x19	速度到达输出		

（2）CN1 接口端子接线

1）模拟指令输入的接线。速度与扭矩控制模式下允许输入模拟量信号，模拟指令输入的有效电压范围从 -10～10V，此电压范围对应的指令值可由相关参数来设定，输入阻抗为 10kΩ，接线如图 7-12 所示。

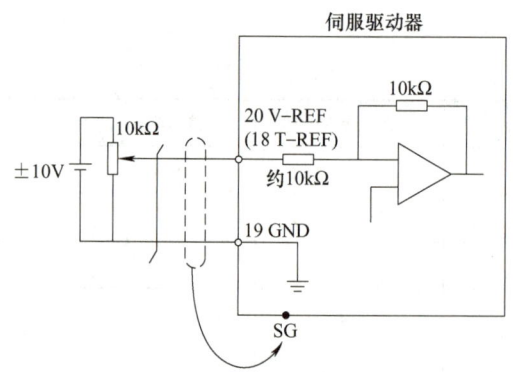

图 7-12　CN1 接口模拟指令输入接线

2）脉冲指令输入的接线。当采用位置控制模式接外部输入脉冲时，CN1 的相关端子接线如图 7-13 所示，脉冲指令可使用开集电极方式或差动（Line Driver）方式输入，差动（Line Driver）输入方式的最大输入脉冲为 500kpps（每秒千脉冲），开集电极方式的最大输入脉冲为 200kpps。

3）DI 端子的接线。当 DI 端输入继电器或开集电极晶体管（NPN 型）信号时，接线如图 7-14 所示。

4）DO 端子的接线。CN1 接口的 DO 端接相关负载如图 7-15 所示，需要注意的是，DO 端驱动电感性负载时电感负载两端应并联二极管。

3. 编码器接口 CN2

CN2 接口用于连接伺服电动机的编码器，各引脚的名称及功能说明见表 7-7。

项目 7　交流伺服驱动系统的装调

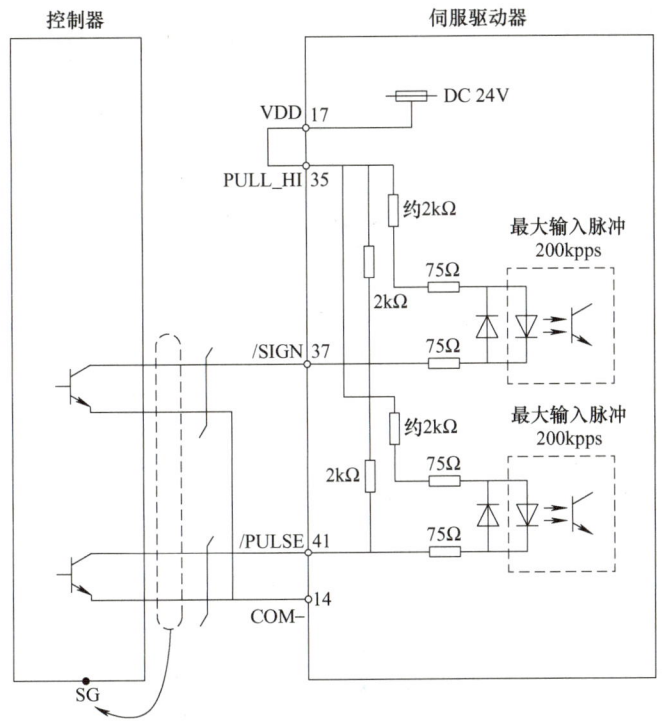

a) 脉冲指令输入内部电源(开集电极NPN设备)

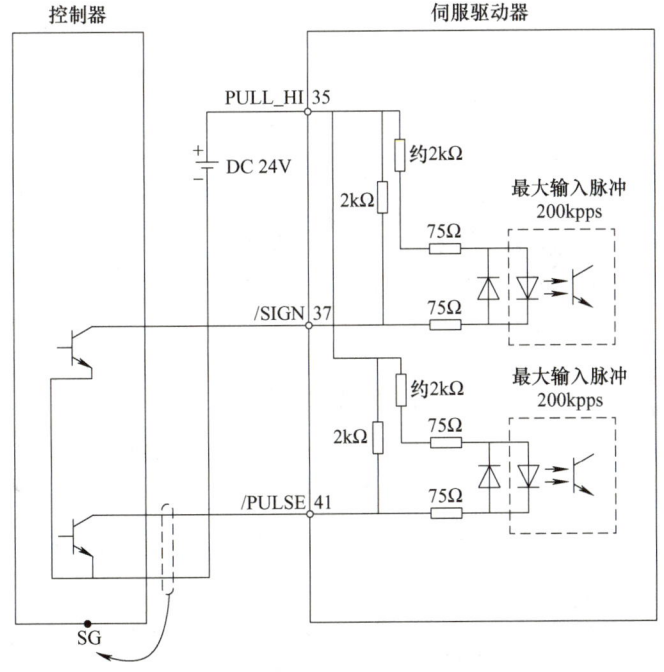

b) 脉冲指令输入外部电源(开集电极NPN设备)

图 7-13　CN1 接口脉冲指令输入接线

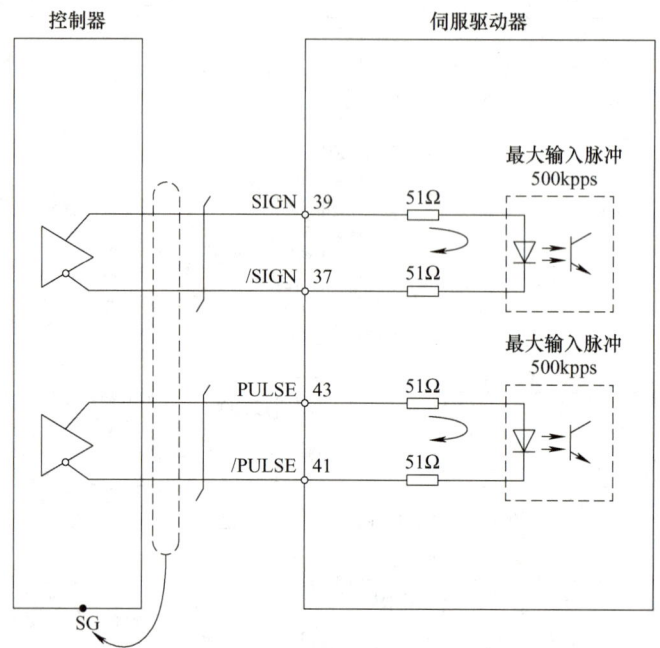

c) 脉冲指令输入(差动输入5V系统)

图 7-13　CN1 接口脉冲指令输入接线（续）

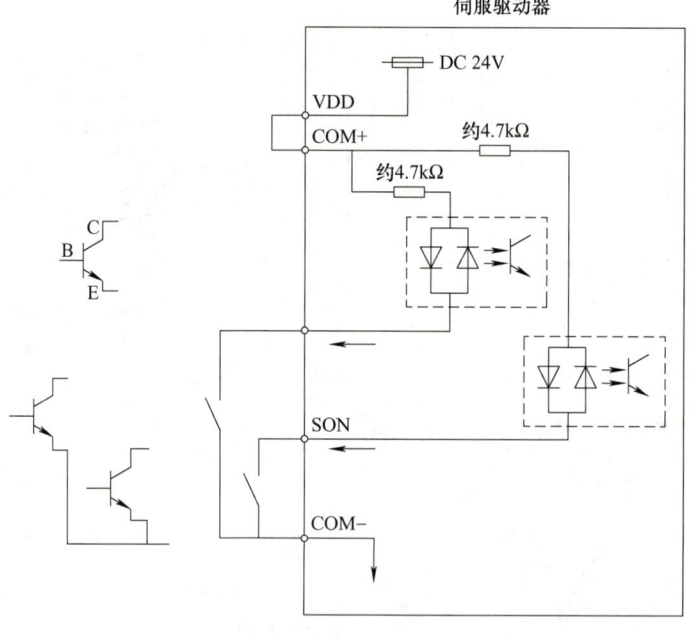

a) 使用内部电源

图 7-14　DI 端子的接线图

项目 7　交流伺服驱动系统的装调

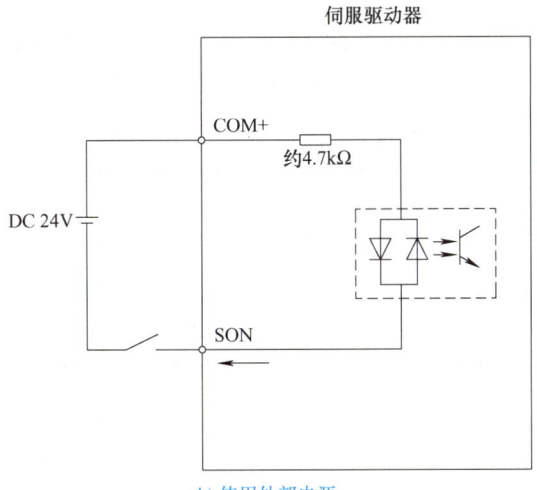

b) 使用外部电源

图 7-14　DI 端子的接线图（续）

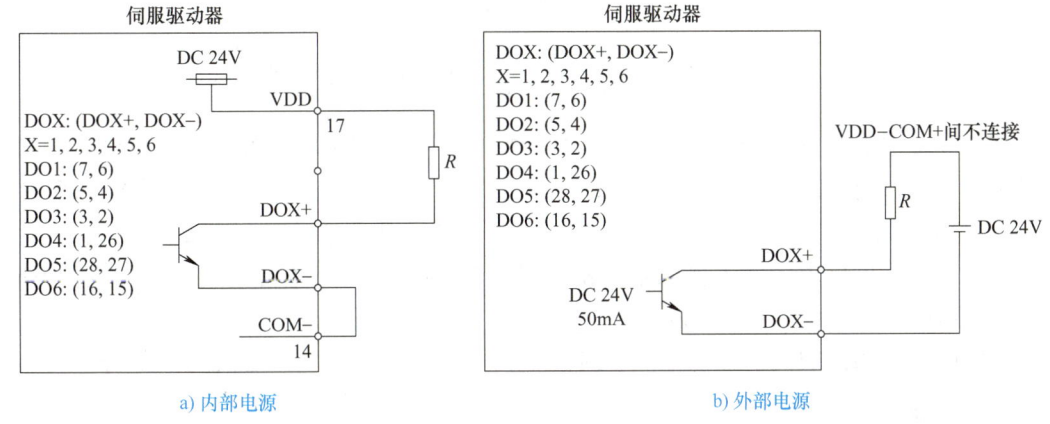

a) 内部电源　　　　　　　　　　　　　　　b) 外部电源

图 7-15　DO 端子的接线图

表 7-7　CN2 引脚名称及功能

Pin No	端子记号	功能说明
4	T+	串列通信信号输入/输出（+）
5	T−	串列通信信号输入/输出（−）
—	—	保留
—	—	保留
8	编码器电源	电源 +5V
6，7	编码器电源	电源地线

4. 通信接口 CN3

驱动器通过通信接口 CN3 与计算机相连，可支持 RS-232 和 RS-485 两种通信接口，其中 RS-232 较为常用，通信距离大约 15m。RS-485 则可以实现远距离传输，且支持多组驱动器同时联机。CN3 接口各引脚名称及功能见表 7-8。

表 7-8　CN3 接口的引脚名称及功能

Pin No	信号名称	端子记号	功能说明
1	信号地线	GND	+5V 与信号端接地
2	RS-232 数据传送	RS-232_TX	驱动器端数据传送，连接至 PC 的 RS-232 接收端
3	—	—	保留
4	RS-232 数据接收	RS-232_RX	驱动器端数据接收，连接至 PC 的 RS-232 传送端
5	RS-485 数据传送	RS-485（+）	驱动器端数据传送差动（+）端
6	RS485 数据接收	RS-485（-）	驱动器端数据传送差动（-）端

7.2.3　伺服驱动器内部结构

ASD-B2 系列伺服驱动器包括不同的机种，分别是：200W（含）以下机种（内部不含回生电阻、风扇）；400～750W 机种（内含回生电阻，无风扇）；1～3kW 机种（内含回生电阻和风扇），其中 1～1.5kW 机种主回路输入电源为单/三相 200～230V，而 2～3kW 机种主回路电源输入只能是三相 200～230V，无单相电源输入。虽然机种不同，但内部结构基本相同，如图 7-16 所示。

根据伺服驱动器的内部结构框图，可以把伺服驱动器内部电路分成两大部分。

1. 主电路

主电路部分的结构与变频器类似，采用交-直-交结构。其中，电源部分使用的三相交流电源 220V，而我国使用的三相交流电源是 380V，所以不能直接将三相电源接至伺服驱动器上，必须通过变压器进行变压，对于功率小的伺服驱动器可以直接接单相电源。主电路中滤波电路后的发光二极管为电源指示灯，需要注意当外部电源断开时，由于滤波电容放电，所以仍能发光，故在使用伺服驱动器的时候一定要等指示灯熄灭后再进行接线。

回生处理电路即制动电路，制动晶体管一般采用 IGBT 大功率器件。当伺服电动机处于制动状态时，伺服电动机放电，会造成直流母线电压升高，为保护逆变部分，要求制动晶体管导通，构成回路，把能量在回路当中消耗。如果伺服电动机功率不大，可直接利用内部电阻，如果功率过大，需要外带回生电阻。

2. 控制电路

伺服驱动器内部采用三环控制电路,这是伺服驱动器与变频器的不同之处。伺服系统能够进行精确控制,主要是靠这部分电路的作用。三环是指位置环、速度环和电流环。每一环都有 PID 调节,包含当前值、设定值和输出值。位置环是由外部脉冲控制,但位置控制也要用到速度环,位置环的输出值要作为速度环的设定值。当仅选择速度控制时,速度环的设定值由外部模拟量或参数来设定。

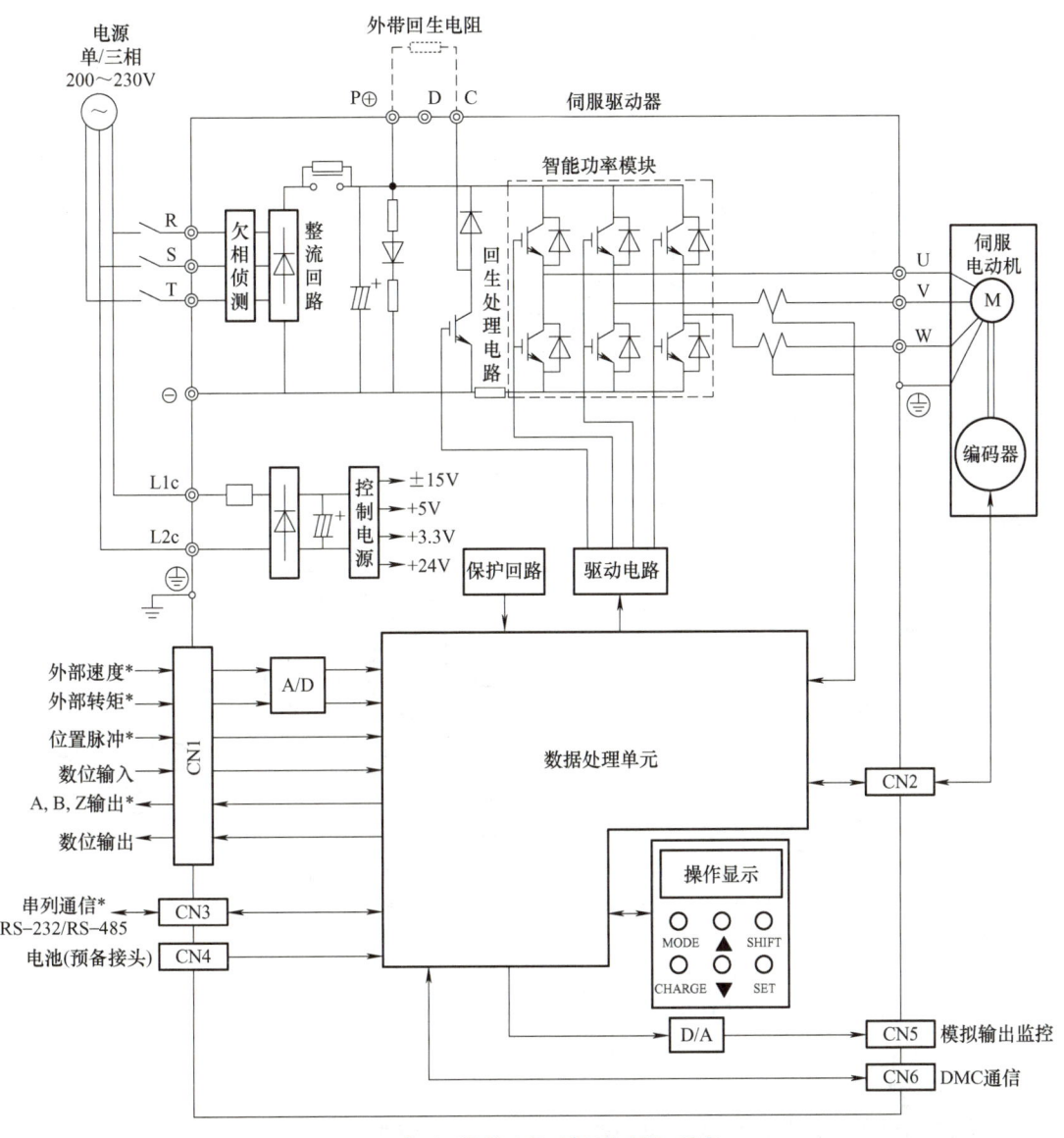

a) 200W(含)以下机种(内部不含回生电阻,风扇)

图 7-16 ASD-B2 系列伺服驱动器内部结构

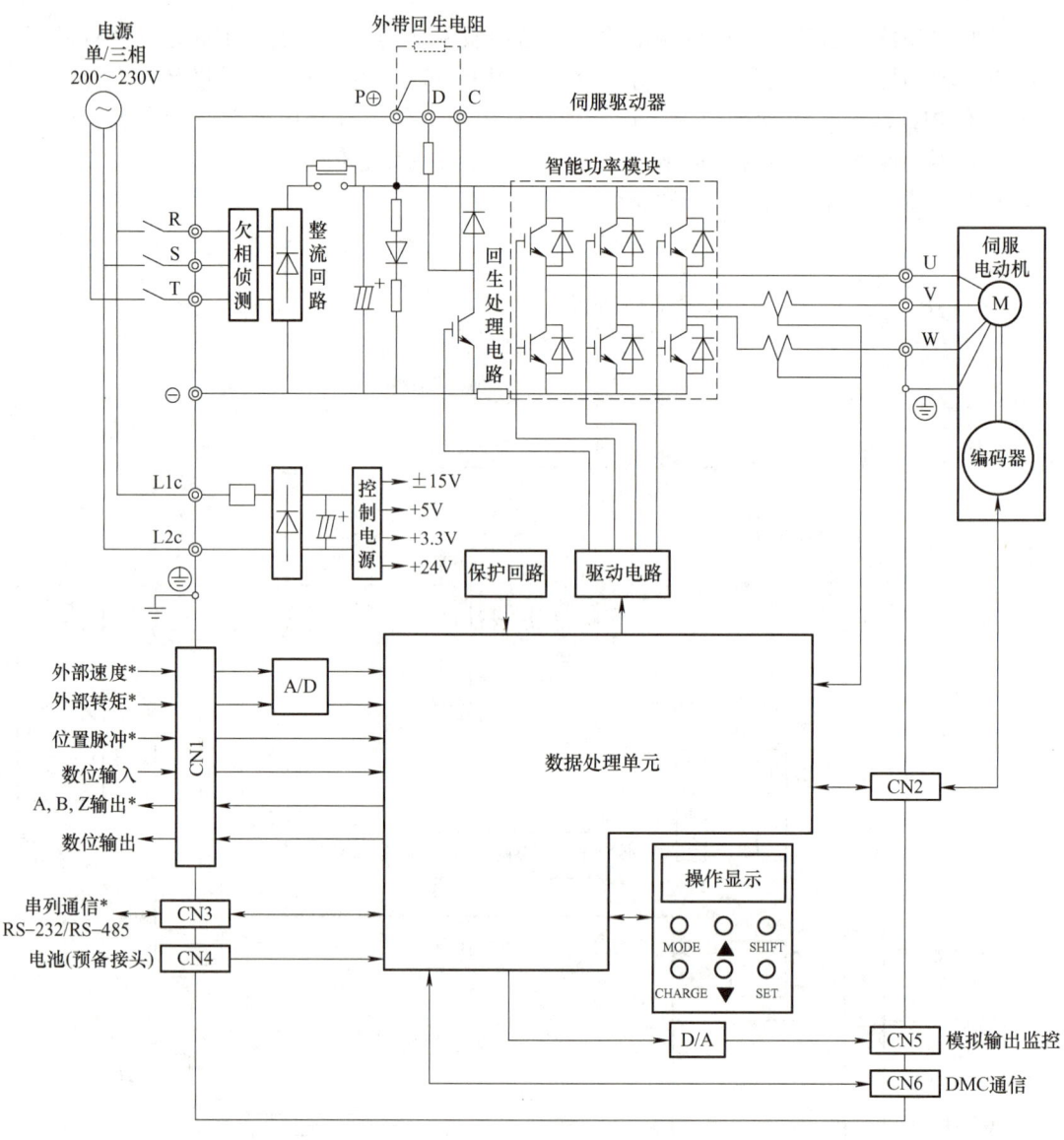

b) 400~750W机种(内含回生电阻，无风扇)

图 7-16　ASD-B2 系列伺服驱动器内部结构（续）

7.2.4　伺服驱动器的面板操作

1. 面板结构

ASDA-B2 系列伺服驱动器的面板各部分结构如图 7-17 所示，每个按键的功能见表 7-9。

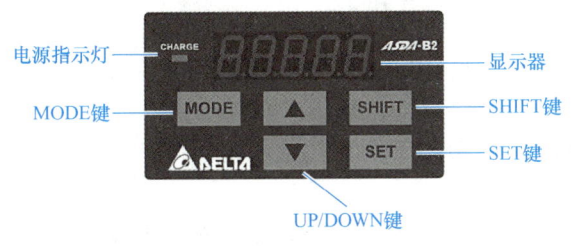

图 7-17　面板结构图

表 7-9　ASDA-B2 系列伺服驱动器操作面板按键功能说明

名称	功能
显示器	5 位 7 段数码管用于显示监视值、参数值及设定值
电源指示灯	主电源回路电容量显示
MODE 键	模式切换：监视模式、参数模式、异常模式之间可互相切换，在编辑模式时，按 MODE 键可跳出到参数模式
SHIFT 键	参数模式下可改变群组码；编辑模式下使闪烁汉字左移，可用于修正较高的设定汉字值；监视模式下可切换高 / 低位数显示
UP 键	变更监视码、参数码或设定值
DOWN 键	变更监视码、参数码或设定值
SET 键	显示及存储设定值，监视模式下可切换 10/16 进制显示；在参数模式下，按 SET 键可进入编辑模式

2. ASDA-B2 伺服驱动器参数

ASDA-B2 伺服驱动器的参数分为五个群组，参数群组定义见表 7-10。参数起始代码 P 后的第一字符为群组字符，其后的两字符为参数字符。通信地址则分别由群组字符及两参数字符的十六位值组合而成。

表 7-10　群组分类

群组	0：监控参数	（例：P0-xx）
群组	1：基本参数	（例：P1-xx）
群组	2：扩展参数	（例：P2-xx）
群组	3：通信参数	（例：P3-xx）
群组	4：诊断参数	（例：P4-xx）

3. 参数设定流程

1）驱动器电源接通后，显示器会先持续显示监视参数符号约 1s，然后才进入监控模式。

2）按 MODE 键可切换参数模式→监视模式→异常模式，若无异常发生则略过异常模式。

3）当有新的异常发生时，无论在任何模式下都会立即切换到异常显示模式下，按下 MODE 键可切换到其他模式，当连续 20s 没有任何按键被按下，则会自动切换回异常模式。

4）在监视模式下，若按下 UP 或 DOWN 键可切换监视参数，此时监视参数符号会持续显示约 1s。

5）在参数模式下，按下 SHIFT 键可切换群组码。UP/DOWN 键可变更后 2 位汉字参数码。

6）在参数模式下，按下 SET 键，系统立即进入编辑设定模式，显示器同时会显示此参数对应的设定值，此时可利用 UP/DOWN 键修改参数值，或按下 MODE 键脱离编辑设定模式并回到参数模式。

7）在编辑设定模式下，可按下 SHIFT 键使闪烁汉字左移，再利用 UP/DOWN 快速修正较高的设定汉字值。

8）设定值修正完毕后，按下 SET 键储存设定值，即可进行参数储存或执行指令。

9）完成参数设定后，正常情况下显示器会显示结束代码"SAVED"，并自动回复到参数模式。

面板显示器可能显示的状态符号见表 7-11。

表 7-11 驱动器面板显示符号及含义

显示符号	含义
SAVEd	设定值正确储存结束（Saved）
r-OLY	只读参数，写入禁止（Read-Only）
LocX.d	密码输入错误或未输入密码（Locked）
Out-r	设定值不正确或输入保留设定值（Out of Range）
SruOn	伺服起动中无法输入（Servo On）
Po-On	此参数须重新开机才有效（Power On）

7.2.5 伺服驱动器的安装与接线

伺服驱动器安装方向错误会造成故障，安装方向如图 7-18 所示。为了使冷却循环效果良好，安装交流伺服驱动器时，其上下左右与相邻的物品与挡板（墙）必须保持足够的空间。安装时其吸排气孔不可封住，也不可颠倒放置，否则会造成故障。

安装时还要注意以下事项：

1）固定驱动器时，必须在每个固定处确实锁紧。

2）电动机轴心必须与设备轴心杆对心连好。

项目 7　交流伺服驱动系统的装调

 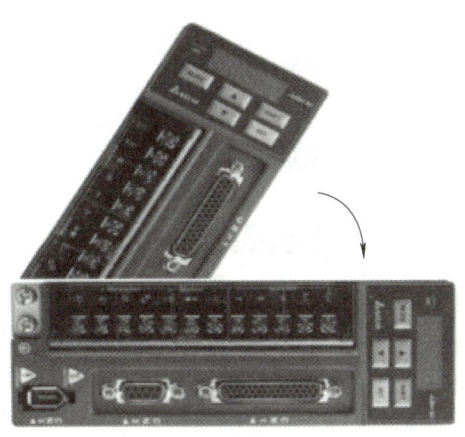

a) 正确的安装方向　　　　b) 错误的安装方向　　　　c) 安装预留空间(1in=0.0254m)

图 7-18　安装示意图

3）如果驱动器与电动机连线超过 20m，在 UVW 连接线加粗，且编码器线必须加粗。

4）伺服电动机必须妥善安装于干燥且坚固的平台，安装时保持良好通风及散热循环效果，并且保持良好接地。

ASDA-B2 系列伺服驱动器与外围设备接线时应注意以下事项：

1）R、S、T 与 L_{1c}、L_{2c} 的电源和接线是否正确。

2）确认伺服电动机输出 U、V、W 端子相序接线正确，接错电动机可能不转或乱转进而出现报警 ALE31（电动机 U、V、W 接线错误）。

3）使用外部回生电阻时，需将 P⊕、D 端开路，外部回生电阻应接于 P⊕、C 端，若使用内部回生电阻时，则需将 P⊕、D 端短路且 P⊕、C 端开路。

4）异常或紧急停止时，利用 ALARM 或是 WARN 输出将电磁接触器（MC）断电，以切断伺服驱动器电源。

任务实施

伺服电动机工作过程

1）正确连接伺服驱动器与电动机。

2）电动机的编码器接至 CN2。

3）将电源连接至驱动器并上电。

4）进入参数模式，找到寸动速度参数 P4-05 后，可依下列设定方式进行寸动操作：

① 按下 SET 键，显示寸动速度值，初值为 20r/min。

② 按下 UP 或 DOWN 键来修改寸动速度值，例如调整为 50r/min。

③ 按下 SET 键，显示 JOG 并进入寸动模式。

④ 进入寸动模式后，按下 UP 或 DOWN 键使伺服电动机朝顺时针或逆时针方向旋转，松开按键则伺服电动机立即停止运转，操作步骤如图 7-19 所示。寸动操作必须在 Servo On 时才有效。

155

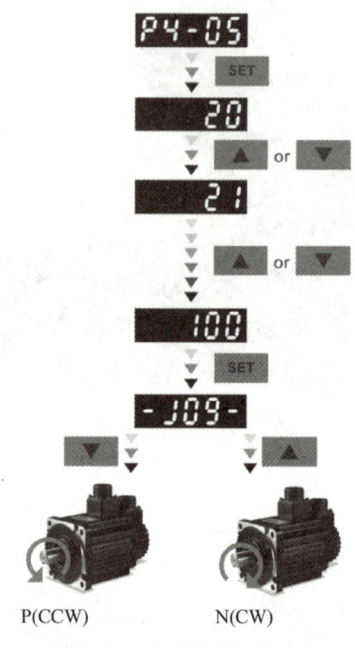

图 7-19　寸动控制操作步骤

任务拓展

1）设置相应参数，实现 DI1 端子的预设功能取消，将 DI2 端子规划为伺服起动功能。

2）点动运行时，若 SON 信号未接入，如何通过软件实现强制伺服起动？

思考与练习

一、判断题

1. 伺服驱动器的 U、V、W、FG 端子是电动机连接线。（　　）
2. 主电路部分的结构与变频器类似，采用交－直－交结构。（　　）
3. 回生处理电路即制动电路，制动晶体管不宜采用 IGBT 大功率器件。（　　）
4. 伺服驱动器内部采用三环控制电路，三环是指位置环、速度环和电压环。（　　）
5. 异常或紧急停止时，利用 ALARM 或是 WARN 输出将电磁接触器（MC）断电，以切断伺服驱动器电源。（　　）

二、思考题

ASDA-B2 系列伺服驱动器如何实现紧急停止功能？

任务 7.3　交流伺服驱动器位置控制

任务描述

本次任务是认识和了解交流伺服控制的位置控制模式,并实现台达 ASDA-B2 伺服驱动器的位置控制。

控制要求:按下起动按钮,伺服电动机转动,带动滑台移动 50mm,到位后能够自动反转,使得滑台反向移动 50mm,回到起始位置停止。期间按下停止按钮时,电动机立即停止。若滑台碰撞左限位开关或者右限位开关,电动机也会立即停止。

学习目标

□ 认识 ASD-B2 系列伺服驱动器的控制模式。
□ 交流伺服控制系统位置控制的原理。
□ 交流伺服控制系统位置控制的架构。
□ 交流伺服控制系统位置控制的具体实施步骤。
□ 养成严谨科学的工作态度。

知识准备

ASD-B2 伺服驱动器提供位置、速度、扭矩三种基本操作模式,可使用单一控制模式,即固定在一种模式控制上,也可选择用混合模式来进行控制,表 7-12 是几种工作模式的说明。

表 7-12　ASD-B2 伺服驱动器操作模式

	模式名称	模式代号	模式码	说明
单一控制模式	位置模式（端子台输入）	PT	00	驱动器接收位置指令,控制电动机至目标位置。位置指令由端子台输入,信号型态为脉冲
	速度模式	S	02	驱动器接收速度指令,控制电动机至目标转速。速度指令可由内部寄存器提供（共三组寄存器）,或由外部端子台输入仿真电压（-10～10V）。指令根据 DI 信号选择
	速度模式（无模拟输入）	Sz	04	驱动器接收速度指令,控制电动机至目标转速。速度指令仅可由内部寄存器提供（共三组寄存器）,无法由外部端子台提供。指令根据 DI 信号选择
	扭矩模式	T	03	驱动器接收扭矩指令,控制电动机至目标扭矩。扭矩指令可由内部寄存器提供（共三组寄存器）,或由外部端子台输入仿真电压（-10～10V）。指令根据 DI 信号选择
	扭矩模式（无模拟输入）	Tz	05	驱动器接收扭矩指令,控制电动机至目标扭矩。扭矩指令仅可由内部寄存器提供（共三组寄存器）,无法由外部端子台提供。指令根据 DI 信号选择

157

(续)

模式名称	模式代号	模式码	说明
混合模式	PT-S	06	PT 与 S 可通过 DI 信号切换
	PT-T	07	PT 与 T 可通过 DI 信号切换
	S-T	10	S 与 T 可通过 DI 信号切换
	保留	0B	保留
	保留	0C	保留

改变模式的步骤如下：

1）将驱动器切换到 Servo Off 状态，可通过将 DI 的 SON 信号设置为 OFF 来达成。

2）将上表中的模式码填入参数 P1-01 中的控制模式设定。

3）设定完成后，将驱动器断电再重新送电即可。

位置控制模式一般是通过外部输入的脉冲频率来确定转动速度的大小，通过脉冲的个数来确定转动的角度，也有些伺服可以通过通信方式直接对速度和位移进行赋值。由于位置模式可以对速度和位置都有很严格的控制，所以一般应用于精密定位的场合，应用领域如数控机床、印刷机械等。

7.3.1 位置模式指令

位置模式（PTT）指令是端子台输入的脉冲，脉冲有三种型式可以选择，每种型式也有正/负逻辑之分，可在脉冲列输入型式设定参数 P1-00 中进行设定。脉冲型式选择参数 P1-00 参数值各部分功能如图 7-20 所示。

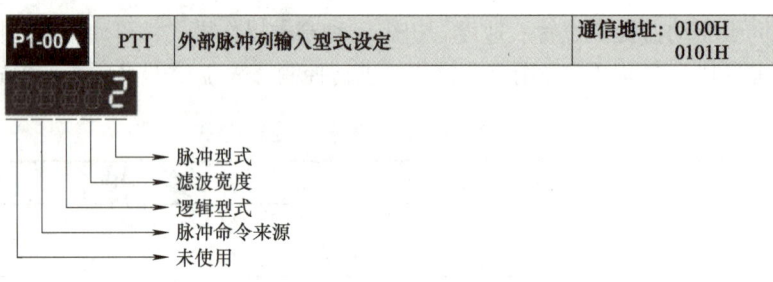

图 7-20　P1-00 参数值功能

1. 脉冲型式

0：AB 相脉冲列（4x）。

1：正转脉冲列及逆转脉冲列。

2：脉冲列 + 符号。

2. 滤波宽度

频率瞬间过大、超过频率设定太高的脉冲频率，会被视为噪声过滤掉。滤波宽度见表 7-13。

表 7-13 滤波宽度列表

设定值	低速滤波宽度	设定值	高速滤波宽度
0	1.66Mpps	0	6.66Mpps
1	416kpps	1	1.66Mpps
2	208kpps	2	833kpps
3	104kpps	3	416kpps

3. 逻辑型式

逻辑型式有正逻辑和负逻辑两种，0 表示正逻辑，1 表示负逻辑，每种脉冲序列的逻辑型式如图 7-21 所示。

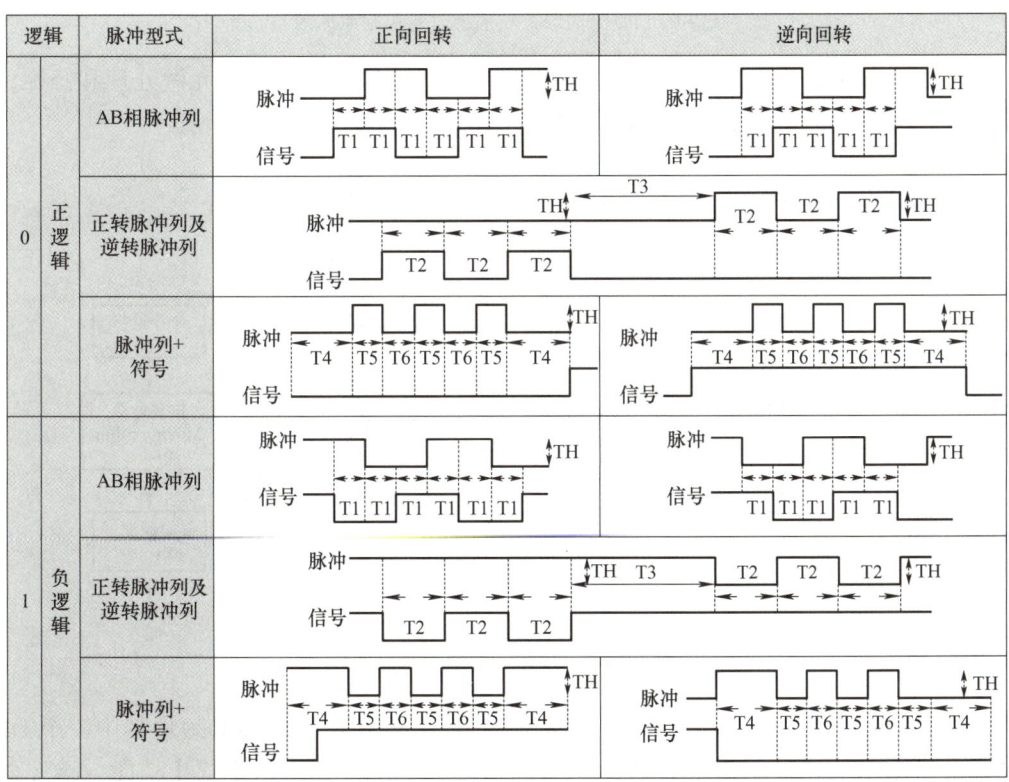

图 7-21 逻辑型式

4. 脉冲命令来源

位置脉冲是由 CN1 的 PULSE（41）、/PULSE（43）、HPULSE（38）、/HPULSE（36）与 SIGN（37）、/SIGN（39）、HSIGN（42）、/HSIGN（40）端子输入，可以是集电极开路，也可以是差动（Line Driver）方式。

0：低速光耦合（CN1 引脚：PULSE、SIGN）。

1：高速差动（CN1 引脚：HPULSE、HSIGN）。

此设定也可借由 DI：PTCMS 来选择外部脉冲的来源，当 DI 功能被选择时，就以 DI 为主要控制来源。

7.3.2 位置模式控制架构

位置模式基本控制架构如图 7-22 所示。

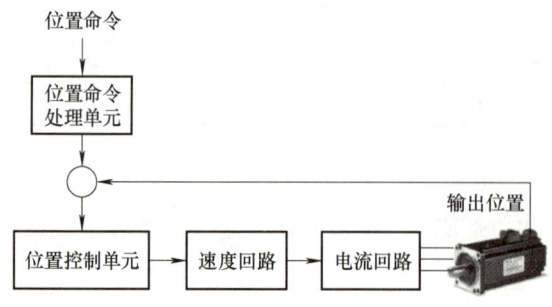

图 7-22 交流伺服控制系统位置控制原理图

为了达到更完美的控制效果,将脉冲信号先经过位置命令处理单元做处理和修饰,位置命令处理单元架构如图 7-23 所示。

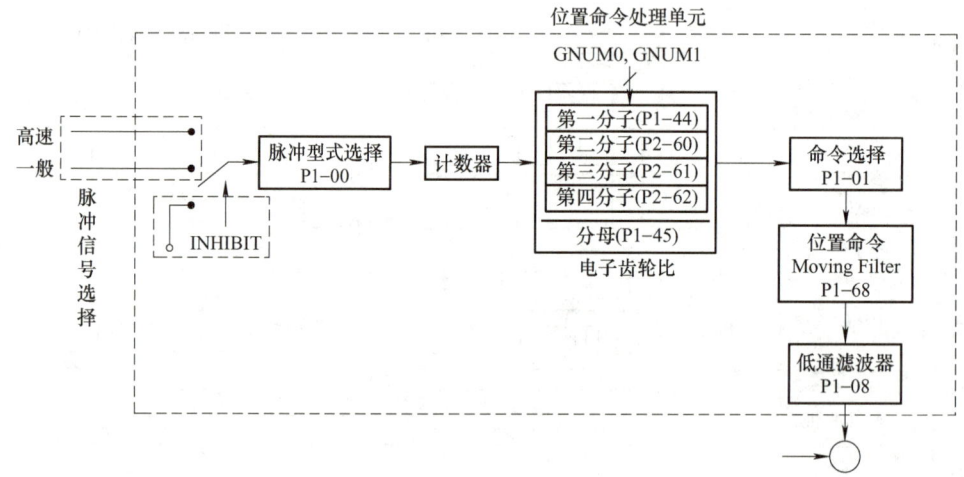

图 7-23 位置命令处理单元架构

其中 INHIBIT 表示脉冲指令禁止功能（INHP），使用此功能前必须将其中一个 DI 端先设定为 INHP,若 DI 里面没有选择此功能则代表不使用脉冲指令禁止功能。选定此功能后当 INHP 输入为 ON 时,在位置控制模式下脉冲指令信号停止计算,使得电动机会维持在锁定的状态。

7.3.3 电子齿轮比

如图 7-24 所示,在不设定电子齿轮比,即采用默认值 1 的情况下,假设丝杠螺距为 3mm,电动机编码器每转输出 2500 个脉冲,采用 4 倍频,那么命令端每发送一个脉冲,工作台将移动 0.3μm 的距离。若将电子齿轮比设置为 10/3,则可实现每发送一个脉冲,工作台移动 1μm 的脉冲当量。

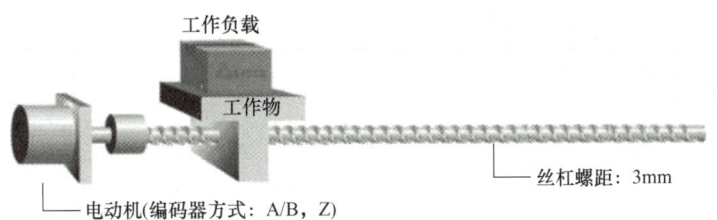

	齿轮比	每1脉冲指令对应工作物移动的距离
未使用电子齿轮	1	$=\dfrac{3\times 1000}{4\times 2500}=\dfrac{3000}{10000}=0.3\mu m$
使用电子齿轮	$\dfrac{10}{3}$	$=1\mu m$

图 7-24　伺服电动机传动系统结构

7.3.4　位置回路增益调整

在设定位置控制单元前，因为位置回路的内回路包含速度回路，用户必须先以手动（P2-32）操作方式将速度控制单元设定完成。然后再设定位置回路的比例增益（P2-00）、前馈增益（P2-02）。增加比例增益会提高位置回路响应频宽，前馈增益降低相位落后误差。或者使用自动模式来自动设定速度及位置控制单元的增益。

任务实施

1. 系统设计方案

本项目的控制器为 1212C DC/DC/DC 型 PLC，驱动器为台达伺服驱动器 ASD-B2，伺服电动机为 ECMA-C20604RS，本项目通过 PLC 来控制伺服电动机的位置，即实现了伺服电动机的精确定位控制。整个系统框图如图 7-25 所示。

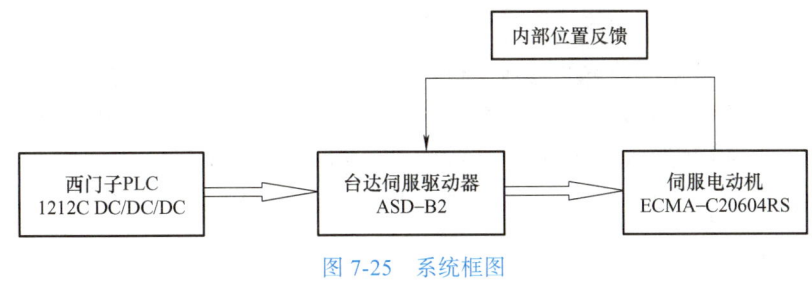

图 7-25　系统框图

2. PLC I/O 地址分配

I/O 地址分配表见表 7-14。

表 7-14　位置控制 PLC I/O 地址分配

输入信号		输出信号	
起动按钮	I0.0	伺服驱动器 PLS+	Q0.0
停止按钮	I0.1	伺服驱动器 DIR+	Q0.1
左限位开关	I0.3		
右限位开关	I0.4		
原点检测开关	I0.5		

3. 电路连接

按照图 7-26 所示进行电路连接。

4. 伺服驱动器参数设置

电路连接正确无误的前提下，给设备上电，设置伺服驱动器参数，见表 7-15。

表 7-15　伺服驱动器位置控制参数

参数号	参数名称	参数值	功能
P1-01 ●	控制模式选择参数	0	位置控制
P1-00 ▲	外部脉冲列指令型式	2	脉冲列加符号
P1-44 ▲	电子齿轮比分子	16	
P1-45 ▲	电子齿轮比分母	10	
P2-10	数字输入 DI1（9）功能	101	伺服起动
P2-15	数字输入 DI6（32）功能	022	反向限位
P2-16	数字输入 DI7（31）功能	023	正向限位
P2-17	数字输入 DI8（30）功能	021	急停

设置伺服驱动器参数时应注意：

（▲）伺服起动时无法设定的参数，例如 P1-00、P1-46 及 P2-33 等。

（●）有些参数必须重新开关机参数才有效，例如 P1-01 及 P3-00。

（■）断电后不记忆设定值的参数，例如 P2-30 及 P3-06。

（★）只读参数，只能读取状态值，例如 P0-00、P0-10 及 P4-00 等。

5. PLC 工艺对象配置

打开博途软件，单击新建项目，添加新设备，选择 CPU 型号及订货号，要与实际使用的 PLC 一致。

添加完成后，进行设备组态，选择脉冲发生器，单击启用脉冲发生器，信号类型选择 PTO（脉冲 A 和方向 B），如图 7-27 所示。

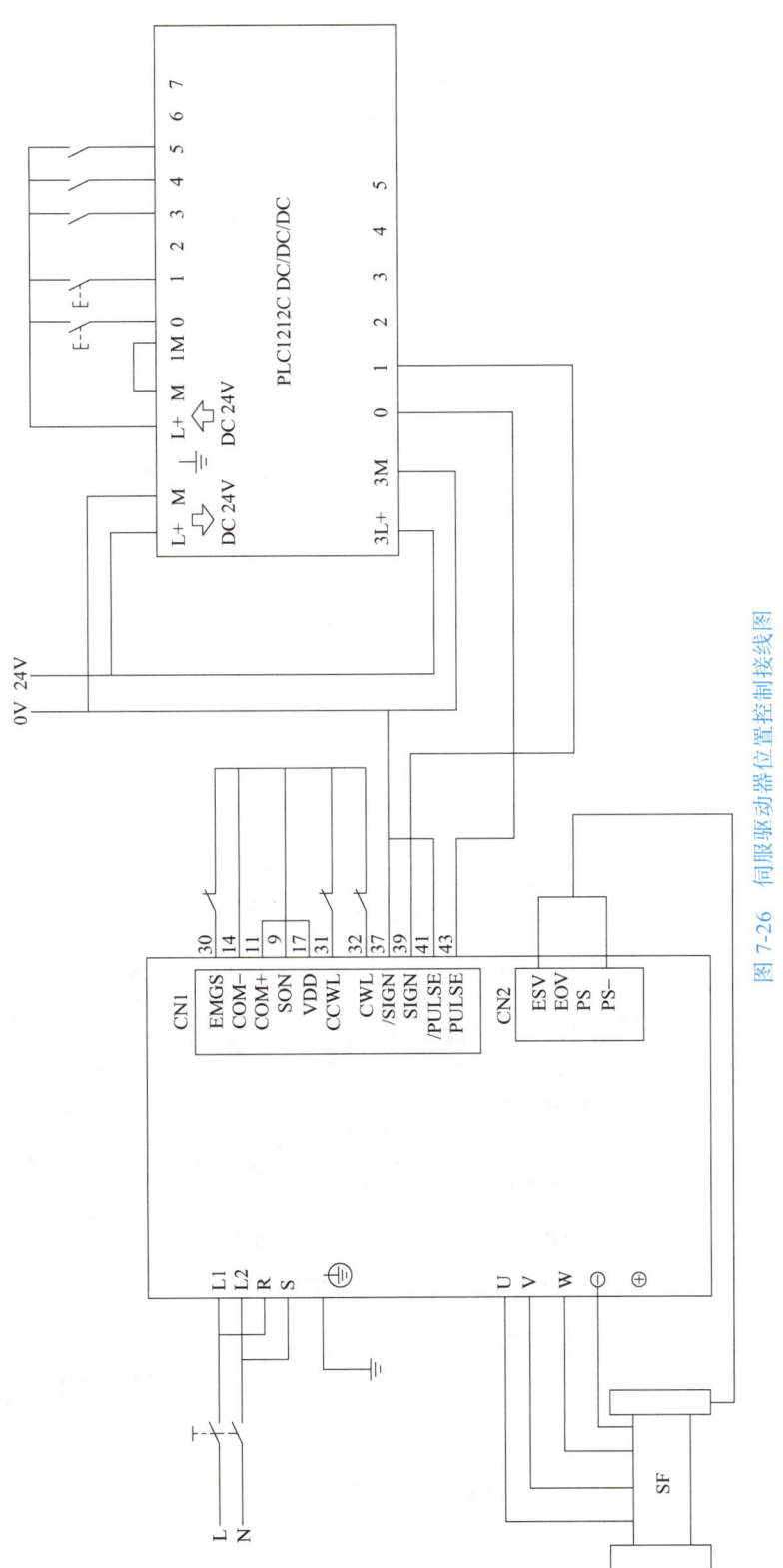

图 7-26 伺服驱动器位置控制接线图

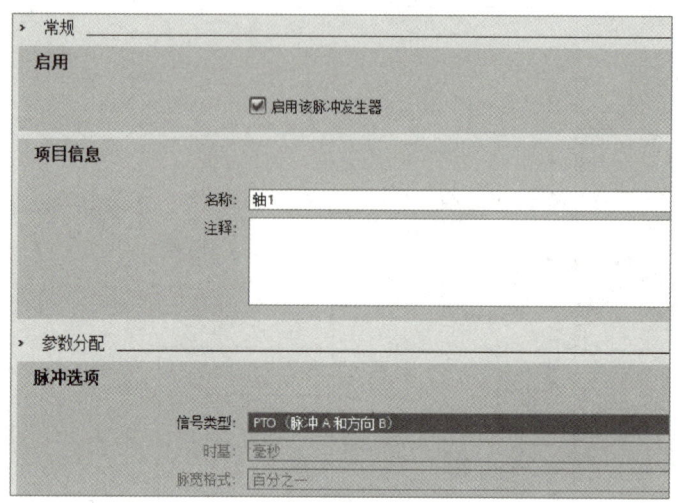

图 7-27 脉冲发生器的选择

单击新增工艺对象,再单击右边的轴控制,对轴参数进行设置,轴参数包括基本参数和扩展参数。基本参数设置包括脉冲发生器的类型选择以及驱动器信号,如图 7-28 和图 7-29 所示。

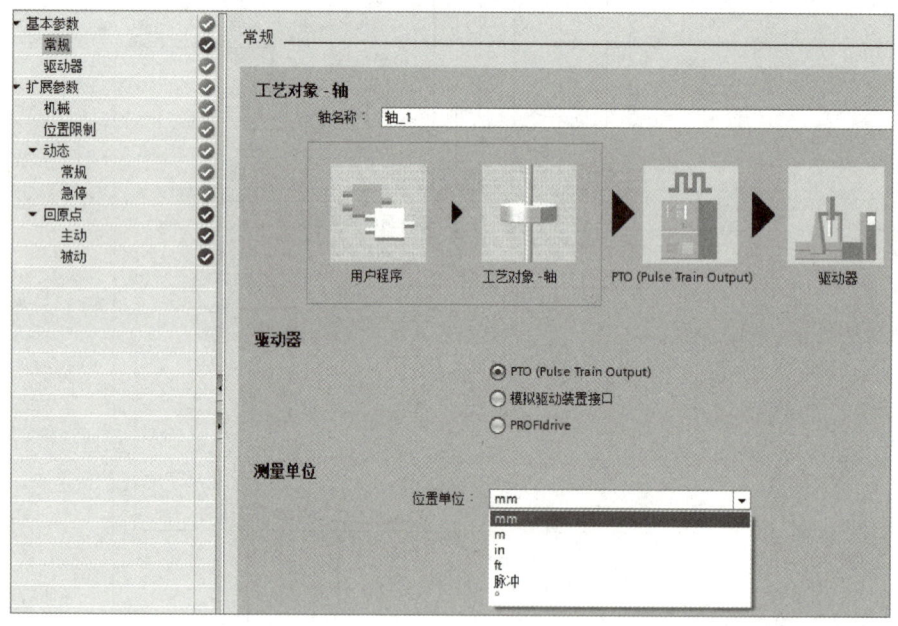

图 7-28 基本参数设置 1

设置完基本参数后,再设置扩展参数,扩展参数包括机械参数和位置限制参数,如图 7-30、图 7-31 所示,位置限制可以启用硬限位开关(硬限位开关未安装可不选)。

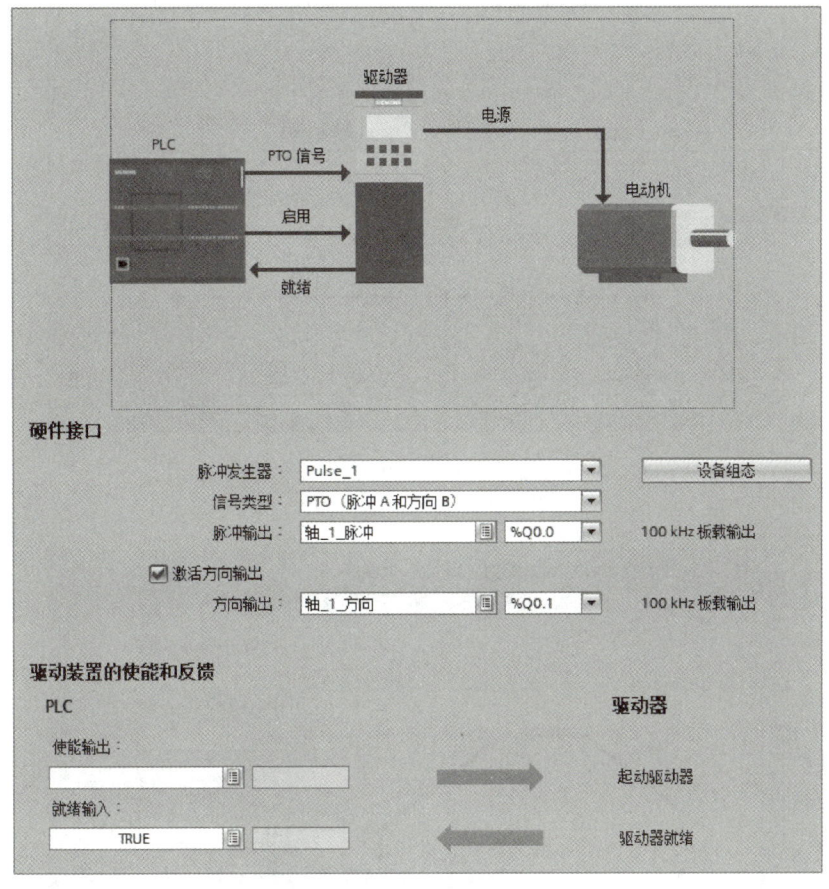

图 7-29　基本参数设置 2

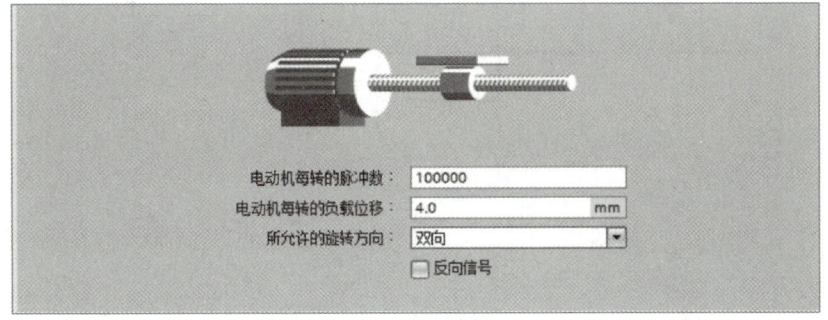

图 7-30　机械参数设置

扩展参数中的动态参数包括最大速度、起停速度、加速度等常规参数和急停参数，如图 7-32、图 7-33 所示。

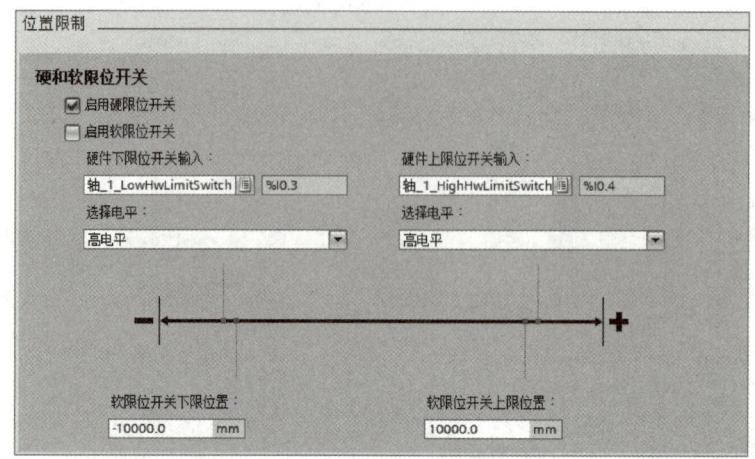

图 7-31　位置限制参数设置

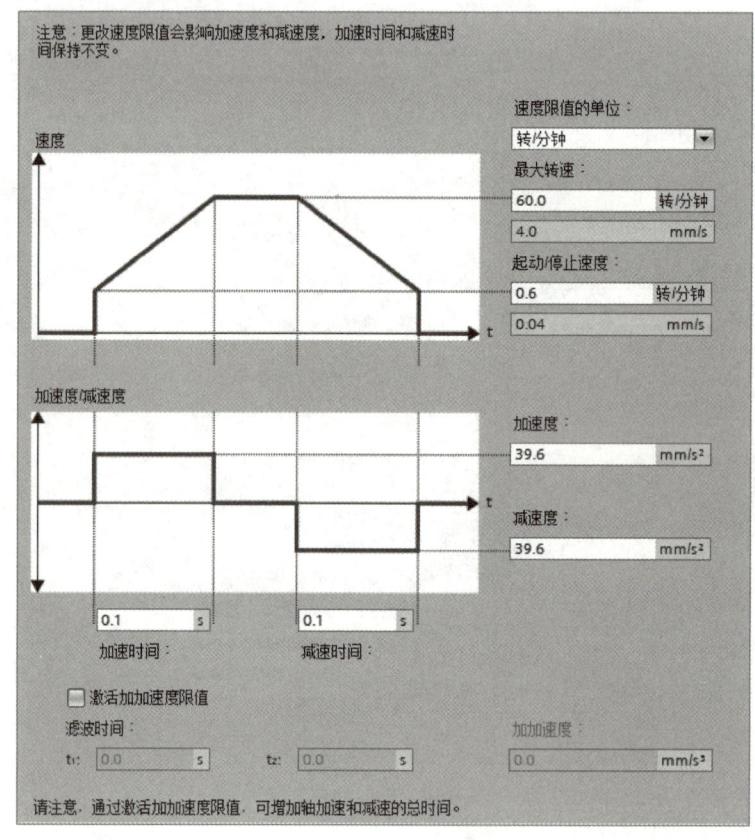

图 7-32　常规参数设置

回原点方式采用主动回原点，设置原点开关，修改逼近速度和参考速度，勾选"允许硬限位开关处自动反转"（未设置硬限位开关可不勾选），参数设置如图 7-34 所示。

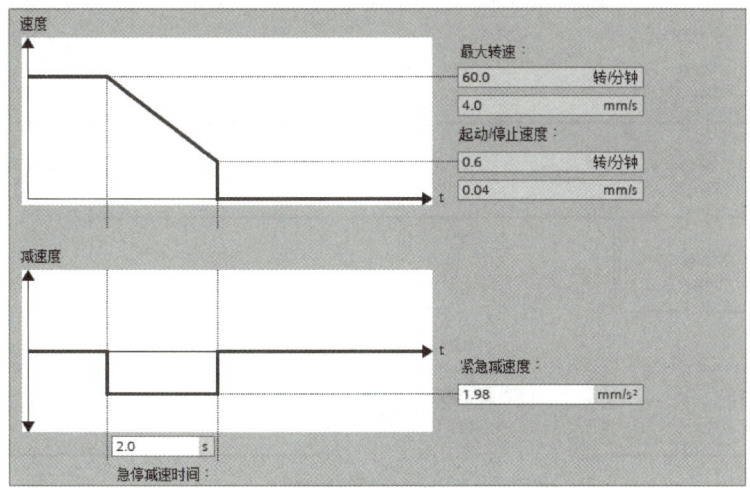

图 7-33 急停参数设置

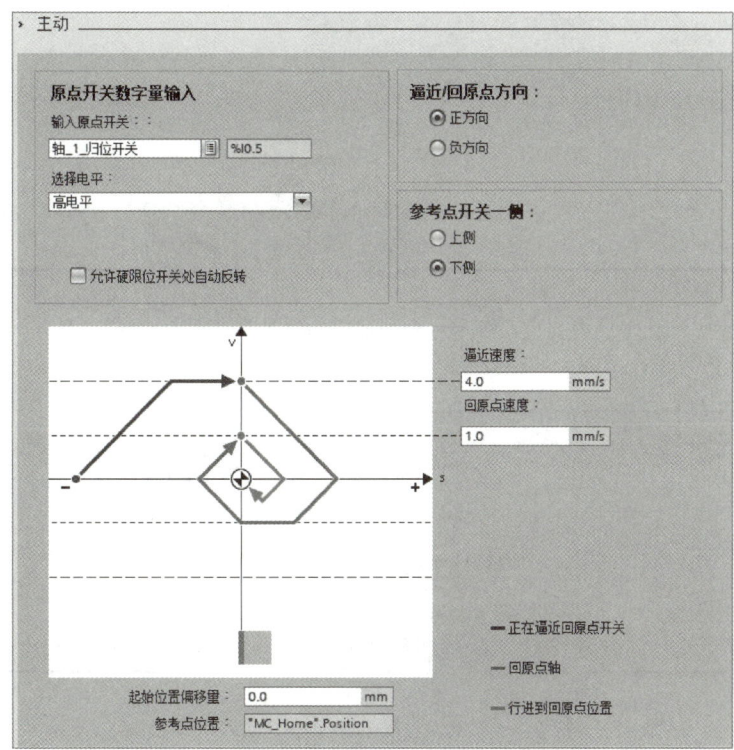

图 7-34 主动回原点方式

轴组态完成后，可通过组态下方的"调试"功能查看参数设置是否正确。将 PLC 下载后，单击调试→激活→启用，分别单击正向、反向点动按钮，查看电动机正反向点动运行是否正常。

6. 编写 PLC 程序

电动机运动正常，说明参数设置合适，再进行程序的编写。在程序编辑界面中，打开右边的扩展指令，调出运动控制指令进行程序的编写，参考程序如图 7-35 所示。

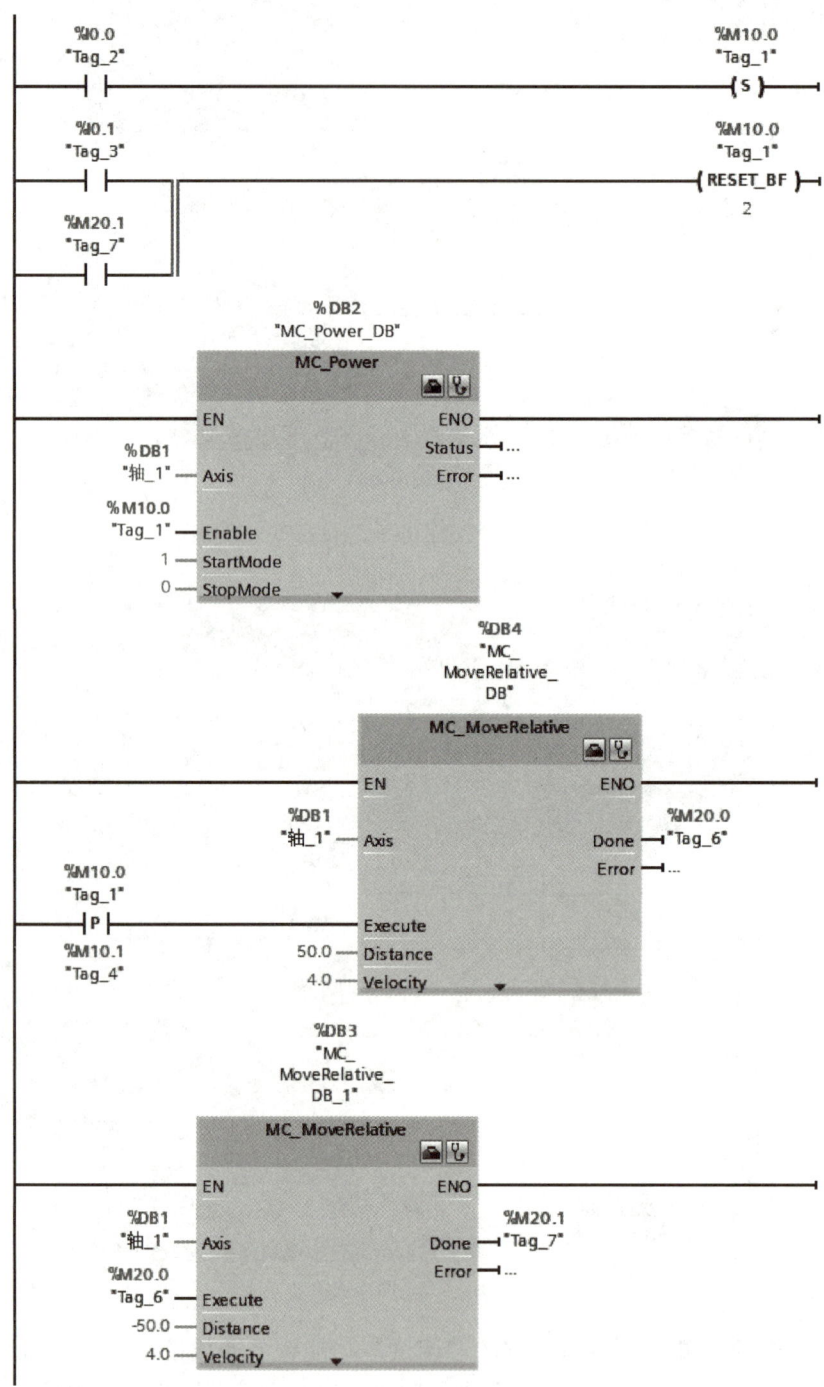

图 7-35　位置控制程序

7. 运行调试

将程序下载至 PLC 中并运行。按下起动按钮，观察伺服电动机运转情况。

任务拓展

如果采用 AC/DC/RLY 型 PLC，如何与伺服驱动器连接？

思考与练习

一、填空题

1. ASD-B2 伺服驱动器提供三种基本操作模式_____、_____和_____。
2. 当电子齿轮比等于 0.5 时，则命令端每_____个脉冲所对应电动机转动脉冲为 1 个脉冲。

二、判断题

1. 电子齿轮比提供简单易用的行程比例变更，通常大的电子齿轮比会导致位置命令步阶化，可透过低通滤波器将其平滑化来改善此现象。（   ）
2. 位置模式（PT）指令是端子台输入的脉冲，脉冲有三种型式可以选择，每种型式也有正/负逻辑之分。（   ）
3. 选择脉冲发生器，单击启用脉冲发生器，信号类型选择 PTO（脉冲 A 和方向 B）。（   ）

任务 7.4　交流伺服驱动器速度控制

任务描述

本次任务是认识和了解交流伺服控制的速度控制模式，并根据提供的资料完成台达 ASD-B2 伺服驱动器的速度控制。

任务：工作台运行速度控制，某机床工作台采用 ASD-B2 系列伺服电动机驱动，其速度运行示意如图 7-36 所示。

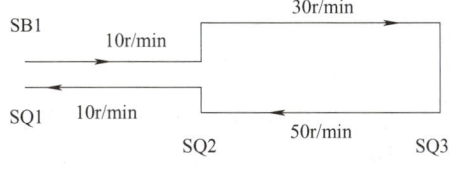

图 7-36　速度运行示意图

工作台在原位时，按下起动按钮 SB1 后，工作台将以 10r/min 的速度慢速向前切入，撞到行程开关 SQ2 后，速度转为 30r/min 加速前进，撞到 SQ3，工作台停止前进，延时 5s 后以 50r/min 的速度快速返回，当再次撞下 SQ2 后，速度又降为 10r/min，直至回到原位，撞到原位行程开关 SQ1 后工作台将自动启动新一轮运行过程，不断往复。在工作台运动过程中，如果按下停止按钮 SB2，工作台并不立即停止，待到完成一轮加工后回到原位，此后工作台将停止循环工作。

学习目标

☐ 掌握交流伺服控制系统速度控制原理。
☐ 掌握交流伺服控制系统速度控制的架构。
☐ 能够实现交流伺服控制系统速度控制。
☐ 增强责任担当，树立团结协作精神。

知识准备

速度控制模式（S 或 Sz）被应用于精密控速的场合，例如 CNC 加工机床。本装置有两种输入模式，分别是模拟指令输入和指令寄存器输入。模拟指令输入可经由外界来的电压操纵电动机的转速。指令寄存器输入亦有两种应用方式，第一种是先将不同速度指令值设于三个指令寄存器中，再由 CN1 接口中的数字输入 DI 端进行切换；第二种为利用通信方式来改变指令寄存器的内容值。

7.4.1 速度指令

速度指令的来源分成两类，一类为外部输入的仿真电压；另一类为内部参数。选择的方式是根据 CN1 的 DI 信号来决定的，见表 7-16。

表 7-16 速度指令的来源

速度指令编号	CN1 的 DI 信号		指令来源		内容	范围
	SPD1	SPD0				
S1	0	0	模式	S	外部模拟指令 V-REF、GND 之间的电压差	−10～10V
				Sz	无 速度指令为 0	0
S2	0	1	内部寄存器参数		P1-09	−50000～50000
S3	1	0			P1-10	−50000～50000
S4	1	1			P1-11	−50000～50000

当 SPD0=SPD1=0 时，如果模式是 Sz，则指令为 0。因此若使用者不需要使用仿真电压作为速度指令时，可以采用 Sz 模式来避免仿真电压零点漂移的问题。如果模式是 S，则指令为 V-REF、GND 之间的仿真电压差，输入的电压范围是 −10～10V，电压对应的转速是可以调整的（P1-40）。

当 SPD0 和 SPD1 中任何一个不为 0 时，速度指令为内部寄存器参数。内部寄存器参数设定范围为 −50000～50000，设定转速 = 设定值 × 单位（0.1r/min）。例如若 P1-09=3000，则设定转速 =3000×0.1r/min=300r/min。长按 SHIFT 键 2s，可切换正（+）、负（-）符号，当数据以 10 进制显示时，最左边的两个小数点代表负号，如转速设定值 00500 表示 +500，0.0.500.0 则表示 -500。

7.4.2 速度模式控制架构

1. 速度模式架构

速度控制模式下基本的框架结构如图 7-37 所示。

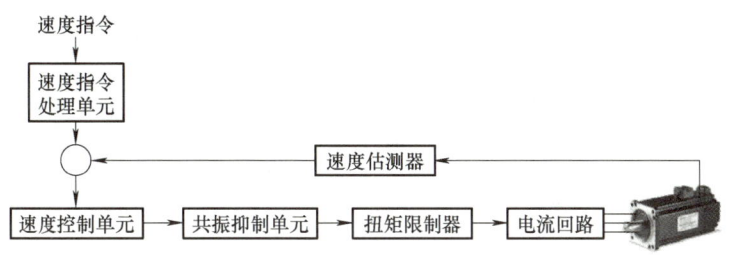

图 7-37 速度模式控制架构

其中，速度指令处理单元是根据表 7-16 选择速度指令的来源，它包含比例器（P1-40）、模拟形命令平滑器（P1-59）和低通滤波器（P1-06）等。其中比例器的功能是在速度模式下，设定输入最大电压 10V 时对应的转速。假设 P1-40 设为 3000r/min，若外部输入最大电压 10V，即速度控制指令为 3000r/min，若外部输入电压为 5V，则速度控制指令为 1500r/min。模拟形命令平滑器主要提供模拟输入信号变化过快时的缓冲处理。低通滤波器通常用来衰减掉不想要的高频响应或噪声，并兼具命令平滑的效果。速度控制单元是管理驱动器的增益参数并及时运算出供给电动机的电流指令。共振抑制单元是用来抑制机械结构发生的共振现象。

2. 速度命令处理单元的架构

速度命令处理单元架构如图 7-38 所示。

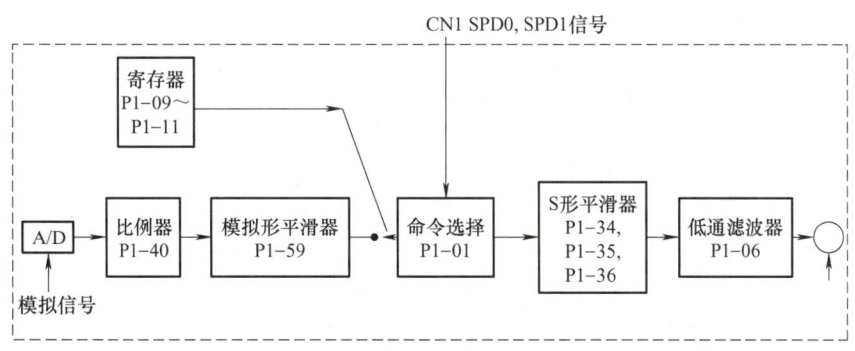

图 7-38 速度命令处理单元架构

上方路径为内部寄存器指令，下方路径为外部仿真指令，根据 SPD0、SPD1 状态以及 P1-01（S 或 Sz）来选择。通常为了对指令信号仍有较平顺的响应，此时指令平滑器 S 曲线及低通滤波器会被使用。

任务实施

1. 绘制电路原理图，根据原理图连接电路

根据要求绘制伺服系统与 PLC 连接的电路原理图，如图 7-39 所示。

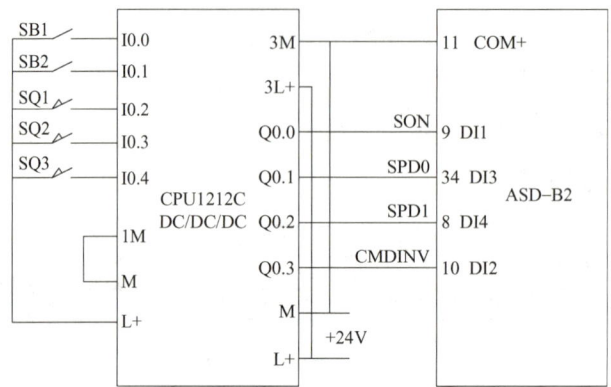

图 7-39　速度控制原理图

PLC 地址分配见表 7-17。

表 7-17　输入输出地址

输入信号名称	地址	输出信号名称	地址
起动按钮	I0.0	伺服起动信号 SON	Q0.0
停止按钮	I0.1	速度命令选择 SPD0	Q0.1
原位行程开关 SQ1	I0.2	速度命令选择 SPD1	Q0.2
行程开关 SQ2	I0.3	反转控制	Q0.3
行程开关 SQ3	I0.4		

2. 设置伺服驱动器参数

参数设置见表 7-18。

表 7-18　速度控制模式参数设置

序号	参数号	参数功能	参数值
1	P1-01	控制模式选择	004（速度控制模式 Sz）
2	P1-09	内部速度指令 1	100（10r/min）
3	P1-10	内部速度指令 2	300（30r/min）
4	P1-11	内部速度指令 3	500（50r/min）
5	P2-10	数字输入 DI1 功能：伺服起动	101
6	P2-11	数字输入 DI2 功能：反向控制	106
7	P2-12	数字输入 DI3 功能：速度指令 SPD0	114
8	P2-13	数字输入 DI4 功能：速度指令 SPD1	115

3. PLC 编程

根据控制要求和地址分配设计 PLC 程序，如图 7-40 所示。

项目 7　交流伺服驱动系统的装调

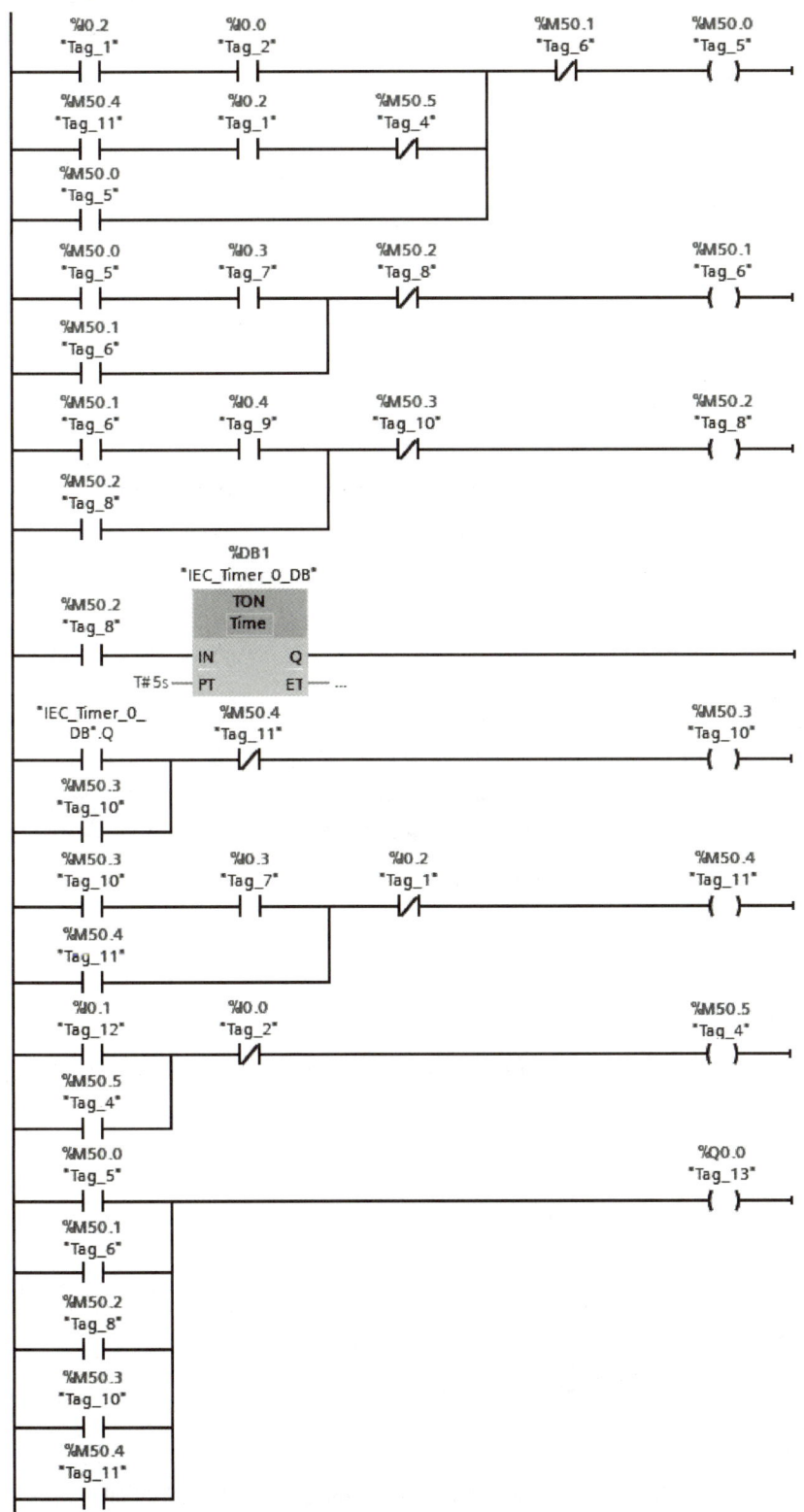

图 7-40　速度控制程序

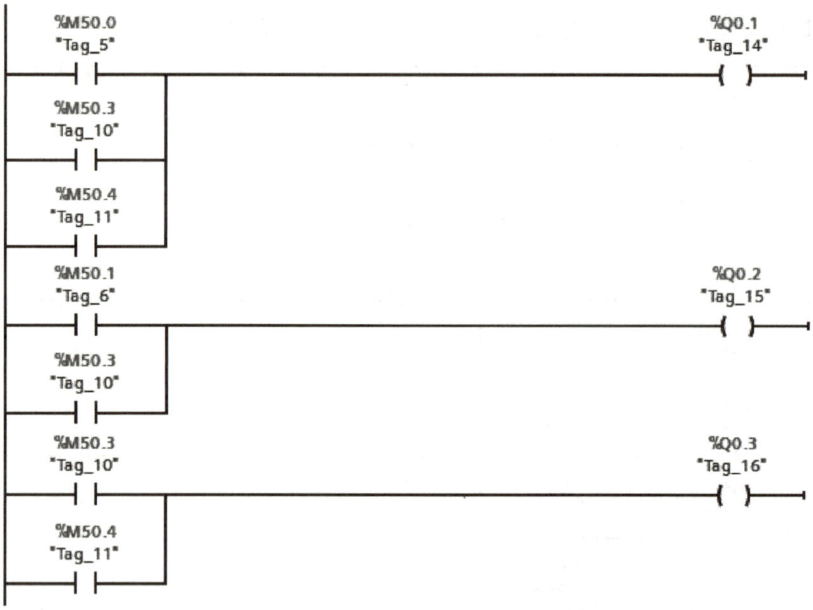

[梯形图]

图 7-40 速度控制程序（续）

4. 运行调试

将程序下载至 PLC 中并运行。工作台原位开关闭合前提下，按下起动按钮，观察伺服电动机运转情况；行程开关 SQ2 动作，观察伺服电动机转速变化情况；此后 SQ3、SQ2 依次动作，观察伺服电动机转速变化；回到原位，原位开关动作，观察工作台是否能够自动循环。驱动器状态显示参数 P0-02 的值改为 7 可实时显示伺服电动机转速（r/min）。

将 DI2、DI3、DI4 端子换成 DI6、DI8、DI7 端子，如何实现速度控制和方向控制？

一、填空题

1. 速度指令的来源分成两类，一类为外部输入的_____，另一类为_____。
2. 当 SPD0 和 SPD1 中任何一个不为 0 时，速度指令为_____。
3. 若 P1-09=3000，则设定转速 =_____r/min。

二、判断题

1. 速度控制模式（S 或 Sz）被应用于精密控速的场合，例如 CNC 加工机床。　　（　　）
2. 共振抑制单元是用来抑制机械结构发生的共振现象。　　（　　）

项目 7　交流伺服驱动系统的装调

任务 7.5　交流伺服驱动器混合模式控制

任务描述

本次任务是认识和了解交流伺服的混合模式控制，并熟悉三种混合模式的优缺点。某机床工作台采用 ASD-B2 系列伺服电动机驱动，其速度运行如图 7-41 所示。

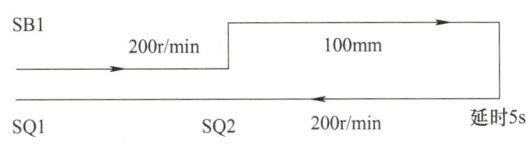

图 7-41　速度运行示意

工作台在原位，当按下系统起动按钮 SB1 后，工作台将以 200r/min 的速度慢速向前切入，当撞到行程开关 SQ2 后，工作台向前运行 100mm，后延时 5s，再以 200r/min 的速度返回，撞到原位行程开关 SQ1 后工作台停止。

**学习目标**

□ 了解 ASD-B2 系列伺服驱动器的三种混合模式。
□ 掌握三种混合模式的使用条件及应用范围。
□ 能够实现速度-位置混合控制。
□ 树立环保、健康和安全意识。

知识准备

除了单一操作模式以外，ASD-B2 驱动器亦提供混合模式可供运用。混合模式共有三种，分别是速度/位置混合模式（PT-S）、速度/扭矩混合模式（S-T）和扭矩/位置混合模式（PT-T），由 P1-01 来选择模式类型，见表 7-19。

表 7-19　三种混合模式

模式名称	模式代号	模式码	说明
混合模式	PT-S	06	PT 与 S 可透过 DI 信号切换
	PT-T	07	PT 与 T 可透过 DI 信号切换
	S-T	0A	S 与 T 可透过 DI 信号切换

7.5.1 速度/位置混合模式

速度/位置混合模式下，位置命令来自外部输入的脉冲，速度命令可以是外部模拟电压或是内部参数（P1-09～P1-11）。速度/位置模式的切换由S-P信号控制。时序图如图7-42所示。

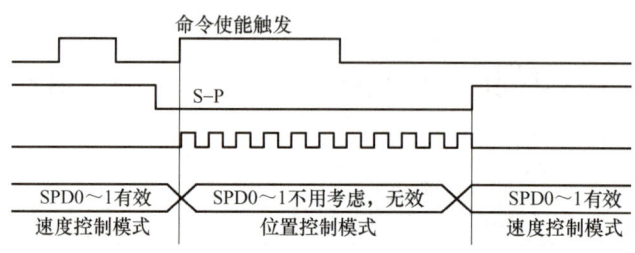

图7-42 速度/位置混合模式时序图

在位置模式时（S-P为OFF），电动机对外部脉冲计数，并跟随外部脉冲命令动作。当切换成速度模式后（S-P为ON），电动机会自动停止计数外部脉冲，即使外部脉冲持续送出仍然不计数，速度命令由SPD0～1来选择，电动机立刻追随命令转速旋转。当S-P为OFF，又立刻回到位置模式。

7.5.2 速度/扭矩混合模式

速度/扭矩混合模式下，速度命令可以是外部模拟电压或是内部参数（P1-09～P1-11），同样，扭矩命令可以是外部模拟电压或是内部参数（P1-12～P1-14），速度/扭矩混合模式的切换是由S-T信号控制，时序图如图7-43所示。

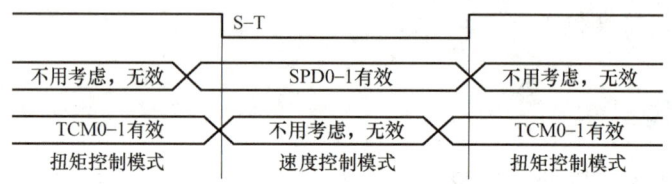

图7-43 速度/扭矩混合模式时序图

在扭矩模式时（S-T为ON），扭矩命令由TCM0～1来选择。当切换成速度模式后（S-T为OFF），速度命令由SPD0～1来选择，电动机立刻追随命令转速旋转。当S-T为ON，又立刻回到扭矩模式。

7.5.3 扭矩/位置混合模式

位置命令来自外部输入的脉冲，扭矩命令可以是外部模拟电压或是内部参数（P1-12～P1-14），扭矩/位置模式的切换是由T-P信号控制。时序图如图7-44所示。

项目 7　交流伺服驱动系统的装调

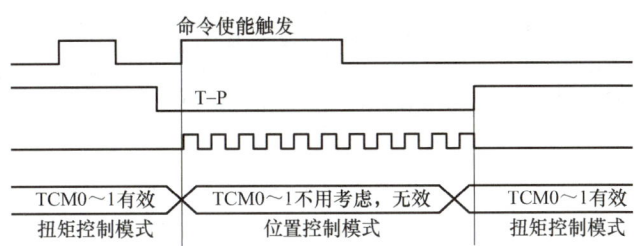

图 7-44　扭矩/位置混合模式时序图

在位置模式时（T-P 为 OFF），电动机计数外部脉冲，跟随外部脉冲命令动作。当切换成扭矩模式后（T-P 为 ON），会自动停止计数外部脉冲，即使外部脉冲持续送出仍然不计数，扭矩命令由 TCM0～1 来选择，电动机立刻追随命令转矩旋转。当 T-P 为 OFF，又立刻回到位置模式。

1. 设置参数

P1-01 为控制模式及控制指令输入源设定参数，当 P1-01=6 时，即选择了控制模式为位置速度混合控制模式，见表 7-20。

表 7-20　P1-01 含义

P1-01	CTL	控制模式及控制指令输入源设定				通信地址：0102H 0103H	
		Mode	PT	S	T	Sz	Tz
		单一模式					
		00	▲				
		01	保留				
		02		▲			
		03			▲		
		04				▲	
		05					▲
		混合模式					
		06	▲	▲			
		07	▲		▲		
		08	保留				
		09	保留				
		0A				▲	▲

PT 位置指令是端子台输入的脉冲，脉冲型式由参数 P1-00 设定。速度指令选择可以根据 SPD0、SPD1 来进行选择。

如果预设的 DI/DO 信号无法满足需求，自行设定 DI/DO 信号的方法也很简单，DI1～9 与 DO1～6 的信号功能是根据参数 P2-10～P2-17、P2-36 与参数 P2-18～P2-22、P2-37 来决定。见表 7-21，在对应参数中输入 DI 码或 DO 码，即可设定此 DI/DO 的功能。

表 7-21　DI 对应引脚及参数

信号名称		Pin No	对应参数
标准 DI	DI1-	CN1-9	P2-10
	DI2-	CN1-10	P2-11
	DI3-	CN1-34	P2-12
	DI4-	CN1-8	P2-13
	DI5-	CN1-33	P2-14
	DI6-	CN1-32	P2-15
	DI7-	CN1-31	P2-16
	DI8-	CN1-30	P2-17
	DI9-	CN1-12	P2-36

结合前面的位置控制和速度控制，参数设置见表 7-22。

表 7-22　位置速度混合控制参数设置

参数	设定值	符号	输入功能
P1-01	6	CTL	控制模式及控制指令输入源设定
P1-00	2	PTT	外部脉冲列输入型式设定
P1-09	2000	SP1	内部速度 1
P1-10	2000	SP2	内部速度 2
P2-10	101	SON	伺服起动
P2-11	118	S-P	速度/位置混合模式指令选择切换
P2-12	114	SPD0	速度 1 选择
P2-13	115	SPD1	速度 2 选择
P1-44	16	GR1	电子齿轮比分子（N1）
P1-45	10	GR2	电子齿轮比分母（M）

2. PLC 输入输出地址分配

PLC 输入输出地址分配见表 7-23。

表 7-23　混合控制 PLC 输入输出地址分配

输入	地址	输出	地址
起动按钮	I0.0	脉冲 PLS	Q0.0
SQ1	I0.1	方向 SON	Q0.2
SQ2	I0.2	SPD0	Q0.3
停止按钮	I0.3	SPD1	Q0.4
		S-P 速度位置切换	Q0.5

3. 绘制电路原理图

电气控制原理图如图 7-45 所示。

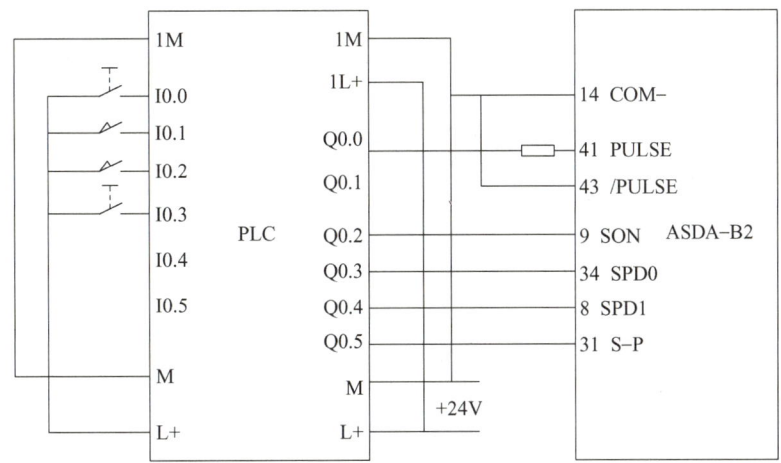

图 7-45 电气控制原理图

4. 编写程序

根据控制要求以及上述的 I/O 地址分配，用博途软件编写程序，如图 7-46 所示。

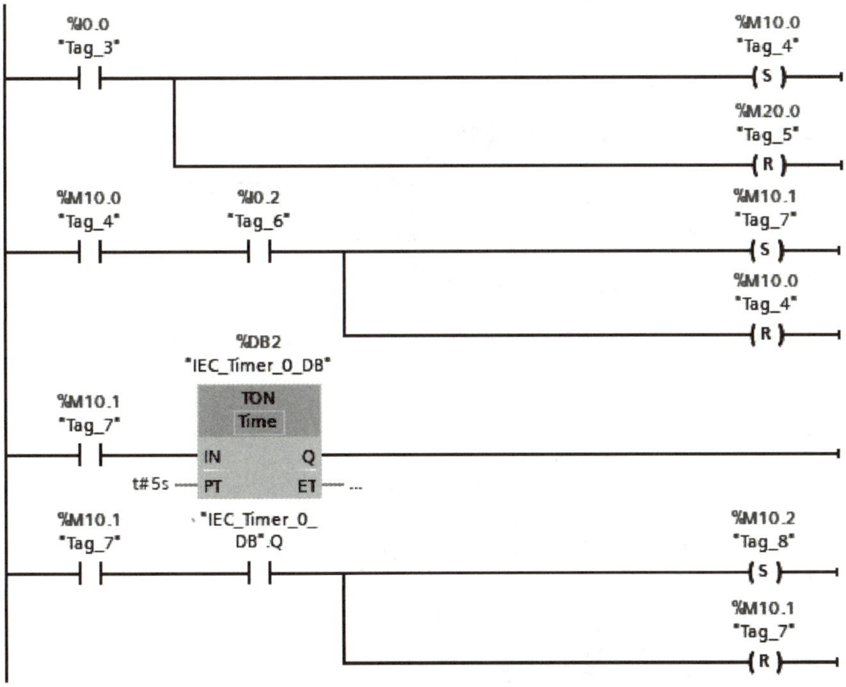

图 7-46 速度位置控制参考程序

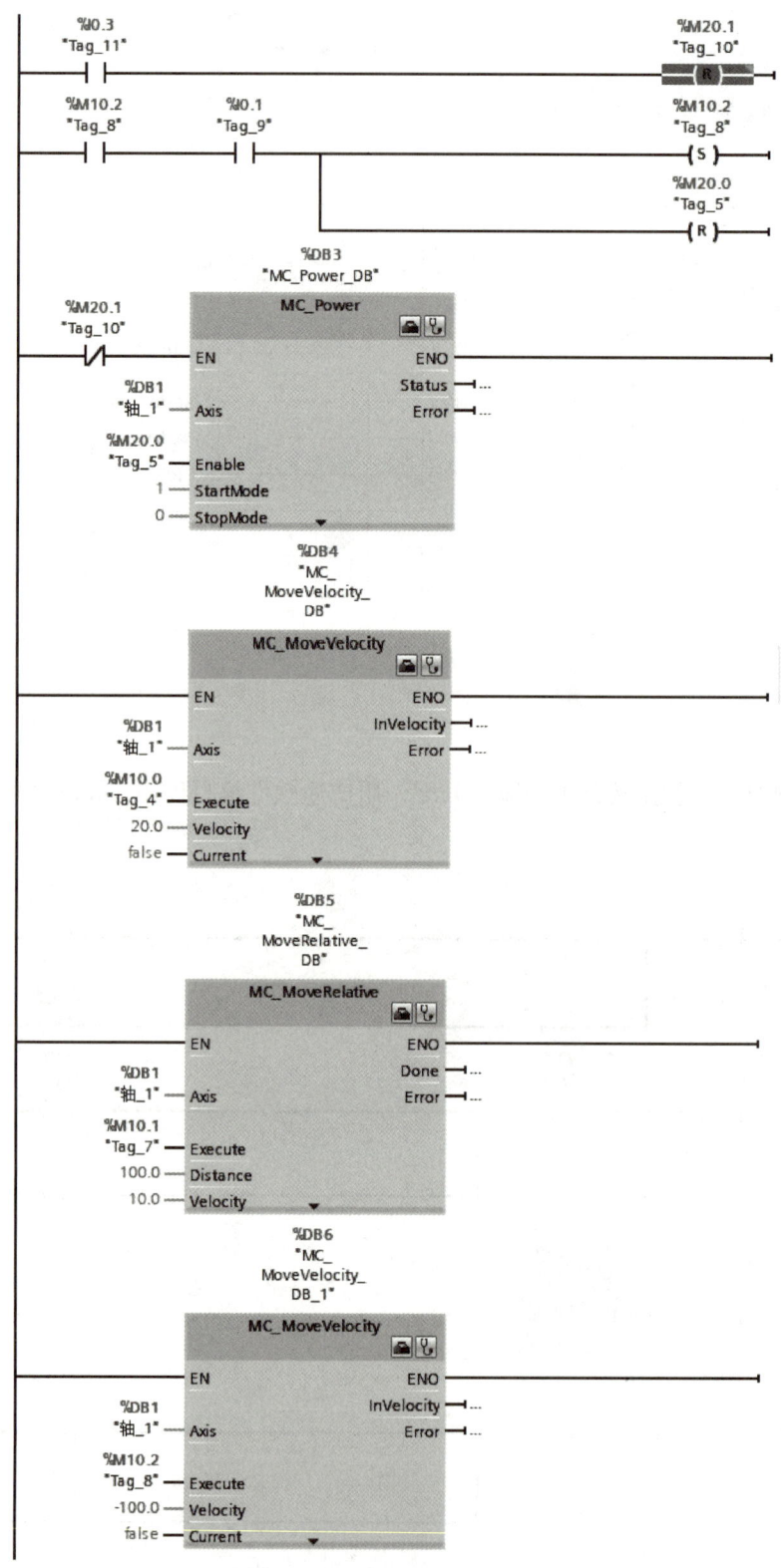

图 7-46　速度位置控制参考程序（续）

5.调试程序

将硬件线路接好,参数设置好后,将程序下载至 PLC 中,根据要求调试程序。

任务拓展

在其他混合模式下,参数如何设置?

思考与练习

一、填空题

1. 交流伺服的混合控制模式有三种_____、_____、_____。
2. 速度命令可以是外部模拟电压或是内部参数_____。
3. PT 位置指令是端子台输入的脉冲,脉冲有_____种型式可以选择。

二、判断题

1. PT 位置指令是端子台输入的脉冲,脉冲有三种型式可以选择,每种型式也有正/负逻辑之分,可在参数 P1-00 中设定。(   )
2. 如果预设的 DI/DO 信号无法满足需求,可自行设定 DI/DO 信号。(   )

项目 8　步进电动机驱动系统的装调

步进电动机作为执行元件，是机电一体化的关键产品之一，广泛应用在各种自动化控制系统中。随着微电子和计算机技术的发展，步进电动机的需求量与日俱增，在国民经济各个领域都有应用。作为电力系统中重要的生产设备，人们对步进电动机的了解也不能仅限于认识而已，应该深入了解它的结构、基本原理以及应用。

任务 8.1　认识步进驱动系统

任务描述

本任务是认识和了解步进驱动系统的控制方式，熟悉步进驱动器 Kinco3M458 的工作过程。

学习目标

- □ 了解步进电动机的结构和工作原理。
- □ 了解步进驱动器的结构和工作原理。
- □ 了解步进驱动系统的控制方式。
- □ 能够设置步进驱动器 Kinco3M458 的工作电流、细分精度。
- □ 具备敬业、专注的工匠精神。

知识准备

步进电动机是一种直接将电脉冲转化为机械运动的机电装置，通过控制施加在电动机线圈上的电脉冲顺序、频率和数量，可以实现对步进电动机的转向、速度和旋转角度的控制。在不借助带位置感应的闭环反馈控制系统的情况下，使用步进电动机与其配套的驱动器共同组成的控制简便、低成本的开环控制系统，就可以实现精确的位置和速度控制。

8.1.1 步进电动机

1. 步进电动机的结构

步进电动机主要由定子和转子两部分构成。定子、转子铁心由软磁材料或硅钢片叠成凸极结构，定、转子磁极上均有小齿，且齿数相等。其中定子有六个磁极，定子磁极上套有星形连接的三相控制绕组，每两个相对的磁极为一相，组成一相控制绕组，转子上没有绕组。转子上相邻两齿间的夹角称为齿距角。图 8-1 所示为步进电动机的外形结构。

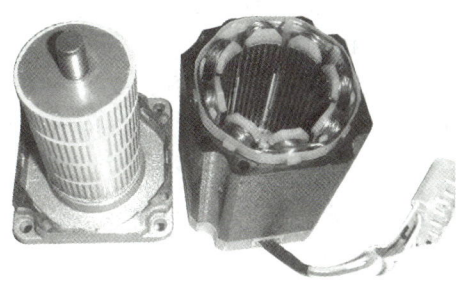

图 8-1 步进电动机的外形结构

2. 步进电动机的工作方式

步进电动机的工作方式可分为：三相单三拍、三相单双六拍、三相双三拍等。

（1）三相单三拍

三相绕组的联结方式为丫形。三相绕组中的通电顺序为正转 A 相→B 相→C 相→A 相；或者反转 A 相→C 相→B 相→A 相。工作原理如图 8-2 所示，A 相通电，A 方向的磁通经转子形成闭合回路。若转子和磁场轴线方向原有一定角度，则在磁场的作用下，转子被磁化，吸引转子，由于磁力线总是要通过磁阻最小的路径闭合，因此会在磁力线扭曲时产生切向力而形成磁阻转矩，使转子转动，转、定子的齿对齐时停止转动。A 相通电使转子 1、3 齿和 AA′ 对齐；B 相通电，转子 2、4 齿和 B 相轴线对齐，相对 A 相通电位置转 30°；C 相通电再转 30°。这种工作方式，因三相绕组中每次只有一相通电，而且一个循环周期共包括三个脉冲，所以称三相单三拍。

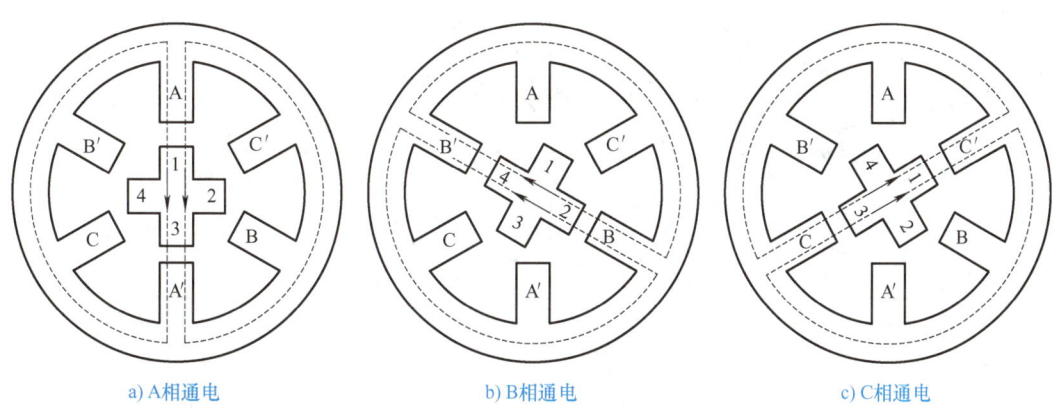

a) A相通电 b) B相通电 c) C相通电

图 8-2 三相单三拍工作原理

三相单三拍的特点：

1）每来一个电脉冲，转子转过 30°。此角称为步距角，用 S 表示。

2）转子的旋转方向取决于三相线圈通电的顺序，改变通电顺序即可改变转向。

（2）三相单双六拍

三相绕组的通电顺序为：A → AB → B → BC → C → CA → A。工作过程中，A 相通电，转子 1、3 齿和 A 相对齐，如图 8-3a 所示；然后 A、B 相同时通电，BB′ 磁场对 2、4 齿有磁拉力，该拉力使转子顺时针方向转动，AA′ 磁场继续对 1、3 齿有磁拉力，如图 8-3b 所示，B 相通电，转子 2、4 齿和 B 相对齐，又转了 15°，如图 8-3c 所示。总之，每个循环周期，有六种通电状态，步距角为 15°，所以称为三相六拍。

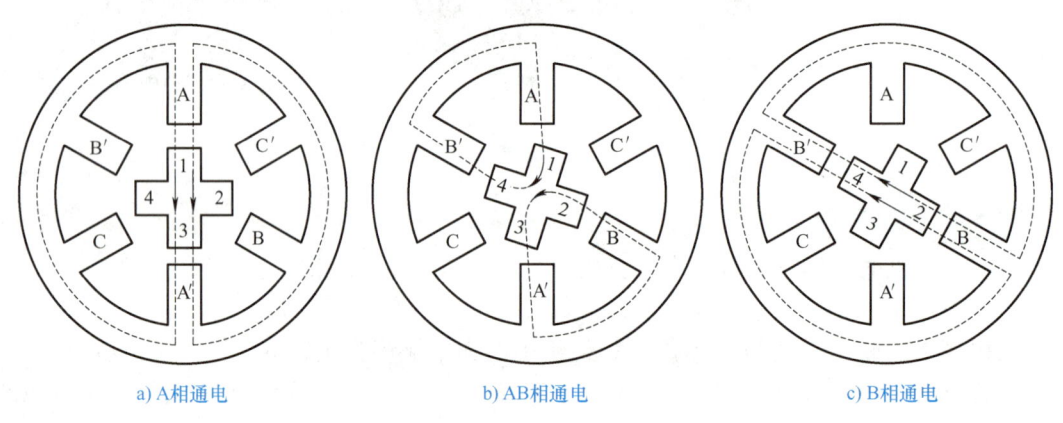

a) A相通电　　　　　b) AB相通电　　　　　c) B相通电

图 8-3　三相单双六拍工作原理

（3）三相双三拍

三相绕组的通电顺序为：AB → BC → CA → AB 共三拍。工作方式为三相双三拍时，每通入一个电脉冲，转子也是转 30°，即步距角为 30°，其工作原理如图 8-4 所示。

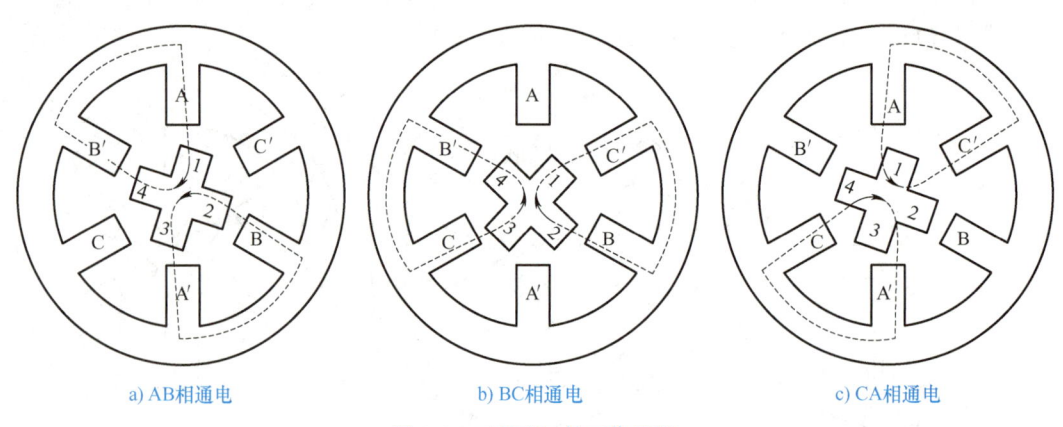

a) AB相通电　　　　　b) BC相通电　　　　　c) CA相通电

图 8-4　三相双三拍工作原理

以上三种工作方式，三相双三拍和三相单双六拍较三相单三拍稳定，因此较常采用。

3. 步进电动机的基本参数

（1）电动机固有步距角

步距角表示控制系统每发一个步进脉冲信号，电动机所转动的角度。电动机出厂时给出了一个步距角的值，这个步距角可以称为"电动机固有步距角"，它不一定是电动机实际工作时的真正步距角，真正的步距角和驱动器有关。

（2）步进电动机的相数

步进电动机的相数是指电动机内部的线圈组数，目前常用的有二相、三相、四相、五相步进电动机。电动机相数不同，其步距角也不同，一般二相电动机的步距角为 0.9°/1.8°、三相的为 0.75°/1.5°、五相的为 0.36°/0.72°。在没有细分驱动器时，用户主要靠选择不同相数的步进电动机来满足自己步距角的要求。如果使用细分驱动器，则"相数"将变得没有意义，用户只需在驱动器上改变细分数，就可以改变步距角。

（3）保持转矩（HOLDING TORQUE）

保持转矩是指步进电动机通电但没有转动时，定子锁住转子的力矩。它是步进电动机最重要的参数之一，通常步进电动机在低速时的力矩接近保持转矩。由于步进电动机的输出力矩随速度的增大而不断衰减，输出功率也随速度的增大而变化，所以保持转矩就成为衡量步进电动机最重要的参数之一。比如，2N·m 的步进电动机，在没有特殊说明的情况下是指保持转矩为 2N·m 的步进电动机。

（4）钳制转矩（DETENT TORQUE）

钳制转矩是指步进电动机没有通电的情况下，定子锁住转子的力矩。由于反应式步进电动机的转子不是永磁材料，所以它没有钳制转矩。

步进电动机作为执行元件，是机电一体化的关键产品之一，广泛应用在各种家电产品中，例如打印机、磁盘驱动器、玩具、雨刷、振动寻呼机、机械手臂和录像机等。另外步进电动机也广泛应用于各种工业自动化系统中。由于通过控制脉冲个数可以很方便地控制步进电动机转过的角位移，且步进电动机的误差不积累，可以达到准确定位的目的。还可以通过控制频率很方便地改变步进电动机的转速和加速度，达到任意调速的目的，因此步进电动机可以广泛应用于各种开环控制系统中。

4. 步进电动机的接线

不同的步进电动机，接线方式也会有所不同，步进电动机一般分为 4 线制接法、6 线制接法和 8 线制接法，其接线如图 8-5 所示。

8.1.2 步进驱动器

步进驱动器是一种能使步进电动机运转的功率放大器，能把控制器发来的脉冲信号转化为步进电动机的角位移的执行机构，电动机的转速与脉冲频率成正比，所以控制脉冲频率就可以精准地调速，控制脉冲数就可以精准定位。

1. 步进驱动器的组成

步进驱动器包括环形分配器和功率放大器两部分。步进电动机控制系统如图 8-6 所示，实物图如图 8-7 所示。

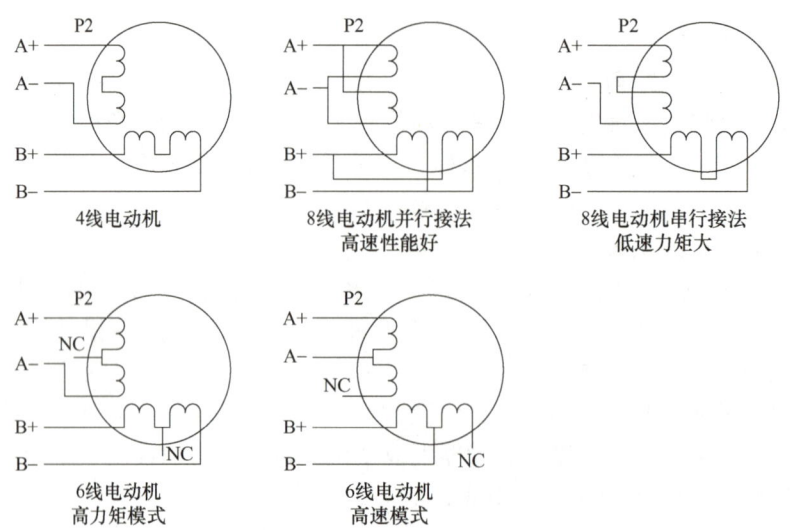

图 8-5　步进电动机接线方式

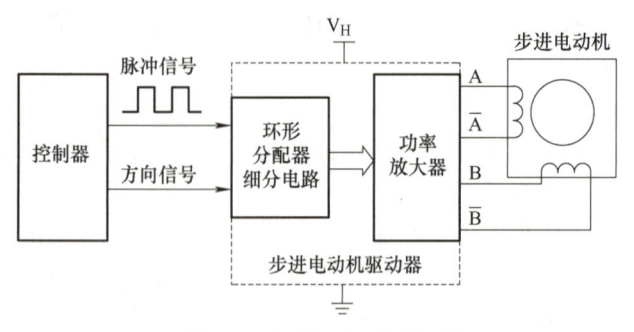

图 8-6　步进电动机控制系统

图 8-7　步进驱动器

环形分配器是将来自控制电路的一系列脉冲信号转换成控制步进电动机定子绕组通、断电的电平信号，并按一定的规律分配给步进电动机驱动器的各项输入端。环形分配器的输出既是周期的，又是可逆的，也叫脉冲分配器。环形分配器接收 3 种信号，分别为脉冲信号、方向信号、脱机信号。如果没有脉冲，步进电动机是不动的，所以需要一个驱动器来给步进电动机的各项绕组依次通电。方向信号是要控制 AB 通电的相序，A-B 顺时针，B-A 逆时针。

功率放大器是将环形分配器输出的 mA 级电流进行功率放大，放大到几安培的电流，送至步进电动机相对应的绕组。一般由前置放大器和功率放大器组成。驱动放大电路常采用单电压驱动、高低压切换驱动、恒流斩波驱动、调频调压等驱动电路，所采用的功率半导体元件可以是大功率晶体管 GTR，也可以是功率场效应晶体管 MOSFET。

步进驱动器的结构和工作原理

2. 步进驱动器工作原理

步进电动机驱动器可以将电脉冲转化为角位移。当步进驱动器接收到一个脉冲信号，它就驱动步进电动机按设定的方向转动一个固定的角度（称为"步距角"），它的旋转是以固定的角度一步一步运行的。可以通过控制脉冲个数来控制角位移量，从而达到准确定位的目的；同时可以通过控制脉冲频率来控制电动机转动的速度和加速度，从而达到调速和定位的目的。如图 8-8 所示，控制器（PLC）发出的脉冲和方向等信号给步进驱动器，通过步进驱动器再来控制步进电动机的运动。

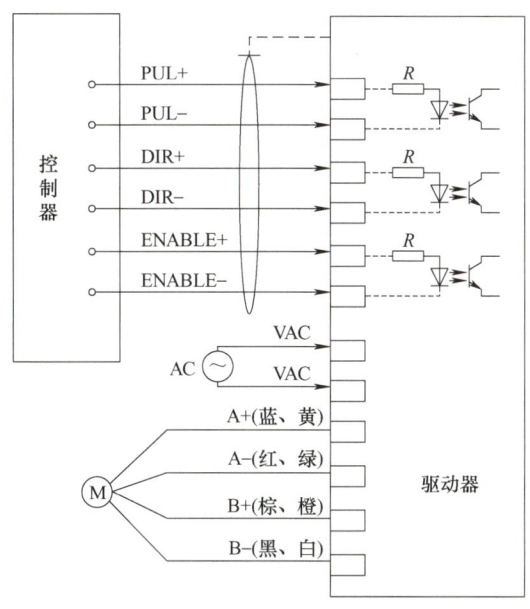

图 8-8　步进驱动器控制过程

3. 步进驱动器的接线方式

要完成步进电动机的正反转控制，必须先了解步进驱动器的接线方式，步进驱动器的接线方式分为共阳极接法和共阴极接法。其接线方式如图 8-9 和图 8-10 所示。

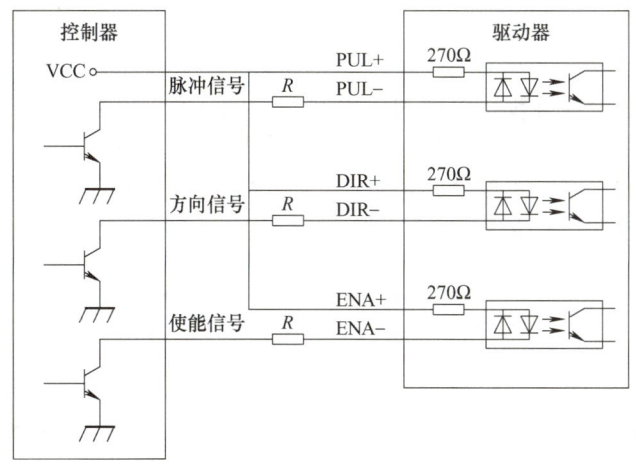

图 8-9　共阳极接法

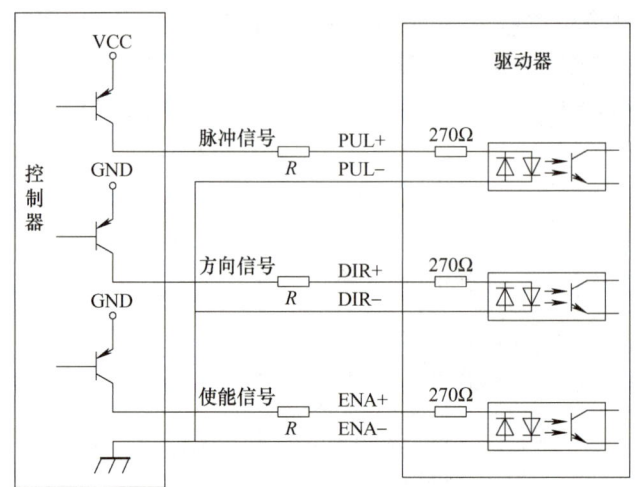

图 8-10 共阴极接法

任务实施

1）描述步进电动机的结构。
2）描述步进驱动器的内部结构及工作原理。

任务拓展

步进电动机有哪些重要参数。

思考与练习

一、填空题

1. 步进电动机是一种直接将电脉冲转化为_____的机电装置。
2. 步进电动机主要由_____和_____两部分构成。
3. 步进电动机的工作方式可分为：_____、_____和_____等。
4. _____是指步进电动机通电但没有转动时，定子锁住转子的力矩。
5. 步进驱动器包括_____和_____两部分。

二、判断

1. 钳制转矩是指步进电动机没有通电的情况下，定子锁住转子的力矩。（   ）
2. 步距角表示控制系统每发一个步进脉冲信号，电动机所转动的角度。（   ）

任务 8.2　步进电动机正反转控制

任务描述

本次任务是通过步进电动机的正反转了解步进驱动器的工作原理以及步进驱动系统的控制过程。

电动机在正负 100mm 的范围运动，按下正转起动按钮，步进电动机以 20mm/s 的速度连续正转，工作台前进；按下反转起动按钮，步进电动机以 20mm/s 的速度反转，工作台后退；按下停止按钮，电动机停止转动，工作台停止运动。

学习目标

- □ 了解步进驱动器和步进电动机之间的接线。
- □ 了解步科 3M458 型步进驱动器工作方式和工作参数。
- □ 能够独立完成 PLC 与步进驱动器 Kinco3M458 的接线。
- □ 能够编写步进电动机的简单控制程序。
- □ 树立科学严谨的工作态度。

步进电动机的运动控制

知识准备

8.2.1　步科 3S57Q-04079 型步进电动机

步科 3S57Q-04079 型步进电动机技术参数见表 8-1。

表 8-1　步科 3S57Q-04079 型步进电动机技术参数

参数名称	步距角	相电流	保持扭矩	阻尼扭矩	电动机惯量
参数值	1.8°	5.8A	1.0N·m	0.04N·m	0.3kg·cm²

不同的步进电动机，其接线有所不同，3S57Q-04079 型三相步进电动机的接线如图 8-11 所示，三相绕组的六根引出线，必须按头尾相连的原则连接成三角形。改变绕组的通电顺序就能改变步进电动机的转动方向。

 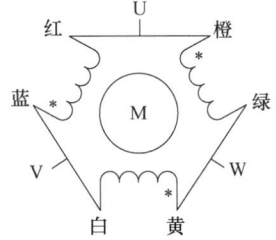

图 8-11　三相电动机引出线

8.2.2 步科 3M458 型步进驱动器

步科 3M458 型步进驱动器外形如图 8-12 所示。在 3M458 型步进驱动器的侧面连接端子中间有 8 位的红色 DIP 开关，用来设定驱动器的工作方式和工作参数，包括细分设置、静态电流设置和运行电流设置。图 8-13 是开关实物图，表 8-2 是驱动器工作方式说明，表 8-3 为细分设置，表 8-4 是输出电流设置。

图 8-12 步科 3M458 型步进驱动器

图 8-13 步进驱动器开关

表 8-2 驱动器工作方式

开关序号	ON	OFF
DIP1～DIP3	细分设置	细分设置
DIP4	静态电流全流	静态电流半流
DIP5～DIP8	输出电流设置	输出电流设置

表 8-3 细分设置表

DIP1	DIP2	DIP3	细分
ON	ON	ON	400 步/转
ON	ON	OFF	500 步/转
ON	OFF	ON	600 步/转
ON	OFF	OFF	1000 步/转
OFF	ON	ON	2000 步/转
OFF	ON	OFF	4000 步/转
OFF	OFF	ON	5000 步/转
OFF	OFF	OFF	10000 步/转

表 8-4　输出电流设置表

DIP5	DIP6	DIP7	DIP8	输出电流
OFF	OFF	OFF	OFF	3.0A
OFF	OFF	OFF	ON	4.0A
OFF	OFF	ON	ON	4.6A
OFF	ON	ON	ON	5.2A
ON	ON	ON	ON	5.8A

本装置中步进电动机传动组件的基本技术数据是：3S57Q-04079型步进电动机，步距角为1.8°，即在无细分的条件下200个脉冲电动机转一圈（通过驱动器设置，细分精度最高可以达到10000个脉冲电动机转一圈）。驱动器细分设置为10000步/转，而直线运动组件的同步轮齿距为5mm，共12个齿，旋转一周电动机产生的位移是60 mm，即电动机每步产生的位移是0.006 mm。电动机驱动电流设为5.2 A，静态锁定方式为静态半流，控制信号为24V电源时需接2kΩ的限流电阻。

任务实施

1. 系统分析

根据任务的描述，本项目旨在学习如何控制电动机的正反转，选用PLC作为控制器来控制步进电动机带动工作台的运动。根据任务要求可以画出系统框图如图8-14所示。

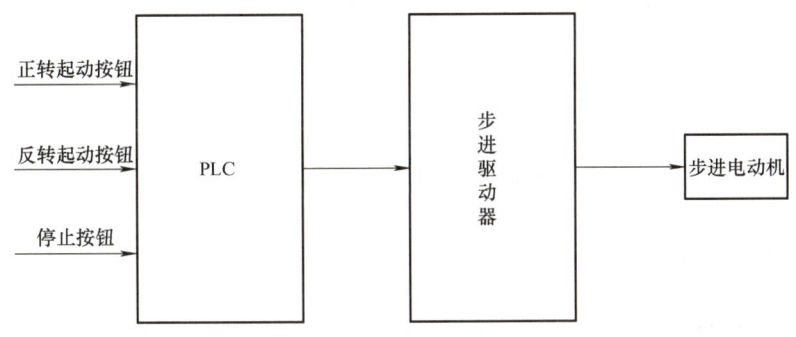

图 8-14　系统框图

2. PLC 输入输出地址分配

地址分配见表8-5。

表 8-5　地址分配表

输入信号	地址	输出信号	地址
正转按钮	I0.0	脉冲	Q0.0
反转按钮	I0.1	方向	Q0.1
停止按钮	I0.2		

3. 电气原理接线图

设置好驱动器的细分数和电流，然后进行电气接线，其电气原理图如图 8-15 所示。

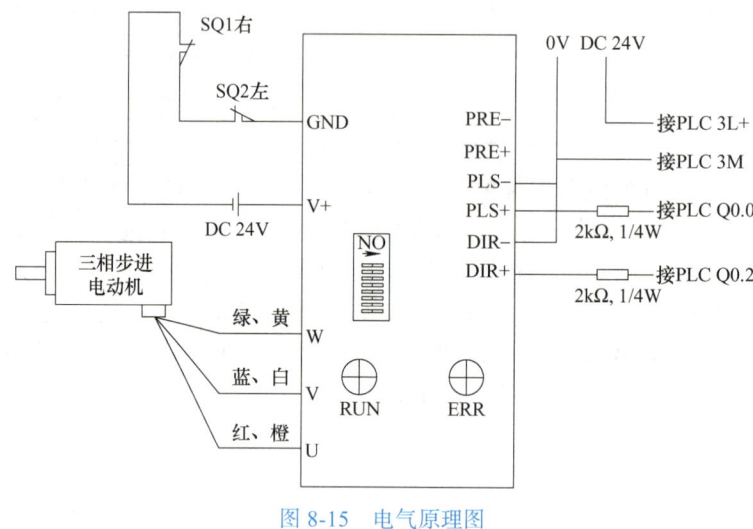

图 8-15 电气原理图

4. PLC 编程

1) 步进电动机的工艺设置同伺服设置过程基本相同，不同的是在工艺设置"机械"环节"电动机每转的脉冲数"设置为步进驱动器细分数就可以了。

2) 根据要求和地址分配，程序设计如图 8-16 所示。

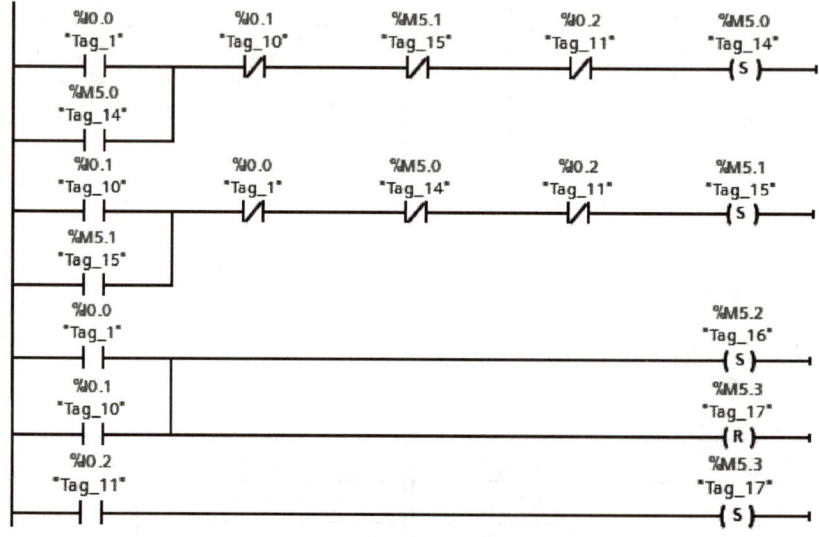

图 8-16 步进电动机运动控制参考程序

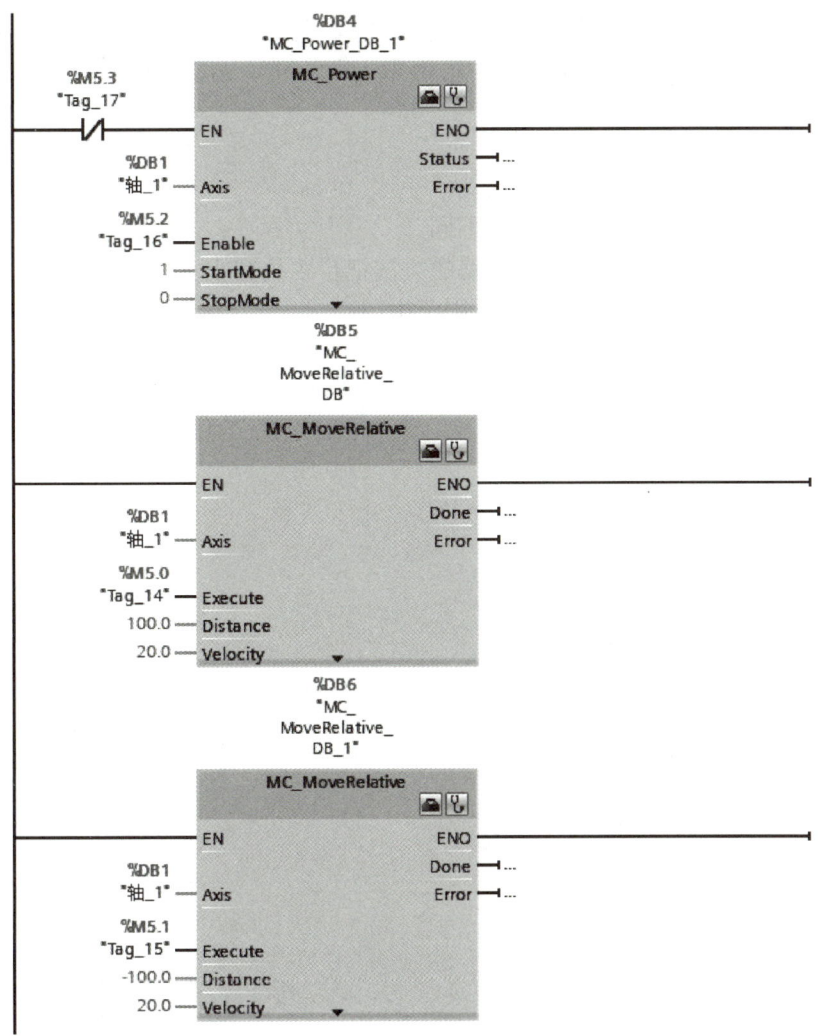

图 8-16　步进电动机运动控制参考程序（续）

5. 运行调试

连接硬件线路，根据表 8-3 和表 8-4 设置参数，将程序下载至 PLC 中，根据要求调试程序。

任务拓展

在使用步进电动机工作时，细分数如何设置？

思考与练习

一、填空题

1. 3M458 型步进驱动器的侧面连接端子中间有 8 位的红色 DIP 开关，用来设定驱动器的工作方式和工作参数，包括_____、_____和_____。

2. 3S57Q-04079 型步进电动机，步距角为 1.8°，即在无细分的条件下_____个脉冲电动机转一圈。

二、判断题

1. 不同的步进电动机，其接线有所不同。　　　　　　　　　　　　（　　）
2. 所谓细分，就是通过驱动器中电路的方法把步距角减小。　　　（　　）
3. 控制信号为 24V 电源时需接 2kΩ 限流电阻。　　　　　　　　　（　　）

附录　变频器常见故障信息

1. 变频器的故障信息与排除

附表 1　变频器的故障信息与排除

故障	引起故障可能的原因	故障诊断和应采取的措施	反应措施
F0001 过电流	电动机的功率与变频器的功率不对应 电动机的导线短路 有接地故障	1. 电动机的功率（P0307）必须与变频器的功率（P0206）相对应 2. 电缆的长度不得超过允许的最大值 3. 电动机的电缆和电动机内部不得有短路或接地故障 4. 输入变频器的电动机参数必须与实际使用的电动机参数相对应 5. 输入变频器的定子电阻值（P0350）必须正确无误 6. 电动机的冷却风道必须通畅，电动机不得过载 7. 增加斜坡时间 8. 减少"提升"的数值	Off2
F0002 过电压	直流回路的电压（r0026）超过了跳闸电平（P2172） 由于供电电源电压过高，或者电动机处于再生制动方式下引起过电压 斜坡下降过快，或者电动机由大惯量负载带动旋转而处于再生制动状态下	1. 电源电压（P0210）必须在变频器铭牌规定的范围以内 2. 直流回路电压控制器必须有效（P1240），而且正确地进行了参数化 3. 斜坡下降时间（P1121）必须与负载的惯量相匹配	Off2
F0003 欠电压	供电电源故障 冲击负载超过了规定的限定值	1. 电源电压（P0210）必须在变频器铭牌规定的范围以内 2. 检查电源是否短时掉电或有瞬时的电压降低	Off2
F0004 变频器过温	冷却风机故障 环境温度过高	1. 变频器运行时冷却风机必须正常运转 2. 调制脉冲的频率必须设定为默认值 3. 冷却风道的入口和出口不得堵塞 4. 环境温度不得高于变频器的允许值	Off2
F0005 变频器 I^2t 过温	变频器过载 工作/停止间隙周期时间不符合要求 电动机功率（P0307）超过变频器的负载能力（P0206）	1. 负载的工作/停止间隙周期时间不得超过指定的允许值 2. 电动机的功率（P0307）必须与变频器的功率（P0206）相匹配	Off2

（续）

故障	引起故障可能的原因	故障诊断和应采取的措施	反应措施
F0011 电动机 I^2t 过温	电动机过载 电动机数据错误 长期在低速状态下运行	1. 检查电动机的数据应正确无误 2. 检查电动机的负载情况 3. "提升"设置值（P1310, P1311, P1312）过高 4. 电动机的热传导时间常数必须正确 5. 检查电动机的 I^2t 过温报警值	Off1
F0041 电动机定子电阻自动检测故障	电动机定子电阻自动检测故障	1. 检查电动机是否与变频器正确连接 2. 检查输入变频器的电动机数据是否正确	Off2
F0051 参数 EEPROM 故障	存储不挥发的参数时出现读/写错误	1. 进行工厂复位并重新参数化 2. 更换变频器	Off2
F0052 功率组件故障	读取功率组件的参数时出错，或数据非法	更换变频器	Off2
F0060 Asic 超时	内部通信故障	1. 确认存在的故障 2. 如果故障重复出现，更换变频器	Off2
F0070 CB 设定值故障	在通信报文结束时，不能从 CB（通信板）接收设定值	1. 检查 CB 的接线 2. 检查通信主站	Off2
F0071 报文结束时 USS（RS232-链路）无数据	在通信报文结束时，不能从 USS（BOP 链路）得到响应	1. 检查通信板（CB）的接线 2. 检查 USS 主站	Off2
F0072 报文结束时 USS（RS485 链路）无数据	在通信报文结束时，不能从 USS（COM 链路）得到响应	1. 检查通信板（CB）的接线 2. 检查 USS 主站	Off2
F0080 ADC 输入信号丢失	断线 信号超出限定值	检查模拟输入的接线	Off2
F0085 外部故障	由端子输入信号触发的外部故障	封锁触发故障的端子输入信号	Off2
F0101 功率组件溢出	软件出错或处理器故障	1. 运行自测试程序 2. 更换变频器	Off2
F0221 PID 反馈信号低于最小值	PID 反馈信号低于 P2268 设置的最小值	1. 改变 P2268 的设置值 2. 调整反馈增益系数	Off2
F0222 PID 反馈信号高于最大值	PID 反馈信号超过 P2267 设置的最大值	1. 改变 P2267 的设置值 2. 调整反馈增益系数	Off2
F0450 BIST 测试故障	故障值： 有些功率部件的测试有故障 有些控制板的测试有故障 有些功能测试有故障 有些 I/O 模块的测试有故障（仅指 MM420） 上电检测时内部 RAM 有故障	1. 变频器可以运行，但有的功能不能正确工作 2. 更换变频器	Off2

2. 变频器的报警信息与排除

附表 2　变频器的报警信息与排除

故障	引起故障可能的原因	故障诊断和应采取的措施	反应措施
A0501 电流限幅	电动机的功率与变频器的功率不匹配 电动机的连接导线太短 接地故障	1. 电动机的功率必须与变频器功率相对应 2. 电缆的长度不得超过最大允许值 3. 电动机电缆和电动机内部不得有短路或接地故障 4. 输入变频器的电动机参数必须与实际使用的电动机一致 5. 定子电阻值必须正确无误 6. 增加斜坡上升时间 7. 减少"提升"的数值 8. 检查电动机的冷却风道是否堵塞，电动机是否过载	—
A0502 过电压限幅	电源电压过高 负载处于再生发电状态 斜坡下降时间太短	1. 检查变频器的输入电源电压应在允许范围以内 2. 增加斜坡下降时间 说明： Vdc-max 控制器投入工作时，斜坡下降时间将自动增加	—
A0503 欠电压限幅	供电电源太低 供电电源电压短时中断	检查电源电压（P0210）应保持在允许范围内	—
A0504 变频器过温	变频器散热器的温度（P0614）超过了报警电平，将使调制脉冲的开关频率降低和/或输出频率降低（取决于 P0610 的参数化）	1. 环境温度必须在规定的范围内 2. 负载状态和"工作-停止"周期时间必须适当 3. 变频器运行时冷却风机必须运行	—
A0505 变频器 I^2t 过温	变频器温度超过了报警电平；如果已参数化为（P0610=1），将降低电流	检查"工作-停止"周期的工作时间应在规定范围内	—
A0506 变频器的"工作-停止"周期	散热器温度与 IGBT 的结温超过了报警限定值	检查"工作-停止"周期和冲击负载应在规定范围内	—
A0511 电动机 I^2t 过温	电动机过载	1. P0611（电动机的 I^2t 时间常数）的数值应设置适当 2. P0614（电动机的 I^2t 过载报警电平）的数值应设置适当 3. 检查是否长期运行在低速状态 4. 检查"提升"的设置值是否太高	—
A0541 电动机数据自动检测已激活	已选择电动机数据自动检测（P1910），或检测正在进行	等待，直到电动机参数自动检测结束	—
A0600 RTOS 超出正常范围	软件出错	—	—
A0700 CB 报警 1	CB（通信板）特有故障	参看"CB 用户手册"	—
A0701 CB 报警 2	CB（通信板）特有故障	参看"CB 用户手册"	—

(续)

故障	引起故障可能的原因	故障诊断和应采取的措施	反应措施
A0702 CB 报警 3	CB（通信板）特有故障	参看"CB 用户手册"	—
A0703 CB 报警 4	CB（通信板）特有故障	参看"CB 用户手册"	—
A0704 CB 报警 5	CB（通信板）特有故障	参看"CB 用户手册"	—
A0705 CB 报警 6	CB（通信板）特有故障	参看"CB 用户手册"	—
A0706 CB 报警 7	CB（通信板）特有故障	参看"CB 用户手册"	—
A0707 CB 报警 8	CB（通信板）特有故障	参看"CB 用户手册"	—
A0708 CB 报警 9	CB（通信板）特有故障	参看"CB 用户手册"	—
A0709 CB 报警 10	CB（通信板）特有故障	参看"CB 用户手册"	—
A0710 CB 通信错误	变频器与 CB（通信板）通信中断	检查 CB 的硬件	—
A0711 CB 组态错误	CB（通信板）报告有组态错误	检查 CB 的参数	—
A0910 直流回路最大电压 Vdc-max 控制器未激活	直流回路最大电压 Vdc-max 控制器未激活，因为控制器不能把直流回路电压（r0026）保持在（P2172）规定的范围内 如果电源电压（P0210）一直太高，就可能出现这一报警信号 如果电动机由负载带动旋转，使电动机处于再生制动方式下运行，就可能出现这一报警信号 在斜坡下降时，如果负载的惯量特别大，就可能出现这一报警信号	1. 输入电源电压（P0756）必须在允许范围内 2. 负载必须匹配 3. 在某些情况下，要加装制动电阻	—
A0911 直流回路最大电压 Vdc-max 控制器已激活	直流回路最大电压 Vdc-max 控制器已激活；因此，斜坡下降时间将自动增加，从而自动将直流回路电压（r0026）保持在限定值（P2172）以内	1. 检查变频器的输入电压 2. 检查斜坡下降时间	—
A0912 直流回路最小电压 Vdc-min 控制器已激活	如果直流回路电压（r0026）降低到最低允许电压（P2172）以下，直流回路最小电压 Vdc-min 控制器将被激活 电动机的动能受到直流回路电压缓冲作用的吸收，从而使驱动装置减速 所以，短时的掉电并不一定会导致欠电压跳闸	—	—

（续）

故障	引起故障可能的原因	故障诊断和应采取的措施	反应措施
A0920 ADC 参数设定不正确	ADC 的参数不应设定为相同的值，因为这样将产生不合乎逻辑的结果 标记 0：参数设定为输出相同 标记 1：参数设定为输入相同 标记 2：参数设定输入不符合 ADC 的类型	各个模拟输入的参数不允许设定为彼此相同的数值	—
A0921 DAC 参数设定不正确	DAC 的参数不应设定为相同的值，因为这样将产生不合乎逻辑的结果 标记 0：参数设定为输出相同 标记 1：参数设定为输入相同 标记 2：参数设定输出不符合 DAC 的类型	各个模拟输出的参数不允许设定为彼此相同的数值	—
A0922 变频器没有负载	变频器没有负载 有些功能不能像正常负载情况下那样工作输出电压很低，例如，在 0Hz 时所加的"提升"值为 0	1. 检查加到变频器上的负载 2. 检查电动机的参数是否与实际使用的电动机相符 3. 有的功能可能不正确工作，因为没有正常的负载条件	—
A0923 同时请求正向和反向点动	同时具有向前点动和向后点动（P1055/P1056）的请求信号。这将使 RFG 的输出频率稳定在当前值。向前点动和向后点动信号同时激活	确定向前点动和向后点动信号没有同时激活	—

参 考 文 献

[1] 王廷才. 变频器原理及应用 [M]. 3 版. 北京：机械工业出版社，2015.
[2] 周奎，王玲. 变频器技术及应用 [M]. 北京：高等教育出版社，2018.
[3] 向晓汉，钱晓忠. 变频器与伺服驱动技术应用 [M]. 北京：高等教育出版社，2017.
[4] 宋爽，周乐挺. 变频技术及应用 [M]. 2 版. 北京：高等教育出版社，2014.
[5] 邵泽强，滕士雷. 机电设备 PLC 控制技术 [M]. 北京：机械工业出版社，2012.
[6] 汤晓华，范其明，蒋正炎. 电气控制系统安装与调试项目教程：西门子系统 [M]. 北京：高等教育出版社，2018.
[7] 侍寿永. 西门子 S7-1200 PLC 编程及应用教程 [M]. 3 版. 北京：机械工业出版社，2024.
[8] 郭艳萍，陈冰. 变频及伺服应用技术 [M]. 北京：人民邮电出版社，2018.
[9] 龚仲华，夏怡. 交流伺服与变频技术及应用 [M]. 4 版. 北京：人民邮电出版社，2021.